超声波能场技术及应用基础

严鲁涛　张勤俭　著

化学工业出版社

·北京·

内容简介

本书介绍了超声波能场的基础知识及相关应用，包括超声波场、超声波的传播、超声换能器、超声发生装置设计等，重点关注超声波能场内颗粒的运动、材料去除、表面强化等技术，全面阐述了超声波能场内的凝聚、超声波能场辅助切削（聚晶金刚石、钛合金、复合材料等）、超声波能场内齿轮及车轴的表面强化等应用案例。

本书适合机械加工技术人员、科研人员阅读。

图书在版编目（CIP）数据

超声波能场技术及应用基础 / 严鲁涛，张勤俭著.
—北京：化学工业出版社，2023.7
ISBN 978-7-122-43685-6

Ⅰ.①超… Ⅱ.①严… ②张… Ⅲ.①超声波-应用
Ⅳ.①TG663

中国国家版本馆 CIP 数据核字（2023）第 111403 号

责任编辑：雷桐辉　　　　　　　　　　　　　装帧设计：王晓宇
责任校对：宋　玮

出版发行：化学工业出版社（北京市东城区青年湖南街 13 号　邮政编码 100011）
印　　装：北京科印技术咨询服务有限公司数码印刷分部
787mm×1092mm　1/16　印张 15¾　字数 385 千字　2023 年 7 月北京第 1 版第 1 次印刷

购书咨询：010-64518888　　　　　　　　　　售后服务：010-64518899
网　　址：http://www.cip.com.cn
凡购买本书，如有缺损质量问题，本社销售中心负责调换。

定　　价：138.00 元

前言

超声虽然无法被人类听到，但却真实存在于自然界中。许多生物都具有发出超声波的本领，如老鼠、海豚、蝙蝠等。从 18 世纪开始，人们对超声波技术展开了不懈地研究和探索。超声波领域涉及力学、电磁学、生物学、材料科学等多个门类，是学科交叉最为典型的热点之一。随着研究的不断深入，超声波所蕴含的物理性质及作用机理逐步展示在世人面前，超声波技术已广泛应用于工业检测、机械处理、清洗除油、医学诊疗等多个领域。在医学界，超声刀成为微创手术的有效工具；在机械加工领域，超声几乎可以和任何加工工艺配合使用，成为不可或缺的特种加工工艺方法；在光学及半导体行业，超声是高精密产品清洗的有力手段。超声波技术因其特殊的效应和优势，正在多个行业及领域大放异彩。

本书主要介绍了超声波能场的相关概念，分析了超声波传播特性以及换能器设计方法，并围绕超声波能场内的"颗粒凝聚""材料去除"以及"表面强化"三个主题展开探讨。本书既注重超声波能场的基础知识，又关注具体应用和未来趋势，适合机械加工技术人员、科研人员阅读，希望为同行业人员提供思路。

本书由北京邮电大学严鲁涛和北京信息科技大学张勤俭教授等编写。本书的出版得到了各章作者和编写小组的大力支持，在此一并感谢！感谢北京航空航天大学庄驰、北京交通大学赵慧玲、北京交通大学王会英、北京交通大学俞径舟、北京信息科技大学李海洋，感谢参与编写的陈旺、王伟进、张鑫荣等。

超声波技术日新月异，其概念和定义也在日臻完善，研究方向愈加广泛，本书撰写时间和收集材料有限，难以覆盖所有进展，因此书中难免有不足之处，敬请广大读者批评指正。

著者

目录

第 **1** 章
绪论

1.1 超声波概述

1.1.1 超声波的定义

超声波是一种机械波，是机械振动在介质中的传播。超声波之所以被称为超声，是因为其频率范围大于可听频率范围，一般指大于 20kHz 的波。超声技术是通过超声波产生、传播及接收的物理过程而完成的。超声波的性质主要有以下几点：

① 依靠介质（气体、液体、固体、固溶体等）传播，但无法存在于真空（如太空）中。

② 超声波可以携带较多能量，如功率超声，功率达千瓦级。

③ 超声波在界面上会发生反射、折射、衍射、散射等，利用这些特点可进行超声检测工作，提高准确性和灵活性。不过，超声波的波长较短，穿透能力和衍射本领较弱。

④ 超声波的传播具有方向性，但波长短造成传播的各向异性。

⑤ 超声波可以聚焦，实现更高能量，如医疗领域用的海扶刀（HIFU）技术。

⑥ 超声波对人体基本无害，不存在类似射线的危害隐患，操作安全。

当超声波在介质中传播时，由于超声波与介质的相互作用，会使介质特性发生变化，从而产生一系列力学、电磁学的超声效应。超声在介质中传播主要存在以下几种声化效应：

（1）机械效应

超声波的机械作用可促进液体介质的乳化、凝胶的液化和固体的分散。当超声波在流体介质中形成驻波时，悬浮在流体中的微小颗粒因受机械力的作用而凝聚在波节处，在空间形成周期性的堆积。超声波在压电材料和磁致伸缩材料中传播时，由于超声波的机械作用而引发感生电极化和感生磁化。

（2）空化效应

超声波在介质中传播时，存在正负的交变周期，介质受到持续的挤压和稀疏作用。当超声波在液体中传输时，处于强负压的微气泡形成空腔并长大，在正压作用下空腔又被压缩进而迅速闭合而产生冲击波，这种膨胀、闭合、振荡、溃灭的一系列过程即为超声空化。空化过程原理如图 1.1 所示。

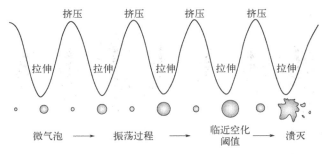

图 1.1　空化过程

（3）热效应

热效应实际是机械能在介质中转变成热能的能量转换过程。在液体中的空化过程，会因液体的黏滞产生摩擦，部分声能转换为热能。其次，超声空化泡在崩溃时也会向周围液体释放巨大的热能。有研究推测空化泡的内部温度可以达到 5000K❶，周围温度可达 1900K。

生物组织对超声能量有比较强的吸收能力，因此当超声波在人体组织中传播时，其能量不断地被组织吸收而变成热量，最终导致组织的自身温度升高。

（4）声流效应

超声波在液体中传播时，由于液体介质的黏度以及声吸收作用而产生能量的衰减，使得声压沿超声传播方向形成一定的声压梯度，声压梯度促使液体介质发生快速流动，这种现象称为声流效应。

1.1.2　超声波的类型

根据介质中质点振动方向与波传播方向的关系，超声波可分为纵波（无旋波）、横波（剪切波）、表面波（瑞利波）、板波及爬波等类型。

（1）纵波

纵波是介质的位移与波的传播方向相同或者相反的波。因为它们在穿过介质时会产生压缩与稀疏的情况，所以纵波也被称为压缩波和疏密波。最常见的纵波就是声波，依靠介质分子的前后振荡向前传播。因为固体介质能承受拉伸或压缩应力，因此固体介质可以传播纵波。液体和气体虽然不能承受拉伸应力，但能承受压应力产生的体积变化，因此液体和气体介质也可以传播纵波，纵波原理如图 1.2 所示。

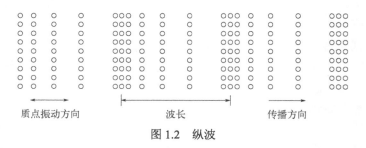

图 1.2　纵波

（2）横波

横波指的是介质中质点的振动方向与波的传播方向互相垂直的波。因为横波中介质质点

---

❶ 1K=−272.15℃。

受到交变的剪切应力作用并产生切向形变，所以横波又称切变波或剪切波。横波只能在具有切变弹性的介质中传播，因此它仅存在于高黏性液体和固体中，横波原理如图 1.3 所示。

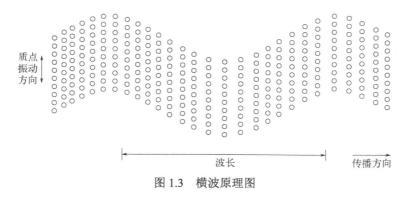

图 1.3　横波原理图

（3）表面波

表面波指的是当介质表面受到交变应力作用时，产生沿介质表面传播的波，如图 1.4 所示。表面波是 1887 年一位叫作瑞利的人发现的，所以表面波也被称为瑞利波。表面波是沿物体表面传播的一种弹性波，具有极低的传播速度和极短的波长，它们各自比相应电磁波的传播速度的波长小很多。表面波是一种在固体浅表面进行传播的弹性波，具有多种模式。瑞利波是目前应用最广泛的一种声表面波。

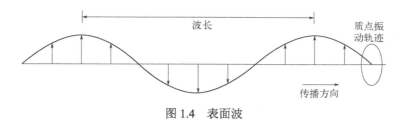

图 1.4　表面波

（4）板波

板波是由英国理学家 Lamb 于 1917 年研究无限大板中的正弦波时发现的，因此又名兰姆波。兰姆波是当激励波波长与波导厚度处于同一数量级时，由横波和纵波耦合成的一种特殊形式的应力波。兰姆波主要具备四个特性：频散、多模式、非稳态信号以及位变。

（5）爬波

爬波是沿工件表面下一定距离处在横波和表面纵波之间传播的峰值波，爬波也叫"纵向头波"或叫"表面下纵波"，是纵波的一种。爬波是有关声散射的一个现象，爬波主瓣的角度约在 80°，几乎垂直于工件的厚度方向，与工件中垂直方向的裂纹几乎成 90°，因此对垂直性裂纹有很好的检测灵敏度。

1.1.3　超声波技术的应用

超声波的应用越来越广泛，大致可分为四类：

（1）超声检测

基于超声波较好的方向性和穿透性，可用于超声波探伤、测厚、测距、遥控和超声成像等领域。超声检测是一种典型的无损检测技术。

（2）超声处理

超声处理指利用超声能量改变物质的物理、化学、生物特性或状态，或使这种变化速度加快的处理过程。目前，利用超声的机械作用和空化作用，以及在超声加工中产生的热效应和化学效应，可以利用超声波对工件进行焊接等加工。另外，也可以将超声波技术应用在固体的粉碎、乳化、清洗除尘、脱气、灭菌和医疗等方面。超声处理涉及物理、化学、生物工程等多个学科，交叉性强，在工矿业、农业、医疗等各个领域获得了广泛应用。

（3）基础研究

利用超声的特性以及物质对超声的吸收规律，来探索物质的特性和结构，出现了分子声学这个研究领域。对固体中特超声（频率在 1000MHz 以上，也称微波超声）的产生、检测和传播规律的研究，是近代声学的新领域。

（4）超声波加工

超声波加工技术是伴随着超声学的发展逐渐发展的。1927 年，美国物理学家伍德和卢米斯做了关于超声波加工的基础实验，他们利用超声的强烈振动对玻璃板快速钻孔加工和雕刻处理。我国超声波加工技术的研究是在 20 世纪 50 年代末开始的，在 70 年代的时候，我国又再次开展了关于超声波加工的实验，探索其工作机理。近年来，我国超声波加工技术发展非常迅速，特别是在深小孔加工、型腔模具研磨抛光、超声振动系统、拉丝模、超声复合加工等领域均有较广泛的研究，在金刚石、大理石、陶瓷、石英、淬火钢、玛瑙、玻璃等难加工材料领域解决了许多关键性的问题，取得了良好效果。

1.2　超声波场

超声波场是指在超声波传播时，弹性介质内充满超声能量的空间区域。超声波场按具体形式包含行波和驻波，波场参数包括声波速度、声阻抗、能量密度、声强等，这些性能参数对涉及到超声场的器件设计，理解相关的基础声学理论十分必要。

1.2.1　行波和驻波

声波的三维波动方程为

$$\nabla^2 p = \frac{1}{c^2} \times \frac{\partial^2 p}{\partial t^2}$$

（1.1）

式中，p 是声压；c 是声波传播速度；∇^2 为拉普拉斯算符，它在不同的坐标系里具有不同的形式，在直角坐标系里

$$\nabla^2 = \frac{\partial^2}{\partial x^2} + \frac{\partial^2}{\partial y^2} + \frac{\partial^2}{\partial z^2}$$

（1.2）

而一维声波方程为

$$\frac{\partial^2 p}{\partial x^2} = \frac{1}{c^2} \times \frac{\partial^2 p}{\partial t^2}$$

（1.3）

其方程的解为

$$p(t,x) = p_a \mathrm{e}^{\mathrm{j}(\omega t - kx)} \qquad (1.4)$$

式中，$\omega = 2\pi f$；波数 $k = \omega / c = 2\pi / f$，$f$ 是频率。

如果超声波场中，不同点的相对振幅发生变化，则该波为行波。反之，如果场中不同点处的相对振幅保持恒定，即波在时间上振荡，但其峰值幅度分布状态不随空间移动，则称为驻波。

有两列上述形式的行波，它们具有相同的频率但以相反方向行进。那么，这两列沿相反方向行进的行波可分别表示为

$$p_i = p_{ia} \mathrm{e}^{\mathrm{j}(\omega t - kx)} \qquad (1.5)$$

$$p_r = p_{ra} \mathrm{e}^{\mathrm{j}(\omega t + kx)} \qquad (1.6)$$

根据声波的叠加原理，合成声场的声压为：

$$p = p_i + p_r = 2 p_{ra} \cos(kx) \mathrm{e}^{\mathrm{j}\omega t} + (p_{ia} - p_{ra}) \mathrm{e}^{\mathrm{j}(\omega t - kx)} \qquad (1.7)$$

可见合成声场由两部分组成，第一项代表一种驻波场，各位置的质点都作用相同的相位振动，但振幅大小却随位置而异，当 $kx = n\pi$，即 $x = n\dfrac{\lambda}{2}$，$(n = 1, 2, \cdots)$ 时，声压振幅最大，称为声压波腹，而当 $kx = (2n-1)\dfrac{\pi}{2}$，即 $x = (2n-1)\dfrac{\lambda}{4}$，$(n = 1, 2, \cdots)$ 时，声压振幅为零，称为声压波节；第二项代表向 x 方向行进的平面行波，其振幅为原先两列波的振幅之差。

如果上述两列行波的振幅相同，即 $p_{ia} = p_{ra}$，则式（1.7）的第二项为零，只剩下第一项，这时的合成声场就是一个纯粹的驻波，亦称定波。这种波的声压波节不随时间而移动，并且保持着 $\dfrac{\lambda}{2}$ 的间隔，如图 1.5 所示。

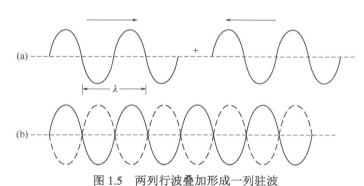

图 1.5　两列行波叠加形成一列驻波

1.2.2　声波速度和声阻抗

对于一般流体（包括液体），其声波的传播速度为：

$$c = \sqrt{\dfrac{1}{\rho \beta}} \qquad (1.8)$$

式中，ρ 为媒质密度；β 为绝热体积压缩系数。可见，它反映了媒质受声扰动时的压缩

特性。如果某种媒质可压缩性较大（例如气体），即压强的改变引起的密度变化较大，显然按照定义，c 值较小，在物理上就是由于媒质的可压缩性较大，那么一个体积元状态的变化需要经过较长的时间才能传到周围相邻的体积元，因而声扰动传播的速度就较慢。反之，如果某种媒质的可压缩性较小（例如液体），即压强的改变引起的密度变化较小，这时按照定义，c 值较大，在物理上就是由于媒质的可压缩性较小，所以一个体积元状态的变化很快就传递给相邻的体积元，因而这种媒质里的声扰动传播速度就较快。由此可见，媒质的压缩特性在声学上通常表现为声波传播的快慢。

声阻抗率是声场中某位置的声压与该位置质点速度的比值。根据声阻抗率定义，平面前进声波的声阻抗率为

$$Z = \rho c \tag{1.9}$$

由此可见，在平面声场中，各位置的声阻抗率数值上都相同，且为一个实数。这反映了在平面声场中各位置上都无能量储存，在前一个位置上的能量可以完全地传播到后一个位置上去。

注意到乘积 ρc 值是媒质固有的一个常数，它的数值对声传播的影响比起 ρ 或 c 单独的作用还要大，所以这个量在声学中具有特殊的地位，正因为此，又考虑到它具有声阻抗率的量纲，所以称 ρc 为媒质的特性阻抗。单位为 $N \cdot s/m^3$ 或 $Pa \cdot s/m$。由式（1.9）可见，平面声波的声阻抗率数值上恰好等于媒质的特性阻抗。

1.2.3 声波的反射、折射与透射

当超声波从一种介质传播到另一种介质时，部分能量将被反射回来。这种反射现象是因为超声波在遇到不同介质之间的界面时，因介质声阻抗不同，会发生折射和反射。反射的程度取决于两种介质的声阻抗差异，声阻抗与介质密度和声速有关，声阻抗差异越大，反射越明显。在超声成像中，反射现象被用来产生图像。当超声波遇到不同的组织和器官，超声波会发生反射，这些反射波被接收器捕获并转换为图像。

另一方面，当超声波通过介质间的界面时，它的速度和方向会发生改变，这种现象称为折射。折射角度取决于两种介质的声速和入射角度。因此，通过调整超声波的入射角度，可以控制它在不同介质之间的传播路径。在医学超声成像中，通过改变探头的角度，可以控制超声波的传播方向，从而获得更详细的图像。同时，通过调整超声波的频率，也可以改变它在不同介质中的传播特性，从而提高成像的分辨率和深度范围。生物组织界面反射系数见表 1.1。

表 1.1　生物组织界面反射系数

界面	声压反射系数	声强反射系数
血液/脑	0.013	0.0002
血液/肾	0.009	0.0001
血液/肝	0.012	0.0002
血液/肌肉	0.018	0.0003
血液/脂肪	0.081	0.007
血液/骨	0.66	0.43
肌肉/骨	0.65	0.42

界面	声压反射系数	声强反射系数
脂肪/肾	0.09	0.008
脂肪/肝	0.09	0.008
脂肪/肌肉	0.1	0.01
肾/肌肉	0.009	0.0001
肌肉/肺	0.73	0.53
肌肉/水	0.07	0.005

声波的反射、折射和透射都是在两种媒质的分界面处发生的。一般声波穿过分界面时会偏离原来的入射方向，形成折射。这时反射波、折射波的大小不仅与分界面的两边媒质的特性阻抗有关，而且与声波入射角有关。

如图 1.6 所示，假设有一入射平面波，其行进方向与分界面的法线即 x 轴有一个夹角 θ_i，反射角为 θ_r，折射角为 θ_t。

入射角、反射角和折射角之间的关系可由斯奈尔声波反射与折射定律得到：

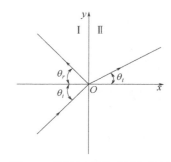

图 1.6　分界面上的反射和折射

$$\theta_i = \theta_r, \qquad \frac{\sin \theta_i}{\sin \theta_t} = \frac{c_1}{c_2} \qquad (1.10)$$

式中，c_1 和 c_2 分别为两种媒质中的声波传播速度。斯奈尔声波反射与折射定律说明声波遇到分界面时，反射角等于入射角，而折射角的大小与两种媒质中声速有关，媒质 Ⅱ 的声速愈大，则折射波偏离界面法线的角度愈大。

声压反射系数为反射波声压与入射波声压之比：

$$r_p = \frac{\rho_2 c_2 \cos \theta_i - \rho_1 c_1 \cos \theta_t}{\rho_2 c_2 \cos \theta_i + \rho_1 c_1 \cos \theta_t} \qquad (1.11)$$

声压透射系数为透射波声压与入射波声压之比：

$$t_p = \frac{2 \rho_2 c_2 \cos \theta_i}{\rho_2 c_2 \cos \theta_i + \rho_1 c_1 \cos \theta_t} \qquad (1.12)$$

声强反射系数为反射波声强与入射波声强之比：

$$r_I = \left(\frac{\rho_2 c_2 \cos \theta_i - \rho_1 c_1 \cos \theta_t}{\rho_2 c_2 \cos \theta_i + \rho_1 c_1 \cos \theta_t} \right)^2 \qquad (1.13)$$

声强透射系数为透射波声强与入射波声强之比：

$$t_I = \left(\frac{2 \rho_2 c_2 \cos \theta_i}{\rho_2 c_2 \cos \theta_i + \rho_1 c_1 \cos \theta_t} \right)^2 \qquad (1.14)$$

在超声工程中，界面反射对换能器的选择非常重要。例如，压电材料激发超声波，经过界面传入载体媒质。如果两种媒质的声阻抗不匹配，则大部分声能将被反射回压电材料而不是传入载体。通常情况下，两种媒质是被第三种媒质薄层隔离开的，如图 1.7 所示。

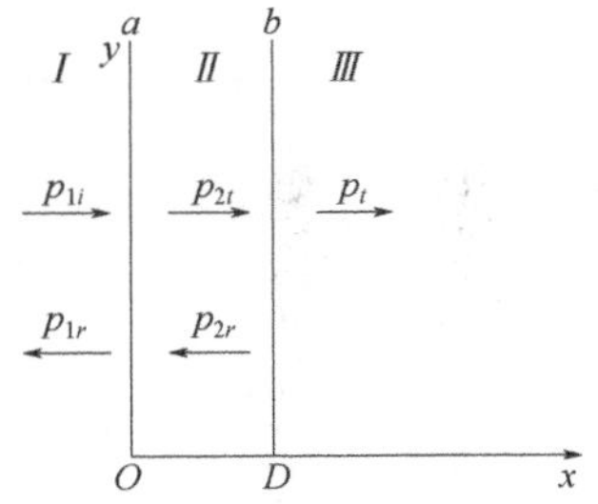

图 1.7 在中间媒质层的放射和透射

声波由第一种媒质入射到第二种媒质再进入第三种媒质。此时的声强透射系数为

$$t_I = \frac{4R_1R_3}{(R_1 + R_3)^2 \cos^2(k_2D) + \left(R_2 + \dfrac{R_1R_3}{R_2}\right)^2 \sin^2(k_2D)} \tag{1.15}$$

式中，R_1、R_2、R_3 分别为三种媒质的特性阻抗；D 为中间层厚度；$k_2 = \dfrac{2\pi}{\lambda_2}$ 为波数。当 $k_2D = (2n-1)\dfrac{\pi}{2}$，即中间层厚度为 $\dfrac{1}{4}$ 波长的奇数倍时，$D = (2n-1)\dfrac{\lambda_2}{4}$，$(n = 1,2,3,\cdots)$，且 $R_2 = \sqrt{R_1R_3}$ 时，$t_I = 1$，这意味着如果遇到声波由一种媒质进入另一种媒质，而且它们的声阻抗不完全匹配，因而总有一部分能量反射回第一种媒质。当加入中间匹配层，而且正确选取匹配层的厚度及声阻抗率，即有可能实现声能量的全透射，这就是超声技术常用的 $\dfrac{\lambda}{4}$ 波片匹配全透射技术。

1.2.4 声能量密度和声强

声波传到静止的媒质中，一方面使媒质质点在平衡位置附近来回振动，另一方面，在媒质中产生了压缩和膨胀的过程。前者使媒质具有了振动动能，后者使媒质具有形变位能，两部分之和就是声扰动使媒质得到的声能量。扰动传走，声能量也跟着转移，因此可以说声波实质上就是声振动能量的传播过程。

单位体积里的声能量称为声能量密度 ε，即

$$\varepsilon = \frac{1}{2}\rho\upsilon^2 + \frac{p^2}{2\rho c^2} \tag{1.16}$$

对于平面波而言，平面声场具有平均声能量密度，即

$$\bar{\varepsilon} = \frac{p^2}{\rho c^2} \tag{1.17}$$

单位时间内通过垂直于声传播方向的平均声能量称为平均声能量流或平均声功率。通过垂直于传播方向的单位面积上的平均声能量流就称为平均声能量流密度或称为声强，即

$$I = \bar{\varepsilon}c \tag{1.18}$$

在声学中普遍使用对数标度来度量声压和声强，其单位常用 dB（分贝）表示。

声压级以符号 SPL 表示，其定义为

$$SPL = 20\lg\frac{p_e}{p_{ref}} \tag{1.19}$$

式中，p_e 为待测声压的有效值；p_{ref} 为参考声压。在空气中，参考声压 p_{ref} 一般取为 $2\times10^{-5}\,\mathrm{Pa}$。

声强级用符号 SIL 表示，其定义为

$$SIL = 10\lg\frac{I}{I_{ref}} \qquad (1.20)$$

式中，I 为待测声强；I_{ref} 为参考声强。在空气中，参考声强 I_{ref} 一般取 10^{-12}W/m^2。这一数值是与参考声压 $2\times10^{-5}\text{Pa}$ 相对应的声强。

1.2.5 聚焦声场特性

惠更斯原理提供了理解波传播的理论基础，而亥姆霍兹-基尔霍夫积分定理则提供了一种求解各种换能器的辐射声场的基本方法，包括聚焦声场。图 1.8 中，声场中任意一点的声压，都可以表示为：

$$p = if\rho\iint_S u(R_1)\frac{e^{-jkr}}{r}dS \qquad (1.21)$$

任意声源的辐射声场的计算原理，如图 1.8 所示。

式（1.21）和图 1.8 中，f 为超声的频率；ρ 为传播介质的密度；S 换能器的辐射面；dS 为辐射面元；R_1 为辐射面元 dS 到坐标原点 O 的距离；$u(R_1)$ 为换能器辐射面上法向振动速度的分布；k 为声波在介质中的波数（$k=2\pi f/c$，c 为介质中的声速）；r 为辐射元 dS 上的点 Q_1 到场点 Q 的距离。其中当辐射面振速分布为轴对称分布的时候，$u(R_1)$ 可以归一化表示为 $u(R_1)=u_0q(R_0)$，u_0 表示为辐射面上的振速的最大幅值，$q(R_0)$ 为归一化系数。

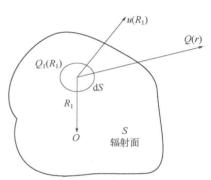

图 1.8 任意声源的辐射声场的计算

通过对上述公式的分析，能够清晰地得出影响声压大小的主要因素有：辐射面大小与形状、振动速度沿着辐射面法向的分布速度、声场内的点到声源的距离大小以及相位差等方面。不过，在实际的计算过程中，对于任意的声源，利用公式进行求解的难度较大。对于一些简单的模型和振动模式的换能器（比如平面圆形平面矩形以及凹球壳型等），在一定的条件下借助计算机的辅助功能可以得到准确度相对较高的解析解，来满足工程以及实际的设计需求。下面主要利用 MATLAB 软件对聚焦球壳的声场进行计算与分析。

通过上述分析，用亥姆霍兹-基尔霍夫积分定理计算聚焦球壳的辐射声场状态。设凹球壳型的几何形状与计算坐标如图 1.9 所示。

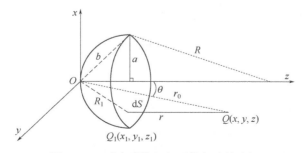

图 1.9 凹球壳型的几何形状与计算坐标

图 1.9 中，S 为压电陶瓷换能器；R 为球壳曲率半径；r_0 为坐标原点 O 到声场中点 Q $(x,$ $y,$ $z)$ 的距离；r 为面积元 dS 上的点 Q_1 $(x_1,$ $y_1,$ $z_1)$ 到 Q $(x,$ $y,$ $z)$ 的距离；R_1 为坐标原点到 Q_1 的距离；θ 为 r_0 与 z 轴的夹角；b 表示原点到换能器外沿的距离；a 表示换能器的孔径半径；λ 为声波的波长。设 φ_1 为通过 Q_1 点且垂直相交于 Oz 轴的直线与平面 xOz 的夹角，设 φ_2 为通过 Q 点且垂直相交于 Oz 轴的直线与平面 xOz 的夹角，在这里 $\varphi = \varphi_2 - \varphi_1$，通过坐标变换，可以得到 $dS = R_1 dR_1 d\varphi$，此时方程(1.21)可以转化为：

$$p(r_0,\theta) = p_0 \int_0^{2\pi} \int_0^b q(R_1) \frac{\mathrm{e}^{-\mathrm{j}kr}}{r} R_1 dR_1 d\varphi \tag{1.22}$$

式中，$p_0 = \mathrm{i}f\rho u_0$；$r$ 见式（1.23）：

$$r = \left[r_0{}^2 - 2r_0 R_1 \sqrt{1 - \frac{R_1{}^2}{4R^2}} \sin\theta\cos\varphi + R_1{}^2\left(1 + \frac{r_0\cos\theta}{R}\right) \right]^{\frac{1}{2}} \tag{1.23}$$

当换能器做均匀振动时，可以取 $q(R_1) = 1$，公式（1.22)可以简化为：

$$p(r_0,\theta) = p_0 \int_0^{2\pi} \int_0^b \frac{\mathrm{e}^{-\mathrm{j}kr}}{r} R_1 dR_1 d\varphi \tag{1.24}$$

方程（1.24）存在解析解，故在 $z=R$ 的焦平面上的声压分布为：

$$p(r) = p_0 \left(\frac{2\pi^2 a^2}{R\lambda}\right) \times \left[\frac{2J_1(kar/R)}{kar/R}\right] \tag{1.25}$$

式中，J_1 为一阶贝塞尔函数。

则，声压沿轴向的分布函数为：

$$p(z) = p_0 \left(\frac{2\pi^2 a^2}{R\lambda}\right) \times \sin c\left[\frac{2a}{2z\lambda}\left(\frac{z}{R} - 1\right)\right] \tag{1.26}$$

式中，函数 $\sin c[] = \dfrac{\sin\pi[]}{\pi[]}$。

通过对上述理论公式进行分析，自聚焦换能器的曲率半径 R 基本等于其声学焦距 f，即 $f=R$。但在实际应用中，声学焦距与几何焦距的差值也会受到超声频率等因素的影响。

公式（1.24）给定参数变量后，计算凹球壳型超声换能器的声压分布状态，如图 1.10 所示，给定参数如表 1.2 所示。

表 1.2　球面换能器声场计算参数

球壳材料	振幅	曲率半径	内孔直径	外口直径	频率
硬铝	1μm	30mm	5mm	60mm	24～32kHz

根据公式（1.21）计算得到的声压分布状态如图 1.11 所示。图中的极半径是声场中的一点到球壳底部中心的距离；极角是极半径与球壳轴线的夹角。

由图 1.11 可以看出在不同驱动频率下，凹球壳型换能器的声压值呈现轴对称分布，声场辐射能量在轴线附近聚焦。当频率为 24kHz 时，焦域形状呈现椭圆状，但出现了较大的旁瓣；

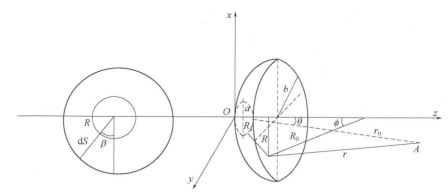

图 1.10 凹球壳型聚焦球壳理论计算的坐标

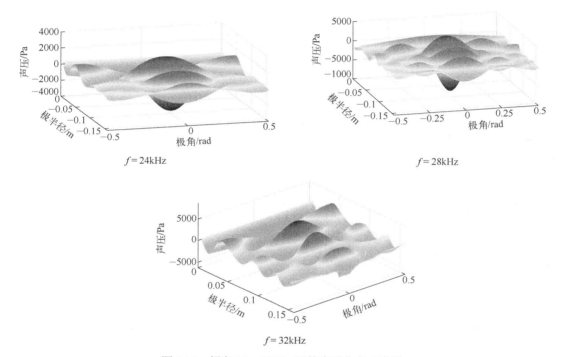

图 1.11 频率 24～32kHz 下的声压分布三维图

当频率为 28kHz 时，焦域的形状较好，聚焦的趋势较为理想；当频率为 32kHz 时，焦域的轴向长度更小，声压分布变得分散，聚焦的趋势变差。因此，结构及材料决定了换能器的固有特性，而声场能量需要考虑固有特性和驱动参数。

根据声强 I 与声压 P 的关系式（1.27）求解不同频率下的声强分布图。

$$I = \frac{p^2}{\rho v} \qquad (1.27)$$

由图 1.12 可以看出，当频率为 24kHz 时，在初始的位置出现了一定的焦斑，造成了一定的能量损耗；当频率为 28kHz 时，声强的分布趋势较为理想；当频率为 32kHz 时，声强的分布更加分散，整体声强的分布趋势基本与声压分布趋势吻合。

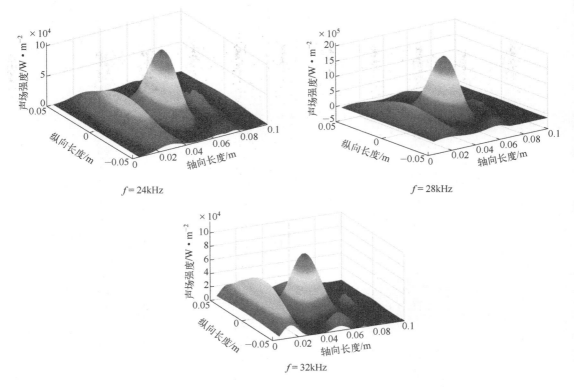

图 1.12　不同频率下的声强分布图

对聚焦声场建立三维声压场与声强的分布模型进行分析，焦斑的形状基本呈现出椭圆状分布，利用公式计算声压分布的轴向长度 Δz 与垂直于轴向的半径 Δr，并绘制出焦域的形状图 1.13。

$$\Delta z = 4\frac{\lambda A^2}{a^2}, \quad \Delta r = 0.61\frac{\lambda A}{a} \tag{1.28}$$

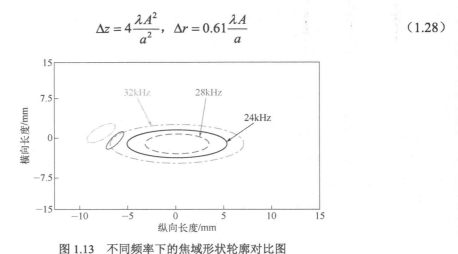

图 1.13　不同频率下的焦域形状轮廓对比图

由图 1.13 可以看出，焦域的形状整体为椭圆状。在 24kHz 时焦域的区域较大，能量较为分散；在 28kHz 时焦域的形状较好，能量较集中；在 32kHz 时，在焦域的前方形成了一块小的聚焦区域，造成了能量的损耗。

1.3 超声波的传播

1.3.1 弹性波

高频超声波在合金杆件（黏弹性杆件，如镍钛合金）中的传播存在纵波与横波，此类波被称为弹性波。由于存在多种波导材料，其内部晶体结构不同，因此，波具有不同的形式。

本小节中给出两种不同杆件结构，一种是等截面圆柱杆件，另一种是变截面圆柱杆件，均为镍钛合金材料。杆件中的波为应力波的一种，因镍钛合金杆为黏弹性杆件，因此其中的波为弹性波。镍钛合金杆件中的质点间存在相互作用，其运动可以视为简谐振动。根据牛顿第二定律，一个质点在受到相邻质点的撞击而产生运动时，运动质点也可以产生一个反向作用力，依次循环，镍钛合金杆件中的质点产生运动，产生弹性波的传导。在质点的运动过程中，根据能量守恒定律，运动过程中的质点携带能量。

杆作为一种常见的承受拉（压）力的构件，具有结构简单，容易进行建模等特点。从外形尺寸上来说，杆具有如下两种形式：①普通等截面杆；②单一变截面杆。其中，普通等截面杆横截面积为常数；单一变截面杆横截面积随着位置 x 变化，但是横截面积连续。所述杆件如图 1.14 所示：

普通等截面杆　　　　　　单一变截面杆

图 1.14　杆件视图

杆件中弹性波的传播，存在多种形式。弹性波在单一杆件中传播时，未遇到边界即为弹性波在无限杆中传播，称为体波。波在无限杆中的传播较为简单，可以推导出弹性波运动方程。当遇到边界的条件下，则存在多种情况。本小节讲解的超声工具杆一款末端是扁平长条状，另一款是圆柱状。波在未弯曲状态下传播时，等同于波在无限弹性体中传播。杆件末端受外载荷而发生弯曲作用时，杆件中导波会大幅衰减，且在弯曲端点处会发生波的反射与折射。

当波在不同介质之间传播时，就需要考虑不同介质之间的特性。根据阻抗匹配理论，阻抗值越接近的波，其衰减越小。对于弹性波以任意角度从一个固体入射到另一个固体的情况，即使满足常规理论精心设计的层，也不能实现完美的波传输。各向同性固体中的弹性波总是携带纵模和横模波，并且这种多模态通常在固-固界面处耦合两个波模，使得传统阻抗匹配理论不适用于弹性波。

弹性波较为常见，如超声手术刀在使用过程中，主要利用弹性波的纵波输出指定位移，对生物组织进行切割。纵波的传播方向与质点的振动方向是相同的。横波的传播方向与质点的振动方向垂直。对于弹性波的研究发展较早，早在 1821 年，就有学者对其开展研究，建立了弹性体运动的一般方程。1829 年，泊松发现了纵波与横波。随着研究学者的不断研究，声学体系逐渐完善，对于波在弹性体中的波动方程，由最初的初等理论，发展到后来的弯曲杆理论，充分考虑了弯曲状态下的剪切应力以及转动惯量。

波动表征的是振动在介质中的传播，波在介质中的传播过程可以用力学原理建立运动微分方程来描述。杆中的纵波是最简单的弹性波类型，假设一均匀杆，其轴向刚度为 EA，单

位长度的质量为 $m = \rho A$，其中 ρ 为杆材料的密度，A 为横截面面积，而对杆长度以及边界条件则没有进行指定。杆上所有的单元存在时变的轴向位移 $\mu(x,t)$，受到的轴向力为 $N(x,t)$。

1.3.2 流体中的传播

超声在液体中传播的应用也非常广泛。在液体中由于涡流或超声的物理作用，液体的某一区域会形成局部的暂时负压区，于是在液体中产生空穴或气泡，这些充有蒸气或空气的气泡处于非稳定状态。当它们突然闭合时，会产生激波，因而在局部微小区域有很大压强。由于气泡的非线性振动和它们破灭时产生的巨大压力，伴随着这种空化现象会产生许多物理和化学效应，这些效应有积极和消极两个方面。例如，超声空化的"腐蚀"作用在超声清洗中是很有用的。许多资料证明，物体的表面污膜在强超声场中会被破除，其主要原因是超声的空化作用。利用超声空化效应还能使两种不相溶的液体乳化，其应用有超声搪锡、超声破碎生物细胞等。在水声方面，空化作用常常表现为消极的方面，例如舰船用的高速旋转的螺旋桨叶表面会受"腐蚀"损坏，大量气泡的出现会影响螺旋桨的推力，会使声呐降低辐射功率，增加声在介质中传播的衰减以及空化噪声对水声的干扰等。

超声波导入液体后，在传播过程中发生衰减现象。由于波阵面的扩张，引起能量的空间扩散以至波振幅随传播距离增加而减小，发生几何衰减。由于液体本身对声能的吸收作用和由于散射体相对液体的运动及散射的形变使声能变为热能而损耗，又会发生物理衰减。通过对流体介质声速、声衰减和声阻抗等声学量的测量，也可以对流体介质进行特性分析，其中包括液体黏度的测量、溶液浓度、液体流量、气体和液体成分的分析。

在声学量中，与液体黏度有密切关系的主要是声衰减和切变阻抗这两个量。由于声衰减影响因素很多，因此测量黏度有实用价值的是切变阻抗，这实际上是一种声阻抗法的检测法。切变阻抗作为换能器的负载，通过换能器特性来测量其负载阻抗，实现其黏度测量的目的。用于测量切变阻抗的换能器，可以是磁致伸缩式，也可以是压电切变换能器。目前有利用这两种换能器的黏度计产品，前一种叫磁致伸缩式超声黏度计，后一种是扭转石英式黏度计，在此不做详细介绍。

矿浆浓度的超声测量，则是利用超声波的声衰减效应。试验表明，悬浮体对高频超声波的衰减主要是散射衰减，它与浆体的颗粒浓度、粒度、密度和表面构造等有关。衰减量受温度变化或溶解盐量变化影响较小，但悬浮液中气泡则影响较大，如果没有气泡，影响衰减的其他因素就比较稳定，则使用测定衰减的方法便可以用来测定矿浆的浓度。

超声波流体流量测量在工业中有着广泛应用，例如在石油化工行业、水利测量行业、气象监测以及医学行业等。超声测量流量之所以在工业上有着广泛的应用，在于它具有一些其他方法不可比拟的优点，比如超声测量流量可以做到非接触无插入部件，不受流体的物理性质和化学性质的影响，方法简便，便于计量和记录等。超声测流量的原理比较简单，当超声波在流动的介质中传播时，相对于固定坐标系统（比如管道中的管壁）来说，超声波速度与静止介质中的传播速度有所不同，其变化值与介质的流速有关。因此根据超声波速度的变化可以求出介质流速，进而得到流量。

1.3.3 固体中的传播

功率超声技术中，超声振动系统大部分是利用换能器-变幅杆-工具系统造成的纵向振动系统，能量传输方向沿轴向传输。有些领域采用弯曲振动系统会更加高效，例如超声车削、超声集尘等。产生弯曲振动的方式有两种。一种是设计弯曲状态的超声换能器，例如在两根金属棒之间夹有一组压电陶瓷片，适当调整其极化方向，并通过螺杆施加预压力而构成弯曲振动换能器。这种换能器结构简单而且能够承受较大功率。另一种是利用振动模式的转换产生弯曲振动，例如使用纵向换能器驱动圆棒或者特制工件，可以达到弯曲振动的效果。

对于超声波的传播理论，传输过程中的衰减问题尤为重要。尤其是对固体弯曲状态下的损耗存在较大影响。Adam 等人发现超声波在固体中的传播特性取决于多种因素，其中密度和弹性是考虑最多的因素。此外，材料中存在的施加应力或残余应力导致介质变形，也对波的传播具有较大影响。Xi 等人报告称许多研究者观察到镍钛合金在一定循环次数后达到饱和状态，是因为马氏体相变的起始应力和每个循环的耗散能逐渐减小，残余应变累积。该过程中发生的超弹性退化被 Kang 等人称为"相变棘轮效应"，且该现象存在明显。该现象对弹性波的衰减影响较大。

声-结构耦合是声传播最重要的特征之一，许多不同的理论方法被提出来研究传输特性。Song 等人提出了一种由形状记忆合金（SMA）单元构成的超表面，用于引导超声波向预定方向发射。Saravanan 等人研究了超声在预紧力随时间变化的圆柱波导中的传播过程，建立了非线性瞬态响应分析模型。

弹性波在波导中的运动方程，也是研究重点之一。国内外学者对具有固定夹角结构的变幅杆进行了深入研究，探讨了固定夹角结构的频率方程。该方程借鉴传输矩阵方法，将复杂线弹性系统等效为质点运动。根据相邻质点间位移、作用力等的相互作用，建立弹性体中的波动方程。结合输入杆与输出杆的边界条件，获得波在弹性体中的传输特性。

普通等截面杆结构简单，对其研究开展得较早。在对等截面细杆进行分析时，通常选取一段横截面积均匀的细杆，且不考虑其径向振动对横向振动的影响。如图 1.15 所示为一段长 l、横截面积为 A 的细杆，以该杆的左端面中心为坐标原点，取一个微元段 dx。该杆材料密度为 ρ，杆上所有单元存在时变的轴向位移 $u(x,t)$，微元段左端受到的轴向力为 F_x。

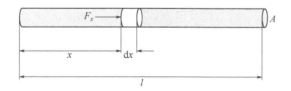

图 1.15　普通等截面杆

在图 1.15 中建立二维坐标系，设 dx 段左侧坐标为 x，其右侧坐标为 $x+dx$。当该段受到作用力 F_x 时，因该杆为弹性杆，所做运动为简谐运动，则在某一时刻 t，该微元段的位移分别是 $u(x,t)$、$u(x+dx,t)$，则满足公式：

$$\frac{u(x,t)-u(x+dx,t)}{dx}=\frac{\partial u(x,t)}{\partial x} \tag{1.29}$$

则该微元段的总伸缩量为：

$$u(x+dx,t)-u(x,t)=\frac{\partial u(x,t)}{\partial x}dx \tag{1.30}$$

细杆为连续体，该微元段的伸缩必然对其相邻的微元产生作用力，由于棒具有劲度，因而其相邻元段反过来将对它产生纵向的弹力。该邻段对该元段 x 点的作用力为 F_x，因为棒的截面积为 S，所以单位面积的作用力为 σ，称为应力或者威胁，则作用在该微元段左端的应力可表示为：

$$\sigma = \frac{F_x}{A} \tag{1.31}$$

故在此应力下，相对伸缩为（应变）：

$$\frac{\left(\frac{\partial u}{\partial x}\right)\mathrm{d}x}{\mathrm{d}x} = \frac{\partial u}{\partial x} \tag{1.32}$$

根据一维的胡克定律：

$$F_x = EA\frac{\partial u}{\partial x} \tag{1.33}$$

式中，E 为表示物质劲度的一个常数，称为杨氏模量。

同理，在该 $\mathrm{d}x$ 段右端，因为力的作用是相互的，也会同样受力。设此作用力为 $F_{x+\mathrm{d}x}$，则该 $\mathrm{d}x$ 段受到的合力为：

$$\mathrm{d}F_x = F_x - F_{x+\mathrm{d}x} = \frac{\partial F_x}{\partial x}\mathrm{d}x \tag{1.34}$$

将式（1.32）代入可得：

$$\mathrm{d}F_x = AE\frac{\partial^2 u}{\partial x^2}\mathrm{d}x \tag{1.35}$$

该细杆的密度为 ρ，则该段微元的质量为 $\rho A\mathrm{d}x$，根据牛顿第二定律可得：

$$\mathrm{d}F_x = AE\frac{\partial^2 u}{\partial^2 x}\mathrm{d}x = \rho A\mathrm{d}x\frac{\partial^2 u}{\partial^2 t} \tag{1.36}$$

经整理可得：

$$\frac{\partial^2 u}{\partial^2 x} = \frac{\rho}{E} \times \frac{\partial^2 u}{\partial^2 t} \tag{1.37}$$

已知 $c = \sqrt{E/\rho}$，c 是细杆中纵振的传播速度，代入式（1.37）可得：

$$\frac{\partial^2 u}{\partial^2 x} = \frac{1}{c^2} \times \frac{\partial^2 u}{\partial^2 t} \tag{1.38}$$

该式即为棒的纵振动方程。此处需要指出的是，固体棒在做纵向胀缩运动时，其也存在横向振动，但是对于横向尺寸远小于纵向尺寸的物体，可忽略该种横向运动。经过求解化简，进行变量的分离，纵振方程可表示为：

$$u(x,t) = [A\cos(kx) + B\sin(kx)]\cos(\omega t - \varphi) \tag{1.39}$$

该式为体现振动形式的解，式中 A、B 均为待定系数。待定系数的解根据不同状态下杆件在 $x=0$ 以及 $x=l$ 处的边界条件可以求得。

变截面杆作为一个常见构件，适用于诸多工程领域中。研究纵波在变截面杆中的传播特性时，利用直杆运动方程的理论推导以及变幅杆振幅增益设计理论。单一变截面杆理论分析如图 1.16 所示。

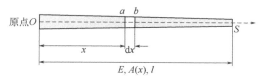

图 1.16　单一变截面杆

同上建立二维坐标系，设 $\mathrm{d}x$ 段左侧坐标为 x，其右侧坐标为 $x+\mathrm{d}x$。所用杆件为镍钛合金，为弹性杆，所做运动为简谐运动。则在某一时刻 t，该微元段的位移分别是 $u(x,t)$、$u(x+\mathrm{d}x,t)$。该微元段为圆锥形，根据变幅杆设计增益理论，当微圆段 a 侧受到 $u(x,t)$ 的位移时，b 侧位移将会被放大，放大系数为 M。M 公式满足：

$$M = N\left[\cos(kL) - \frac{N-1}{N} \times \frac{1}{kL}\sin(kL)\right] \tag{1.40}$$

式中，系数 N 为微元段大端与小端直径之比。则当 a 侧受到 $u(x,t)$ 位移时，b 侧位移经过放大变为 $M \times u(x,t)$。则该微元段的总伸缩量为：

$$\frac{u(x+\mathrm{d}x,t) - M \times u(x,t)}{\mathrm{d}x} = \frac{\partial u(x,t)}{\partial x} \tag{1.41}$$

假设邻段对该微元段的作用力为 F_x。棒的横截面积随着横坐标 x 变化而变化，此处用 $S(x)$ 表示。故在此应力下，应变为：

$$\frac{\left(\dfrac{\partial \mathrm{u}}{\partial x}\right)\mathrm{d}x}{\mathrm{d}x} = \frac{\partial u}{\partial x} \tag{1.42}$$

根据胡克定律可知，应力与应变呈线性关系：

$$\frac{F_x}{S(x)} = E\frac{\partial u}{\partial x} \tag{1.43}$$

式中，E 为材料固有属性杨氏模量。

微元段 a 侧受到作用力 F_x，根据力的作用原理，微元段 b 侧也会受到邻段的作用力。设此作用力为 $F_{x+\mathrm{d}x}$，则该 $\mathrm{d}x$ 段受到的合力为：

$$\mathrm{d}F_x = F_x - F_{x+\mathrm{d}x} = \frac{\partial F_x}{\partial x}\mathrm{d}x \tag{1.44}$$

将式（1.43）代入可得：

$$\mathrm{d}F_x = S_{(x)}E\frac{\partial^2 u}{\partial x^2}\mathrm{d}x$$

该微元段质量可以利用圆台公式求得；

$$m = \frac{1}{3}\rho \left[S_{(x)} + \pi\sqrt{\frac{S_{(x)}}{\pi}}\sqrt{\frac{S_{(x+dx)}}{\pi}} + S_{(x+dx)} \right] dx \tag{1.45}$$

根据牛顿第二定律可得：

$$S_{(x)}E\frac{\partial^2 u}{\partial x^2}dx = \frac{1}{3}\rho \left[S_{(x)} + \pi\sqrt{\frac{S_{(x)}}{\pi}}\sqrt{\frac{S_{(x+dx)}}{\pi}} + S_{(x+dx)} \right] dx\frac{\partial^2 u}{\partial x^2} \tag{1.46}$$

整理可得：

$$S_{(x)}E\frac{\partial^2 u}{\partial x^2} = \frac{1}{3}\rho \left[S_{(x)} + \pi\sqrt{\frac{S_{(x)}}{\pi}}\sqrt{\frac{S_{(x+dx)}}{\pi}} + S_{(x+dx)} \right]\frac{\partial^2 u}{\partial x^2} \tag{1.47}$$

式（1.47）即为在单一变截面杆中，不考虑泊松效应以及剪切效应时的棒的纵振动方程。通过不同情况下的初始边界条件，即可求解。

1.3.4 弯曲杆件中的传播

弹性杆件工作时，需要在外驱力作用下进行不同角度的弯曲。该工具杆在工作时类似于悬臂梁结构。本节研究单一变截面杆弯曲状态下的波动方程，研究中，试验杆件为单一变截面杆，直径远远小于杆件长度，质量较小。弹性波在弯曲杆件中的传播方程可以通过在弹性波波动方程中引入挠度项来得到。因弯曲角度较小，且均匀变化，故仅引入挠度进行公式推导。

在工程实际中，挠度是梁的重要参数，可以用来计算梁的应力、应变、刚度等性质。在设计梁的结构时，需要根据实际应用情况来确定曲率和挠度的限制条件，以保证梁的稳定性和安全性。

如图1.17所示为单一变截面杆弯曲状态下杆件，包含半无限直线输入段、弯曲部分、半无限直线输出段。弹性波由 O 端输入，经过 ON 直线段、NM 弯曲段、MQ 直线段，以 Q 点输出。截取点 M 附近弯曲段，如图1.18所示，进行波动方程推导分析。

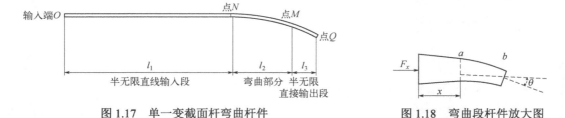

图 1.17　单一变截面杆弯曲杆件　　　　图 1.18　弯曲段杆件放大图

设 ab 段为微元段 dx，该弯曲梁在工作过程中相当于悬臂梁，故该微元段的应力与位移变化转变为求解变截面梁的位移公式及弯曲应力公式。

变截面梁的位移公式需要考虑梁在不同截面处的截面形状和尺寸对应的惯性矩的变化，引入公式满足：

$$V_{(x)} = \int \left[\frac{M(x)}{EI(x)} \right] dx + C_1 \tag{1.48}$$

$$\theta_{(x)} = \int V_{(x)}dx + C_2 \tag{1.49}$$

式中，$V_{(x)}$ 表示梁在 x 处的挠度（位移）；$\theta_{(x)}$ 表示梁在 x 处的偏转角；$M(x)$ 表示梁在 x 处的弯矩；E 表示梁在 x 处的弹性模量；$I(x)$ 表示梁在 x 处的惯性矩；C_1 和 C_2 为积分常数。

对于变截面梁，弯曲应力的计算需要考虑梁在不同截面处的截面形状和尺寸对应的惯性矩的变化。一般来说，可以采用以下公式进行计算：

$$\sigma = \frac{M(x)y(x)}{I_{(x)}} \tag{1.50}$$

式中，$M(x)$ 表示弯矩；$y(x)$ 表示梁截面与中性轴的距离；$I_{(x)}$ 表示梁截面对应的惯性矩。在实际应用中，可以将梁的变截面分成若干个截面，对每个截面进行弯曲应力的计算，然后将各个截面的应力进行叠加，得到整个梁的弯曲应力分布。这个过程可以使用数值计算方法（如有限元法）进行模拟，也可以使用理论方法进行近似计算。

在该弯曲梁计算中，利用 Euler - Bernoulli 理论，也即初等理论。该理论的主要内容是：
① 忽略杆的转动惯量和剪切变形；
② 杆的横截面尺寸远小于波长；
③ 用弯矩 M 和剪力 F 表示横截面的应力。
由上式可知，弯曲段微元段的总伸缩量为：

$$V_{(x)} - u(x,t) = \int \left[\frac{M(x)}{EI(x)} \right] \mathrm{d}x + C_1 - u(x,t) = \frac{\partial u(x,t)}{\partial x} \tag{1.51}$$

微元段 a 侧受到作用力 F_x，根据力的作用原理，微元段 b 侧也会受到邻段的作用力，该 $\mathrm{d}x$ 段受到的合力为：

$$\mathrm{d}F_x = \sigma - F_x = \frac{M(x)y(x)}{I_{(x)}} - ES_{(x)}\frac{\partial u}{\partial x} \tag{1.52}$$

根据上式：

$$\frac{M(x)y(x)}{I_{(x)}} - ES_{(x)}\frac{\partial u}{\partial x} = \frac{1}{3}\rho \left[S_{(x)} + \pi\sqrt{\frac{S_{(x)}}{\pi}}\sqrt{\frac{S_{(x+\mathrm{d}x)}}{\pi}} + S_{(x+\mathrm{d}x)} \right] \mathrm{d}x \frac{\partial^2 u}{\partial x^2} \tag{1.53}$$

该式即为变截面弯曲杆件中弹性波的波动方程。分析式中参数，$M(x)$ 表示弯矩；$y(x)$ 表示梁截面与中性轴的距离；$I_{(x)}$ 表示梁截面对应的惯性矩。$M(x)$ 与 $y(x)$ 表明弹性波在弯曲波导中的传播与弯曲角度 θ 有关，$I_{(x)}$ 表示弹性波在弯曲波导中的传播与梁所受外载荷有关。

1.3.5　生物组织中的传播

（1）概述

超声在医疗领域的应用十分广泛，超声类医疗器械日趋成熟。该类研究超声波与生物组织的相互作用机理、规律及应用的学科分支称为超声医学，主要包含超声诊断和超声治疗两大部分。

超声诊断研究如何利用各种组织声学特性的差异来区分不同组织，特别是区分正常和病变组织。超声波在生物组织中的传播规律（即组织对声波的作用）及诊断信息提取方法是超声诊断的物理基础。

超声在医学上作为一种治疗方式，可追溯到二十世纪二三十年代，科学家们报道了超声的物理、化学和生物效应。Wood 和 Loomis 发表了论文，他们观察到小鱼和青蛙被高功率超声辐照一到两分钟后就死了，并猜测死亡的原因可能是温度升高。

通过探究超声传播理论，结合不同病变部位特性，可开发治疗性超声装置。超声输送至病变部位治疗装置的开发与测试工作始于 20 世纪 70 年代，利用低超声频率和高振幅位移下非弹性刚性组织被破坏，而健康组织不受影响这一原理，超声已用于治疗肾结石及主动脉瓣去钙化、肺血管阻塞症等。超声作为治疗动脉粥样硬化病变的有效治疗技术，Fischell 等人研究了直径为 0.5mm 钛丝波导在治疗动脉粥样硬化病变中的应用。Gavin 等人描述了一种能够沿着小直径镍钛线波导传送治疗超声的现象，探究了超声在镍钛波导中的远距离传输及影响参数。

目前，超声治疗技术的主要应用之一是超声手术刀。超声手术刀系统分为两部分：超声主机以及超声工作系统。超声手术刀工作机理一直是困扰国内外学者的一个难题。超声手术刀在进行组织切割时，与生物组织接触点处的细微物化反应极其复杂，难以进行定量描述，因而往往使用定性描述。超声手术刀末端的高频振动作用于组织上时，末端的高频振动将该能量传递至生物组织，产生超声效应。超声手术刀在工作时，适用于含水量较高的软组织，例如甲状腺、肝胆等部位，刀头末端高频振动，与生物组织接触，加速度达到生物组织的切割阈值，从而实现切割。根据相关人员 Coleman 的研究发现，若振动加速度能够达到 $5 \times 10^4 \mathrm{m/s^2}$，则可以对人体组织进行分离。

超声手术刀中的切割刀头通常由钛合金或陶瓷等材料制成，形状和尺寸都经过精确设计和加工。在工作时，高频电能通过压电陶瓷晶体转换为机械振动能量，使切割刀头振动。当刀头振动时，刀刃与组织之间形成一种微小的摩擦力，摩擦产生的热量使得组织中的脂肪析出，同时使得蛋白质变性，凝闭切割区域。其次是超声波产生的微流体效应，超声波在组织中传播时，会引起压缩和膨胀，形成微小的压力波，气泡扩大后又迅速收缩甚至崩裂，这种空化效应对组织具有一定的破坏作用。同时，超声波也会在组织中形成微小气泡和液流，这些气泡和液流会对组织进行剪切和削除，从而起到切割作用。总的来说，超声手术刀的切割机理是通过刀头振动和超声波的微流体效应相结合，使组织发生变形和破坏，实现手术切割的目的。

高强度聚焦超声（high intensity focused ultrasound，HIFU）是近年发展起来的体外非侵入性肿瘤治疗技术，属于局部消融治疗的一种。它利用超声波方向性和聚焦性好的特点，将体外低能量的超声聚焦于体内肿瘤靶区，通过高温效应、空化效应、声化学效应和机械效应等，使靶区的焦点温度瞬间达到 65～100℃，使肿瘤组织发生凝固性坏死，从而达到局部消融肿瘤的目的。

HIFU 治疗技术出现于 1940 年，到 1990 年后进入快速发展时期，被誉为是 21 世纪的无创肿瘤治疗技术。1935 年，Gruetzmacher 将石英晶体板表面做成凹面，发现可以聚焦非常短的超声波，这激发了研究人员研究聚焦超声在医学中的可能用途。其间经过多轮次试验验证，直至 20 世纪 90 年代，随着换能器设计技术、电脑控制技术和临床医学图像技术的进步，HIFU 用于治疗肿瘤的研究成为研究的热点。精确的靶向和良好的实时监控引导技术（具有解剖学和功能成像），为实现 HIFU 肿瘤治疗铺平了道路，特别在深部软组织肿瘤区域，HIFU 靶向皮下肿瘤组织具有使肿瘤细胞瞬间凝固坏死的能力，这也使其成为直接和快速治疗肿瘤的一种候选方法。2004 年，美国科学促进会（AAAS）将"超声对肿瘤的治疗"列为全球科技的重要前沿问题。作为一种无创治疗手段，HIFU 已被广泛应用到肝肿瘤、肾肿瘤、子宫肌瘤、乳腺肿瘤、前列腺癌、胰腺癌、骨癌等临床治疗研究中。

生物组织既不同于固体介质，也不同于液体介质，而且结构很不均匀，这就造成了超声波在生物组织中传播问题的复杂性，要精确描述生物组织的声学特性和超声波在生物组织中的传播规律是不现实的，解决该问题的方式是根据特定的目的寻求有足够精度的近似描述，即需要搭建生物组织的声学模型，该生物模型由人体组织的声学参量所表达。人体组织中，通常把骨骼看成各向同性的均匀固体，其声学性质同样用纵波声速、横波声速、密度及声衰减系数描述，波动方程也服从于固体的波动方程。软组织不同于固体组织，通常将其等效于均匀液体。声波在均匀液体中传播时，横波衰减较大，因此通常不考虑横波，仅以纵波声速、密度、声阻抗率、体弹性模量和声衰减系数来描述，声波的传播服从于液体波动方程，由于生物组织中的声衰减系数不可忽略，故波动方程中的声速应为复数，其虚部则可以表示组织的声衰减特性。

人体组织的声学参量如表 1.3 所示，表中列出的则是 Goss 等人收集整理的一些平均结果，在此仅供参考。该模型的声学参量及空间分布规律描述了该生物组织的声学性能，此基础上，建立这个模型的波动方程。根据外置声源信息，求解声波在模型中的传播规律，即得到声波在该生物组织中的传播规律。通常认为生物组织的声学特性是不随时间变化的，这对于短时间的观察是适用的。

表 1.3 人体组织的声学参量

人体组织	密度	纵波声速	纵波声阻抗	1MHz 时纵波声波	衰减系数频率关系
血液	1.055	1580	1.67×10^5	0.18	—
脂肪	0.952	1450	1.38×10^5	0.63	f
肝	1.06	1550	1.64×10^5	0.94	f
心肌	—	1510	1.67×10^5	1.8	f
肾	1.04	1560	1.62×10^5	1.0	f
肌肉	1.08	1580	1.70×10^5	1.2～3.3	f
眼晶状体	1.14	1620	1.85×10^5	—	f
软组织平	1.06	1540	1.63×10^5	1.0	f

上述模型适用于超声波入射于不同组织间界面上的简单声学行为，当单纯利用超声波回声信号进行超声诊断时，该模型是不适合的。进行超声诊断时，需观察生物组织的微观结构，利用微弱声散信号进行诊断。因此，对于解决由声散射造成的超声问题，必须搭建较好的生物模型，保证测量结果的准确性。

生物组织的声学参量与组织的成分（如蛋白质、脂肪和水的含量）有密切关系。一般来说，声速随着组织中蛋白质含量的增加而增加，随水分、脂肪含量的增加而降低，声衰减系数亦然。

（2）散射效应

超声波散射是指当超声波遇到介质中的离子、分子、微粒等物体时，发生的由于声波与物体相互作用而改变传播方向和强度的现象。这种现象在医学领域中被广泛应用于超声成像技术，用于诊断人体内部组织的状态。

在超声波散射的过程中，声波与物体相互作用会使得部分声能散射到周围，而另一部分声能则会被物体吸收、反射或折射。散射的强度与物体的大小、形状、密度、材质等有关，因此可以通过对散射信号的分析，得到物体的一些特征参数，如大小、形状、位置等。

超声波散射在材料科学、物理学、化学等领域也有广泛的应用。例如，在材料检测中，可以通过测量材料中的散射信号，判断材料的结构、缺陷、裂纹等情况；在生物物理学中，也可以利用超声波散射来研究生物大分子的结构和运动。

由于生物组织的非均匀性，声波在其中传播时会发生散射。研究声散射的经典方法主要强调声散射的总功率或全散射截面（总散射功率与入射于散射体上的功率之比）。然而，从超声诊断的角度来看，散射系数（散射信号声压与入射声压之比）随角度的分布更为重要。

（3）衰减

超声波衰减是指在超声波传播过程中，声波能量随着传播距离的增加而逐渐降低的现象。这是由于声波与介质中的分子、离子、微粒等物体相互作用所导致的。声波能量被物体吸收、反射、折射等，导致传播距离越远，声波能量的损失就越大。

超声波衰减的程度与介质的特性有关，例如介质的密度、声速、黏度、温度等因素都会影响超声波的衰减。在医学领域中，超声波的衰减是一种重要的限制因素，它会影响成像质量和深度，因此需要通过对超声波的参数和介质特性的分析，来优化超声成像的效果。

超声波衰减的特点是随着频率的增加而增加，因此在超声成像中，一般会选择频率较低的超声波进行成像，以减小声波的衰减程度，从而得到更好的成像效果。同时，也可以采用一些技术手段，如增加探头的发射能量、选择合适的介质等来减小超声波的衰减。

超声波在介质中传播时，其强度往往随着传播距离的增大而减小。引起声强减小的主要原因有：

① 声束扩散或衍射损失；

② 介质非均匀性造成的声散射损失；

③ 声能转换成其他形式的能量(主要指热能)引起的声吸收损失。衍射损失主要取决于声源的特性，因而通常在讨论介质特性时不予考虑。而声散射与声吸收造成的声衰减却主要取决于介质本身，且其造成的声压（平面声波）变化按指数衰减。

（4）频散效应

超声波频散效应是指超声波在介质中传播时，不同频率的声波的传播速度不同，导致超声波传播过程中声波的频率分布发生改变的现象。这种现象与介质的物理性质有关，例如介质的压缩模量、密度等。

超声波频散效应在医学领域中常常会影响到超声成像的精度和分辨率。因为声波的频率分布不均，可能会导致成像中的某些部位出现模糊或失真，影响诊断结果。因此，为了降低超声波频散效应的影响，通常会选择较低的超声波频率进行成像，以减小频散效应的程度。

此外，还可以采用一些技术手段来降低超声波频散效应的影响，例如通过对信号进行数字滤波、采用相干聚焦技术等。这些方法可以对信号进行处理，提高超声成像的质量和精度。

（5）非线性传播

超声波非线性是指超声波在介质中传播时，声波的振幅与声压的关系不再是线性的，而是呈现非线性的特征。这种现象是由于介质的非线性特性所引起的，例如介质的压缩模量随着声波振幅的变化而发生改变。

超声波的非线性效应通常表现为谐波产生、波与波相互作用、剪切波产生等现象。在医学超声领域中，超声波非线性效应的表现形式包括次谐波、次次谐波、和谐波等。这些谐波信号可以被用于超声诊断中，提供更多的信息描绘组织的特性和病理情况。

超声波非线性效应也对超声成像的质量和分辨率产生影响。在高振幅下，声波的非线性效应会引起声束的扩散和波前畸变等现象，从而影响成像的质量。因此，在实际应用中需要对声波的非线性效应进行研究和控制，以提高超声成像的质量和精度。

（6）多普勒效应

超声波多普勒效应是指超声波在经过流动物体时，由于物体的运动而导致声波频率发生变化的现象。这种现象是基于多普勒原理的，即当声源和接收器相对运动时，声波的频率会发生变化。

在医学超声领域中，多普勒效应常常被用于测量血流速度。当超声波经过流动的血液时，声波的频率会发生变化，这种变化被称为多普勒频移。通过测量多普勒频移的大小，可以计算出血流速度和流动方向，从而评估血管的状态和功能。

超声波多普勒效应也被应用于其他领域，如工业流体测量和气象学。在工业流体测量中，多普勒效应可以用来测量液体的流速和方向，从而实现流体控制和监测。在气象学中，多普勒雷达可以用来探测天气中的运动物体，如风暴和飞行中的飞机，从而提供精准的气象信息和飞行监测。

1.4 超声换能器

1.4.1 压电材料

压电换能器的发展和应用是以压电效应的发现和压电材料的发展为前提条件的。1880年，法国物理学家居里兄弟发现了晶体的压电效应。当把一定数量的砝码放在一些天然晶体上时，如石英、电气石及罗谢尔盐等，在这些天然晶体的表面会产生一定数量的电荷，而且所产生的电荷的数量和砝码的重量成正比，这种现象就称为压电效应。由于压电效应是可逆的，因此利用压电材料制成的压电换能器既可以用作发射器，也可用于接收器。压电效应和逆压电效应是超声学发展史上的重大发现，这一发现大大加速了声学在国防以及国民经济各行各业的广泛应用。

由于压电材料是压电换能器的关键部分，而压电换能器是绝大部分超声应用技术的核心，因此有关压电材料的研究很多。从最早的天然压电晶体到人工合成的压电多晶体及压电复合材料，压电材料的性能得到了很大的改善，其种类也越来越多。目前，应用较多的压电材料主要有五大类，即压电单晶体、压电多晶体（压电陶瓷）、压电高分子聚合物、压电复合材料以及压电半导体等。

（1）压电晶体

石英晶体是人类所发现最早的压电单晶体。石英晶体的居里温度较高，可达 573℃。石英晶体性能稳定，其材料参数随温度和时间的变化较小。石英晶体的力学性能良好，易于切割、研磨和抛光加工。另外，天然石英晶体的机械损耗小、机械品质因数高、介电系数较低、谐振阻抗高，因而被广泛应用于制作标准振源以及高选择性的滤波器。

除了压电石英晶体以外，其他较常见的压电单晶体还有铌酸锂、钽酸锂、罗谢尔盐、磷酸二氢铵、磷酸二氢钾、酒石酸二钾等。每一种材料都有其自己的特点，因此在实际应用中，应该根据情况合理选择。

（2）压电陶瓷

压电陶瓷是压电多晶材料，而大部分压电多晶材料都具有铁电性。目前，在超声应用领域，压电陶瓷材料绝对处于支配地位。与压电单晶等材料相比，压电陶瓷材料具有以下独特的优点：①原材料价格低廉；②机械强度好，易于加工成各种不同的形状和尺寸，从而适应不同的应用；③通过添加不同的材料成分，可以制成品种各异、性能不同且可满足不同需要的压电材料；④采用不同的形状和不同的极化方式，可以得到所需的各种振动模式。

压电陶瓷的种类很多，目前应用最为广泛的当属锆钛酸铅压电陶瓷。这种材料已被广泛应用于水声、超声等领域，其中包括小信号和大功率应用。

除了以上提到的压电陶瓷材料以外，另一种值得提及的压电铁电材料是铌酸锂。由于这种材料具有良好的机械和压电性质，并且具有非常高的居里温度（可达 1200℃），因此这种材料已被广泛应用于表面波即瑞利波滤波器中。

（3）压电高分子聚合物

压电高分子聚合物是一种比较新型的压电换能器材料。压电高分子聚合物材料的化学性质非常稳定，其熔点大约是 170℃。与压电陶瓷材料一样，压电高分子聚合材料是通过特殊的极化工艺而具有压电效应的。

压电高分子聚合物材料具有高的柔顺性，其柔顺系数是压电陶瓷的几十倍，因而可以制成大而薄的膜，而且具有高的机械强度和韧性，可承受较大的冲击力。压电高分子聚合物材料的压电电压常数高，因此它可用于制作高灵敏度接收换能器和换能器阵，也非常适合于制作水听器。由于压电高分子聚合物材料的机械品质因数较低，因此它非常适合于制作分辨率高的窄脉冲超声换能器。

与压电陶瓷不同，压电高分子聚合物材料在垂直于极化方向的平面内不具有各向同性的性质。

压电高分子聚合物材料实际上是一种薄膜材料，它的声阻抗率较低，易于和传播介质宽带匹配，并且适合制作高频超声换能器。缺点是其性能与温度有关，机电耦合系数较小，损耗大，介电常数很小，因此此类材料不适合制作发射型换能器。

（4）压电复合材料

把压电材料（通常是 PZT）和非压电材料（高分子聚合物）按一定的方式相结合，就成为另一种新型材料，即压电复合材料。因此，所谓的压电复合材料就是将压电陶瓷材料和高聚物（如环氧树脂等）按照一定的连通方式、一定的体积或重量比以及一定的空间几何分布复合而成。通过不同的组合方式，可以得到多种多样的压电复合材料。

压电复合材料由两相材料组成，其特性与其组成材料的特性及其组成比例有关。与纯粹的压电陶瓷材料相比，压电复合材料具有低密度、低阻抗、低机械品质因数、高频带、高的抗机械冲击性能和低的横向耦合振动等优点。

由于压电复合材料具有上述特点，因而受到了普遍重视，其发展速度很快，目前已经被应用于无损检测、水声和医用超声换能器中。现在的 B 超诊断仪的探头里所用的换能器几乎全部采用了压电复合材料。

1.4.2　压电方程

由于压电效应是可逆的，当压电弹性体发生形变时，在它的某些表面将会出现束缚电荷（这就是压电效应）。当压电体处于一电场 E 中时，压电体将产生形变（这就是逆压电效应）。也就是说，在压电弹性体中，机械效应与电效应是分不开的，它们互相牵制，紧紧地耦合在一起。压电方程便是描述这一特殊规律的物理方程。以电场强度和应力为自变量，应变与电位移为因变量的压电应变方程为：

$$D = \varepsilon^T \cdot E + d \cdot T \tag{1.54}$$

$$S = d \cdot E + s^B \cdot T \tag{1.55}$$

其分量式为：

$$D_i = \varepsilon_{ij}^T E_j + d_{iI} T_J \tag{1.56}$$

$$S_i = d_{I \cdot j}^T E_j + s_{I \cdot J}^E T_J \tag{1.57}$$

式中，$[d_{i \cdot j}]$ 为压电介质的压电应变常数矩阵，$[d_{I \cdot j}]$ 是 $[d_{i \cdot J}]$ 的转置矩阵；E_{ij}^T 为应力自由介电常数；ε_{ij} 和 $s_{I \cdot J}$ 的上标 T 和 E 表示这些常数分别是在恒力下和恒电场下测得的，ε_{ij}^T 称为压电介质的自由介电常数。$[d_{i \cdot J}]$ 表示成矩阵形式如下：

$$[d_{i \cdot J}] = \begin{bmatrix} d_{11} & d_{12} & d_{13} & d_{14} & d_{15} & d_{16} \\ d_{21} & d_{22} & d_{23} & d_{24} & d_{25} & d_{26} \\ d_{31} & d_{32} & d_{33} & d_{34} & d_{35} & d_{36} \end{bmatrix} \tag{1.58}$$

式（1.54）和式（1.55）称为第一类压电方程，而以应变和电场强度为自变量，应力和电位移为因变量的压电方程称为第二类压电方程。此外还有第三类和第四类压电方程。

1.4.3　压电材料振动的模式

对于一个弹性体，理论上可以存在无穷多个振动模式，而对于有使用价值的压电振子，其振动模式是有限的。这些振动模式有单一的也有复合的，对于单一的振动模式，一般可以分为三类，而每一类则包含几种振动模式。

（1）伸缩振动模式

伸缩振动模式可分为横场伸缩振动模式和纵场伸缩振动模式，其中横场振动模式包括薄圆片的径向振动、薄圆环的径向振动、薄圆壳的径向振动及薄长条的长度伸缩振动模式等，而纵场伸缩振动模式则包括薄片厚度伸缩振动及细长杆长度伸缩振动。

（2）剪切振动模式

包括薄方片面切变振动、方片厚度剪切振动和长杆剪切振动。

（3）弯曲振动模式

包括宽度弯曲振动、双片厚度弯曲振动、单片厚度弯曲振动及开槽环弯曲振动等。

① 压电陶瓷振子的伸缩振动模式。在图 1.19 所示的薄长条压电陶瓷振子中，振子的极化方向与厚度方向平行，电极面与厚度方向垂直，压电片的两端处于机械自由状态。在外加交变电场的作用下，压电薄长条沿长度方向产生伸缩振动，振动体内各点的振动方向以及振动传播方向皆与薄长条的长度方向一致，所以是一种纵波。

② 压电陶瓷振子的厚度剪切振动模式。厚度切变振动模式的特点是电极面与极化方向平行。在交变电场作用下，陶瓷产生如图 1.20 所示的厚度切变振动。从图中看出，极化为方向 3，外加电场为方向 1（厚度方向），振动时 A_2 面产生切变，振动方向与方向 3 平行，而波的传播方向则与方向 1 平行，是横波。

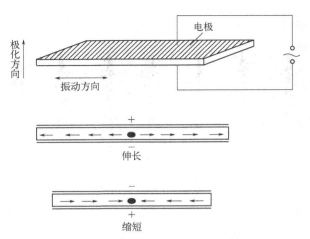

图 1.19　长度伸缩振动模式的示意图

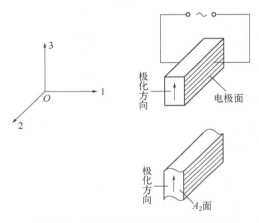

图 1.20　厚度切变振动模式的示意图

③ 压电陶瓷振子的弯曲振动模式。如图 1.21 所示，把两个厚度相同、背有电极的陶瓷片黏结在一起，可以产生弯曲振动。被黏结的上下两个陶瓷片的极化方向相反时，应以串联方式（串联型振子）接入电源。上下两个陶瓷片的极化方向相同时，应以并联方式（并联型振子）接入电源。

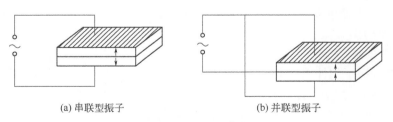

图 1.21　串、并联型厚度弯曲振子

对于串联型振子，当上电极为正，下电极为负时，通过逆压电效应，上片伸长，下片缩短，产生凸形弯曲形变；当上电极为负，下电极为正时，下片伸长，产生凹形弯曲形变；当外加电压为交变电压时，产生弯曲振动。

本章参考文献

[1] 罗登林, 丘泰球, 卢群. 超声波技术及应用-超声波技术[J]. 日用化学工业, 2002, 35(5): 323-326.

[2] 袁琼. 超声波的生物物理学效应及其作用机理[J]. 现代物理知识, 2006, 18(2): 23-24.

[3] Suslick K S, Didenko Y, Fang M M, et al. Acoustic cavitation and its chemical consequences[J]. Philosophical Transactions of the Royal Society of London. Series A: Mathematical, Physical and Engineering Sciences, 1999, 357(1751): 335 -353.

[4] Statnikov E S. Physics and mechanism of ultrasonic impact treatment[C].IIW Doc, 2004.

[5] 刘垚, 王时英, 轧刚. 超声波加工机理的有限元数值分析[J].工艺与检测, 2008, (9): 104-106.

[6] 杜功焕, 朱哲民, 龚秀芬. 声学基础 [M]. 南京: 南京大学出版社, 2001.

[7] 李华, 任坤, 殷振, 等. 纵弯转换球面超声振动聚焦系统的声场与聚焦特性研究[J]. 压电与声光, 2014, (3): 450-454.

[8] 孙俊霞, 寿文德. 高强度聚焦超声换能器的新型设计[J]. 声学技术, 2003, 22(2): 80-82.

[9] 陶维亮, 马志敏, 刘艳. 变孔径环形超声换能器的聚焦性能仿真研究[J]. 声学技术, 2007, 26(2): 330-334.

[10] 王连泽, 席葆树. 声场对流场影响的研究[J]. 工程力学, 2000, 17(5): 79-87.

[11] 林书玉. 弯曲振动气介式超声换能器的振动特性及辐射声场研究[J]. 声学与电子工程, 2004, 3: 1-16.

[12] 林书玉. 弯曲振动矩形薄板的辐射声场研究[J]. 声学与电子工程, 2000, 3: 13-18.

[13] Sciegaj A, Wojtczak E, Rucka M. The effect of external load on ultrasonic wave attenuation in steel bars under bending stresses[J]. Ultrasonics, 2022: 124.

[14] Xi X , Kan Q , Kang G , et al. Observation on rate-dependent cyclic transformation domain of super-elastic NiTi shape memory alloy[J]. Materials Science and Engineering A, 2016, 671(aug.1): 32-47.

[15] Kang G , Kan Q , Qian L , et al. Ratchetting deformation of super-elastic and shape-memory NiTi alloys[J]. Mechanics of Materials, 2009, 41(2): 139-153.

[16] Song Y, Shen Y. A metasurface radar for steering ultrasonic guided waves[J]. Journal of Sound and Vibration, 2022, 538: 117260.

[17] Saravanan T J. Guided ultrasonic wave-based investigation on the transient response in an axisymmetric viscoelastic cylindrical waveguide[J]. Ultrasonics, 2021, 117: 106543.

[18] 林书玉. 超声换能器的原理及设计 [M]. 北京: 科学出版社, 2004.

[19] 王矜奉, 姜祖桐, 石瑞达. 压电振动 [M]. 北京: 科学出版社, 1989.

[20] Graff K F. Ultrasonics: historical aspects[J]. Proceedings IEEE Ultrasonic Symposium, 1977, 1-10.

[21] Rosenschein U, Bernstein J J, DiSegni E, et al. Experimental ultrasonic angioplasty: disruption of atherosclerotic plaques and thrombi in vitro and arterial recanalization in vivo[J]. Journal of the American College of Cardiology, 1990, 15(3): 711-717.

[22] Yock P G, Fitzgerald P J. Catheter-based ultrasound thrombolysis: Shake, rattle, and reperfuse[J]. Circulation, 1997, 95(6): 1360-1362.

[23] Pei D T, Liu J, Yaqoob M, et al. Meta-analysis of catheter directed ultrasound-assisted thrombolysis in pulmonary embolism[J]. The American journal of cardiology, 2019, 124(9): 1470-1477.

[24] Fischell T A, Abbas M A, Grant G W, et al. Ultrasonic energy. Effects on vascular function and integrity[J]. Circulation, 1991, 84(4): 1783-1795.

[25] Gavin G P, McGuinness G B, Dolan F, et al. Performance characteristics of a therapeutic ultrasound wire waveguide apparatus[J]. International Journal of Mechanical Sciences, 2007, 49(3): 298-305.

[26] 曹广凯, 姚光, 毕培信, 等. 超声手术刀的工作机理及力负载特性[C]. // 中国机械工程学会特种加工分会.第16届全国特种加工学术会议论文集（下）.中国机械工程学会特种加工分会, 2015: 5.

[27] 曹广凯, 姜兴刚, 毕培信, 等. 超声手术刀的工作机理及力负载特性[J]. 电加工与模具, 2016 (1): 44-46.

[28] Hallaj I M, Cleveland R O, Hynynen K. Simulations of the thermo-acoustic lens effect during focused ultrasound surgery [J] . The Journal of the Acoustical Society of America, 2001, 109: 2245-2253.

[29] Majchrzak E, Turchan Ł, Dziatkiewicz J. Modeling of skin tissue heating using the generalized dual phase-lag equation[J] . Archives of Mechanics, 2015, 67: 59-81.

[30] Roetzel W, Xuan Y. Transient response of the human limb to an external stimulust [J] . International journal of heat and mass transfer, 1998, 41: 229-239.

[31] 谭乔来.高强度聚焦超声对生物媒质加热作用的研究[D]. 长沙: 湖南师范大学, 2019.

[32] Schütte K, Bornschein J, Malfertheiner P. Hepatocellular carcinoma–epidemiological trends and risk factors [J]. Digestive Diseases, 2009, 27(2): 80-92.

[33] Harvey E N. Biologicalaspectsofulrasonic waves, a geberalsurvey[J] . The Biological Bulletin, 1930, 59: 306-325.

[34] Smith J G. Piezoelektrischer kristall mit ultraschallkonvergenz[J] . Ztschr Physik, 1935, 96: 342-349.

第**2**章

超声能场内的颗粒凝聚原理

2.1 凝聚技术

伴随着工业化进程的加快,凝聚技术的研究也越来越受到各个国家的重视。目前国内外的研究学者对于凝聚技术已经形成了比较完善的理论,对于电凝聚、热凝聚、化学凝聚、声波凝聚的研究也取得了一定的进展。

2.1.1 电凝聚

电凝聚技术是指在电极板的两端接通电源并产生高压电流与高压电场,在高压电场的作用下,电极板两侧的空气会被分离,形成电晕区。当颗粒在高压电场内运动时,携带荷电的电离子会在电场的作用下吸附在微粒上,在库仑力的引导下,正负电极相互吸引运动,使得微粒之间相互碰撞、凝聚成粒径较大的微粒,如图2.1所示。

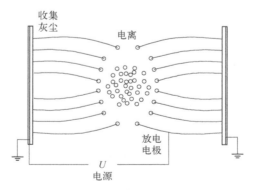

图 2.1 电凝聚技术原理示意图

电凝聚技术的起源较早,1889年英国科学家就开始用铁电极处理城市污水。由于当时电力发展缓慢、电力成本较高,使得电凝聚技术发展十分缓慢。直到20世纪中期,电力工业得到迅速发展,人们开始加强对于电凝聚技术的研究。直到20世纪90年代,挪威人进行了饮用水的电凝聚实验,发现电解产生的离子能够引起混凝现象。

近几年，国内外研究学者加强了对于电凝聚技术在工业除污效率上的影响参数的研究。Lin 采用正交的方法，对电凝聚处理工业废水的参数进行了优化。同时一些研究者将电凝聚技术与其他技术相结合，其中 Zuo 团队将电凝聚法与电气浮技术结合，Narayanan 等结合颗粒状活性炭吸附法，使废水处理的效率有了较大的提升。Yasir-AlJaberi 在自催化电凝聚反应器去除模拟废水中铅的研究中，利用三根同心结构的铝管组成的电凝聚反应器，研究自催化行为。结果表明，电凝聚反应器如一种自催化反应器，改善了从污染液中去除铅吸附能力过程的动力学。2016 年，Nuaimi 等人用铁金属平板电极，在间歇电凝聚反应器中去除废水中的铬，随后 Domínguez 等人，在对比氧化还原法与电凝聚法去除饮用水中铬的效果中发现，电凝聚技术的优点是不向水中添加其他离子，从而避免了处理黏合剂添加的流程，提高了处理效率。Chakchouk 等人在探究乳品废水处理方式时，提出结合电凝-电氧化处理乳品废水的方法，实验发现电凝聚对胶体颗粒物和悬浮颗粒物的去除效果很好。电凝聚技术不仅在污水处理中有着较大的应用，在废气处理上也具有一定的优势。Rahayu1 和 Budiarti 等人在利用电凝聚法去除废气以及阳极氧化废水处理技术的应用中，利用汽车排放的尾气作为实验对象，发现电凝聚法具有分离汽车尾气中的铅的能力。对排气管的废气进行铅分离，可将初始铅浓度从 57.4913mg/L 降至 2.2189mg/L。

国内对于电凝聚技术的研究较少，其中清华大学团队将布朗的碰撞理论引入到瞬时动力学方程中，解出了荷电颗粒的凝聚系数，并对电凝聚的系数方程进行了简化。向晓东团队通过对颗粒碰撞的布朗理论进行探究，推导了异极性荷电颗粒的凝聚系数。

2.1.2 热凝聚

热凝聚是指由微粒的布朗运动扩散导致气溶胶微粒互相接触凝聚成核的现象。国外 Smoluchowski 研究团队通过建立颗粒热凝聚在静止连续介质中的数学模型，奠定了热凝聚技术的理论基础。随后经过实验，得出了微粒的热凝聚特性，即微粒的粒径差异度与微粒的浓度、凝聚时间成正比。在工业中热凝聚存在效率低、耗时大等缺点，使得国内对于热凝聚技术的研究主要集中在混合凝聚上，以提高凝聚的效率。其中，冯晓宏等人在细微颗粒物去除的研究中，提出光热凝聚技术即将光凝聚技术与热凝聚技术进行混合形成新的光热凝聚技术（简称 SINOCLEAN）。通过光热凝聚效应，较大地提高了细微颗粒物的凝聚效率，促进了热凝聚技术在环保领域的应用。

热凝聚具有耗时较长、效率低、能耗大、凝聚效率低等缺点，所以在工业领域中热凝聚的应用较少，对于热凝聚技术的研究也较少。不过，热凝聚技术具有微粒的粒径差异度与微粒的浓度成正比的特性，该特性有利于微粒发生碰撞，相互凝聚。目前热凝聚技术的应用主要偏向于与其他的凝聚技术相结合，比如光凝聚技术、化学凝聚技术等，通过技术的结合，大大改善了热凝聚的凝聚效果。

2.1.3 化学凝聚

化学凝聚是一种利用吸附剂的物理吸附能力与化学反应相结合的机理来捕获细微颗粒物的凝聚方式。在化学凝聚过程中存在着多种实现途径，既可以在高温的熔融固体中投放化学试剂，也可以在有悬浮微粒的空气中添加化学物质，促使细微颗粒物之间相互吸附凝聚，来形成较大的颗粒，其原理示意图如图 2.2 所示。

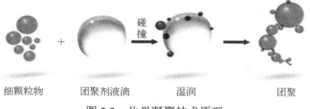

细颗粒物　　　团聚剂液滴　　　湿润　　　团聚

图 2.2　化学凝聚技术原理

国外研究者 Ninomiya 等人对化学混凝的机理进行了研究，发现混凝过程是分布机制和浸没机制分别或同时作用的结果。其中，低黏度小尺度颗粒和高颗粒流速可以改善颗粒的分布机制，而高黏度颗粒可以增强颗粒间的渗透机制，从而提高凝聚效率。国内对于化学凝聚的研究起步较晚，上海交通大学刘加勋等人探究了颗粒物的快速沉降理论，提出了燃煤细微颗粒物的化学凝聚模型，通过实验得出，在较大的流量与较大的粒径下，化学凝聚效果越好的结论。

随着工业化与城市化的快速发展，我国所面临的环境问题也日益严重，其中毒物理研究所认为，PM2.5 以及其他一些微细颗粒物的不达标排放对人体健康和大气环境造成了较大的伤害。但是，由于传统的除尘器效率较低，使工业生产中一些有毒的细微颗粒物直接排放到空气中。目前化学凝聚技术作为一种新的辅助工艺，有望应用到工业以及环保产业的细微颗粒物除尘中，这将会有着重要的作用与实用价值。

2.1.4　声波凝聚

声波凝聚技术是指在形成声场后，声场中的粒子随声波的振动而相互碰撞，凝聚成粒径较大的微粒的一种方式。当强声波作用在悬浮粒子所在的流体介质时，由于流体介质本身的黏滞性，使声场中的微粒之间更容易相互碰撞凝聚成较大的微粒。声凝聚的过程如图 2.3 所示。

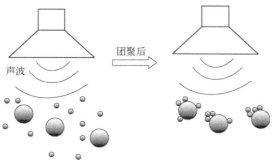

图 2.3　声凝聚技术原理

18 世纪中期，Kundt 探究并观察到了驻波管中颗粒物的快速凝聚现象，自此开始了对声波凝聚技术的研究。Temkin 在实验时发现颗粒物围绕在声场中的现象，且在声波的节点与峰值处发现了颗粒物的凝聚，证明了流体作用力能够促使声场中的微粒凝聚的理论。随后 Song 等人通过在密闭的情况下，给颗粒物施加不同的声频率，颗粒物在一定频率下会发生快速凝聚现象，因此提出了著名的同向声波凝聚理论。Randy 等人测量了不同频率的超声波从容器底部导入后，声场的分布状态与夹杂物的运动轨迹。Okumura 等人开展了超声分离悬浮液中夹杂物的实验，发现从容器壁面导入超声波后，集中在超声波的声压节或声压腹面上的夹杂物可以迅速地上浮至液面。

依据频率不同，声波凝聚分为超声（频率>20000Hz）凝聚和低频（频率<20000Hz）声波凝聚两种。对于低频声波凝聚，有粒径的差异度与凝聚效率成正比的结论。对高频声波（超声）凝聚技术的研究中发现，超声凝聚的效果在时间、成本以及凝聚体积等方面都明显优于低频声波凝聚。浙江大学张光学对于声波凝聚中的碰撞效率进行了大量的计算与研究，得出当碰撞效率为1时，声波凝聚效果最好。随后，又发现在同等条件下，同向运动的颗粒凝聚效果好于声波尾流效应。不过，在某些特定因素下，声波尾流效应会比同向运动的相互作用产生的凝聚效果更好。东南大学的袁竹林等人通过数值分析研究了悬浮颗粒在声场中的受力和运动特性，发现了在行波和驻波声场中微粒物都可以凝聚的现象。上海交通大学的凡凤仙研究团队通过对 PM2.5 进行实验，发现不同的颗粒密度与粒径会影响夹带效率。浙江大学徐鸿对声场条件下的气溶胶动力学方程进行了数值模拟分析，优化设计了超声凝聚实验台，并开展了相关实验。

随着环境问题的突出，研究者对声波凝聚技术的研究也逐渐偏向于环保领域。对于高频与低频声波凝聚技术而言，高频声波技术在应用中具有净化效率高、设备简单、成本低等优势，所以更加具有广泛的应用前景。

目前，凝聚技术在理论研究以及实际应用等方面都取得了较大的进展。热凝聚技术本身能耗大、效率低，在实际的工业应用中较少，未来热凝聚技术的研究与发展趋势同其他的凝聚技术结合，来提高凝聚效率。电凝聚技术是近几年科学研究的主要方向之一，具有成本低、设备运行简单、效率较高等优点，在处理工农业废水中有着较大的优势，如果未来可以优化极板与 pH 值对于凝聚效果的影响，将会给工业、农业、化工等行业带来巨大的便利。化学凝聚技术是利用化学物质的吸附以及胶结作用，改变物质之间的黏合特性，具有成本低、易操作等优势，应用较为普遍，是凝聚技术研究的主要议题。声波凝聚技术从效率、占用空间、结构的复杂程度以及成本上都较前几种凝聚技术有着较大的优势，同时声波凝聚技术在工业、农业、食品加工、能源等领域都有着较好的应用与发展前景，未来声波凝聚技术将会成为凝聚技术研究与发展最主要的趋势，同时也将会得到更为广泛的应用。

通过对上述凝聚方式进行对比分析，总结如表 2.1 所示。

表 2.1　不同的凝聚方式效果对比

项目	高频声波凝聚	低频声波凝聚	化学凝聚	热凝聚	电凝聚
净化效果	较好	较好	较好	较差	一般
占用空间	较小	较大	较大	较小	较大
设备成本	一般	较低	较高	一般	较高
人员伤害	较小	较大	较大	较小	较大

2.2　超声波能场凝聚

100 多年以前，人们就开始对声波凝聚技术进行研究。1866 年，Kundt 发现微粒在驻波场中发生了凝聚。1926 年，Wood 研究了声波对介质振动的影响，引发了研究者们对声波凝聚的研究浪潮。1932 年，Andrade 在超声实验时发现了较大的微粒被较小的微粒围绕的现象，且在声波的波节点处发现了凝聚的现象，他认为这是流体力学作用造成的，从而定义了流体力学作用理论。相同时间，Brand 和 Hidemann 等人设计的多个频率的声场，对相同的微粒进行凝聚，并使用显微镜进行了观测，他们发现微粒凝聚是靠粒径各异的微粒相互碰撞导致的，提出了和 Andrade 不同的同相凝聚理论。

然而，因为声波凝聚消耗的能量太大，声波凝聚的研究因为没有合适的声源供给设备而一度被搁置。直到因空气质量问题日益严峻，世界各国制定了多种系统、科学的微粒排放、检测标准，才有更多的研究者重视并参与了声波凝聚的研究。目前，全世界进行声波凝聚研究的机构有宾夕法尼亚大学、西班牙马德里声学研究院、美国宾州大学及美国纽约 Buffalo 州立大学，他们的研究对声波凝聚领域的发展有着重要的贡献。

国外的一些报道指出：在超声场实验中，微细颗粒的凝聚效果很好。西班牙马德里声学研究院针对高频凝聚设计了高频凝聚实验台，并进行了研究。实验台可以在高频范围进行频率变化，配备了频率为10kHz、15kHz、20kHz、25kHz 的四个压电换能器，产生的声音压力级别为140～165dB，流化床燃烧产生的烟尘以 1600m^3/h 的浓度通过声波凝聚室，声波凝聚室的构成如图 2.4 所示。

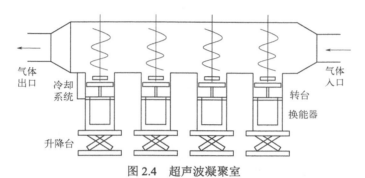

图 2.4　超声波凝聚室

通过实验，得到结论：10kHz 和 20kHz 区间对小微粒的凝聚效果很好，作用时间很短，声波频率 10kHz 的凝聚效果与 20kHz 的凝聚效果相比要差一些。在 20kHz 作用下，微粒质量浓度减少了 36%，微粒量浓度减少了 43%，而 10kHz 时的质量浓度为 33%，数量浓度为 36%。

Riera 构建了频率为 20kHz，声压级为 150dB 的超声凝聚台，如图 2.5 所示。将稀释到 900m^3/h 的燃油发动机产生的尾气导入，实验结果是有一半的尾气发生了凝聚，效果良好。

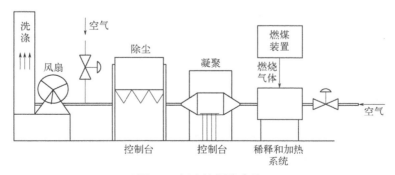

图 2.5　超声波凝聚实验

随后改变环境湿度为 7%，凝聚效果变得更好，这说明湿度变大的时候，水蒸气在微粒的表面饱和析出，使微粒表面的黏性力增大，从而有利于微粒的凝聚，通过对比实验得出了湿度的增大可以增强固体微粒凝聚效果的理论。

德国的 Caperan 等人通过设计实验台，研究了超声波声场对乙二醇气溶胶的夹带作用，采用了频率为 20kHz，声压级为 150dB 的超声波。实验得到声波凝聚受到声波振幅的影响，且和声波振幅的二次方成正比。凝聚过程中，由于颗粒的大小相近，凝聚的效果受流体力学的作用更大。

Czyz 和 Gudra 等人研究了超声凝聚在液体中对气泡的凝聚作用，提出了可视化方法描述聚集过程分子的轨迹，对超声凝聚仿真和模型的研究有很大的帮助。

超声凝聚在能源领域也有广泛的应用，Sahinoglu 等人通过使用超声凝聚，去除了煤炭表面的氧化物和硫元素，提高了煤炭的含碳量，可用于石油领域提高石油油团的性能。近几年超声凝聚在固体凝聚中也有应用，Yucel 等人在巧克力的生产中使用超声凝聚去除其糖中的微粒。北京理工大学的刘淑燕等人通过降低声波凝聚环境的温度，得到低温凝聚场，观察了微粒之间的紧固程度和凝聚效率。东南大学的袁竹林等人使用数值仿真模拟的方法研究了超声场中气体微粒的力学和运动特性。得出无论是纵波场还是驻波场，微粒都能产生凝聚效果，但效果的大小不同，原因是微粒在这两种场中的运动状态和原理不同。华中科技大学的魏风等人使用计算软件对煤燃烧产生的微粒凝聚进行了仿真和研究。浙江大学的徐鸿等人建立声场条件下的凝聚气溶胶力学方程，采用数值模拟的方式进行了研究，之后针对燃烧的煤炭产生的微粒设计了超声凝聚实验台，通过实验对比，数值仿真结果与实验结果比较相似，最终优化了实验的部分变量。东南大学的沈湘林等人使用高速显微摄像机记录了超声场中微粒的运动状态，研究证实了微粒夹带作用事实存在，夹带理论可行，总结出微粒之间的黏性力是微粒夹带作用的根本原因。微粒在波腹处受到的夹带作用最显著，而在波节处没有观察到夹带作用，此处微粒没有明显的运动，而在波腹和波节中间的位置观测到迁移速度到达峰值。

国内在使用声波对微粒凝聚的研究中，主要使用的都是低频的声波，使用高频的声波进行凝聚的仿真和实验比较少，而且国内外对超声凝聚机理认识还不统一，认识程度也不一样，没有一套完整的体系说明该理论。目前比较有效的理论是同向凝聚理论、驻波场流体力学理论等，超声波凝聚理论的机理研究还需不断坚持和优化，才能进一步推动超声凝聚领域的发展，超声凝聚的发展还要走一段很长的路。

2.3 颗粒在声场中的受力

超声波凝聚主要取决于粒子间的相对运动，在声场中还存在一些促使粒子互相靠近的恒定力，例如声辐射力、斯托克斯黏滞力，使粒子向声源移动。由于大振幅畸变引起的奥星（Oseen）力以及使两粒子间相互吸引的伯努利（Bernulli）力等都会促进粒子的靠近和碰撞。

2.3.1 声波对微粒的夹带作用

目前，国内有很多研究者对声场中的悬浮微粒进行理论研究，其中浙江大学的徐鸿等人使用超声波形成声场，有效控制了燃煤发电厂中有害微粒的排放。东南大学的姚刚等人使用激光检测仪器对声场中的微粒进行了轨迹跟踪，他们发现，在不加入声场时微粒只有纵向运动，但当声场加入时，微粒发生了横向运动，这说明声场对微粒有力的作用。在超声领域把超声波对微粒的力的作用叫作声波对微粒的夹带作用，这是促使微粒发生凝聚的根本原因。

高频声波凝聚的声源频率通常处于超声波范围，超声场形成后会促使悬浮于介质中的微粒运动，运动的过程可看作是液体微粒与声波相互作用，主要的作用是夹带作用和流体力学作用。流体内凝聚则要求形成稳定的驻波场，促使微粒向驻波场压力较小的区域运动，导致微粒相互靠近、碰撞，进而发生凝聚。

超声凝聚可分为两个阶段：一是声波对液体微粒的具有夹带作用，二是微粒振动的散射作用生成的附加声场形成驻波场。微粒凝聚取决于两个因素：①是否发生碰撞，②发生碰撞的频率。绝大多数研究者认为，声波夹带作用是微粒接近和碰撞的基础，在工程应用中，液体微粒的间距通常会比较大，微粒振动散射作用较弱，只考虑夹带作用。但夹带理论也存在一定局限性，一些实验表明单纯的夹带理论并不能解释所有的凝聚现象，所以需要对夹带理论进行进一步的探究。

当微粒运动雷诺数 $Re = 1$ 时，微粒的惯性力和黏性力相比很小，可以忽略。在液体微粒粒径很小时，在声场中其振动程度小，根据 Stokes 公式，液体微粒在声场中运动时，微粒的运动规律符合以下运动方程：

$$m_p \frac{\mathrm{d}u_p}{\mathrm{d}t} = 3\pi\mu d_p(u_g - u_p) \tag{2.1}$$

式（2.1）等号两边同时除 $m_p = \rho_p \dfrac{\pi d_p^3}{6}$ 得：

$$\frac{\mathrm{d}u_p}{\mathrm{d}t} = \frac{u_g - u_p}{\dfrac{\rho_p d_p^2}{18\mu}} = \frac{u_g - u_p}{\tau_p} \tag{2.2}$$

式中，m_p 为微粒质量，kg；u_p 为液体微粒的运动速度，m/s；u_g 为空气质点运动速度，m/s；τ_p 为液体微粒的弛豫时间，表达式为 $\rho_p d_p^2/(18\mu)$。

液体微粒弛豫时间即液体微粒对外力变化时的敏感程度。弛豫时间越短，微粒随外力的变化越迅速。从式（2.2）可以看出，微粒的弛豫时间仅与微粒大小、密度以及介质黏度有关，与微粒所受外力类型、大小无关。

由声学知识可知，声音在空气介质中传播的速度远大于空气微粒在声场中的振动速度，即 $u_g/c = 1$，且声波波长（约为 0.01m）比微粒粒径大得多，即 $d_p/2\lambda = 1$，可将声波看作简谐振动，空气在声场中振动的速度表达式为：

$$u_g = U_g \sin(\omega t) \tag{2.3}$$

式中，U_g 为空气介质的速度振幅。联立式（2.2）和式（2.3），可以得到其速度表达式为：

$$u_p = \eta_p U_g \sin(\omega t - \varphi) \tag{2.4}$$

式中，$\eta_p = \dfrac{1}{\sqrt{1+\omega^2 \tau_p^2}}$ 是声波对微粒的夹带系数；$\varphi = \arctan(\omega \tau_p)$ 是微粒运动和空气质点运动时的相位差。

联立式（2.3）和式（2.4）可得空气质点与微粒之间的相对速度为：

$$u_{gp} = u_p - u_g = \eta_{gp} U_g \cos(\omega t - \varphi) \tag{2.5}$$

式中，$\eta_{gp} = \dfrac{\omega \tau_p}{\sqrt{1+\omega^2 \tau_p^2}}$ 是空气质点与微粒之间的滑移系数。

式（2.1）中，得到的仅仅是考虑了微粒黏性力和阻力的方程，能反映微粒的夹带作用但并不全面。Basset 等人通过对黏性流体中的高速微粒进行受力分析，推导出了 B.B.O 方程。之后，Temkin 考虑了微粒运动过程中的压力梯度、加速度惯性力、黏性夹带、Basset 力，得出微粒在黏性可压缩无导热流体中的夹带理论，同时也对 B.B.O 方程进行了验证和优化。优化后的夹带理论方程为式（2.6）：

$$
\begin{aligned}
F_p = &-\delta m_p \frac{\Delta(p - p_0)}{p_0} + \frac{1}{2}\delta m_p \frac{\mathrm{d}(u_g - u_p)}{\mathrm{d}t} \\
&+ 6\pi\mu a(u_g - u_p) + 6a^2\sqrt{\pi\mu\rho_g}\int_{-\infty}^{1} \frac{\mathrm{d}(u_g - u_p)}{\mathrm{d}z}\frac{\mathrm{d}z}{\sqrt{t-z}}
\end{aligned} \tag{2.6}
$$

式（2.6）中，$-\delta m_p \Delta(p - p_0)/p_0$ 为压力梯度；$\delta m_p \mathrm{d}(u_g - u_p)/2\mathrm{d}t$ 为微粒的惯性力，N；$6\pi\mu a(u_g - u_p)$ 为微粒所受黏性力，N；$6a^2\sqrt{\pi\mu\rho_g}\int_{-\infty}^{1} \dfrac{\mathrm{d}(u_g - u_p)}{\mathrm{d}z} \times \dfrac{\mathrm{d}z}{\sqrt{t-z}}$ 为 Basset 力，N。

当声波为单频简谐振动形式时，为了方便计算，空气质点的速度可用复数表示为：

$$u_g = \mathrm{Re}[U_g \mathrm{e}^{-\mathrm{j}\omega t}] \tag{2.7}$$

Re 为实部，将式（2.7）代入式（2.4）中，得到微粒的速度表达式为：

$$u_p = \mathrm{Re}[U_p \mathrm{e}^{-\mathrm{j}\omega t}] \tag{2.8}$$

$$\frac{u_p}{u_g} = \left|\frac{U_p}{U_g}\right| = |H| \tag{2.9}$$

$$H = \frac{1 + 1.5\sqrt{\delta F} - \mathrm{i}\left[1.5\sqrt{\delta F} + 1.5\delta F\right]}{1 + 1.5\sqrt{\delta F} - \mathrm{i}\left[1.5\sqrt{\delta F} + (1 + 1.5\delta)F\right]} \tag{2.10}$$

式中，H 为微粒夹带复函数；F 为微粒的声波弛豫系数，其表达式为 $F = \omega\tau_p = \dfrac{\omega\rho_p d_p^2}{18\mu}$；

$\delta = \dfrac{\rho_g}{\rho_p}$ 为空气密度与微粒密度的比值；η 为微粒的夹带系数，它表征了夹带作用的大小，其值等于 H 的绝对值。

$$\eta = |H| \tag{2.11}$$

H 的相位角为：

$$\varphi = \cot\left|\frac{\mathrm{Im}(H)}{\mathrm{Re}(H)}\right| \tag{2.12}$$

式中，$\mathrm{Im}(H)$ 和 $\mathrm{Re}(H)$ 代表 H 的虚部和实部；φ 为微粒与空气质点之间的相位差。H 的复数表达式为 $H = \eta \mathrm{e}^{\mathrm{j}\varphi}$。

下面，使用计算软件对影响夹带系数的几个主要因素进行分析。

（1）超声场中微粒的声波弛豫系数与夹带系数的关系

通过对水雾进行检测，水雾的密度取 $1\mathrm{kg/m^3}$，空气的密度取 $1.29\mathrm{kg/m^3}$，水的动力黏度 μ 取 $1.005 \times 10^{-3}\,\mathrm{Pa \cdot s}$，则 $\delta = 1.26 \times 10^{-3}$，微粒的声波弛豫数 $F = 3.12 f d^2 \times 10^5$。

联立式（2.10）和式（2.11）能得到 F 与 η 的关系式，用计算绘制 F 与 η 的曲线图，如图 2.6 所示。

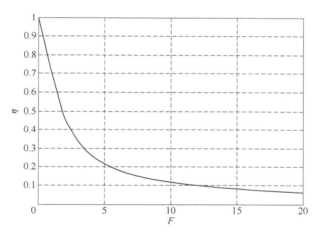

图 2.6　声波弛豫数 F 与夹带系数 η 的关系

图 2.6 横坐标为 $F = \omega \tau_p = 2\pi f \tau_p$，从表达式可以看出，其值等于微粒弛豫时间与声波频率的乘积，F 的大小不仅受弛豫时间影响，还受声波频率影响。当声波频率固定时，F 越小，弛豫时间越短，微粒对声场的跟随性越好。图 2.6 中纵坐标 η 为夹带系数，当 $0 < \eta < 1$，η 值越大，F 越大，声波夹带系数呈非线性减小的趋势；当 $0 < F < 1$ 时，F 越大，η 减小幅度越大。当 $F > 4$ 时，$\eta < 0.2$，此时微粒的夹带效果基本消失；当 $F < 0.5$ 时，$\eta > 0.8$，微粒的夹带效果较好，在此种条件下更容易发生凝聚。

（2）微粒粒径与夹带系数的关系

通常，水雾微粒的粒径不会完全相同，高压气体产生的水雾微粒在 $10\mu\mathrm{m}$ 左右的某一范围内波动。由式 $\tau_p = \dfrac{\rho_p d_p^2}{18\mu}$ 可知，微粒大小不同必将导致微粒的弛豫时间不同，由此可以判断，微粒的粒径大小会影响夹带的效果。

使用计算软件绘制微粒粒径 d 与夹带系数 η 的关系如图 2.7 所示。

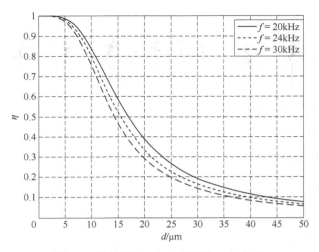

图 2.7　微粒粒径 d 与夹带系数 η 的关系

如图 2.7 所示，横坐标 d 为微粒粒径，纵坐标 η 为微粒夹带系数，分析了频率为 20kHz、24kHz、30kHz 时，粒径由小到大变化，微粒的夹带系数变化趋势。从图中曲线可以看出，当 f 一定时，随着微粒粒径的增大，微粒夹带系数减小，微粒粒径在 1～20μm 变化时，夹带系数降低趋势明显；当粒径相同时，超声波频率越大，夹带效果越差，但相差并不明显；在 $f = 20\text{kHz}$ 时，当 $d < 8\mu\text{m}$，$\eta > 0.9$，微粒的夹带效果非常好，但当 $d > 20\mu\text{m}$，$\eta < 0.05$，微粒的夹带效果很差。由此可得，超声波对粒径较小的微粒有着较好的夹带效果，工厂产生的水雾粒径在 2.5μm 左右，夹带效果显著。

（3）超声波频率与夹带系数的关系

频率对于超声凝聚而言是一个很重要的变量，根据夹带公式对超声波频率进行分析，使用计算绘制频率 f 与夹带系数 η 的关系如图 2.8 所示。

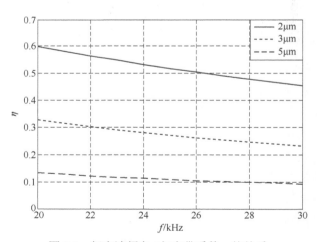

图 2.8　超声波频率 f 与夹带系数 η 的关系

由图 2.8 可以看出，x 轴为超声波频率 f，y 轴为微粒夹带系数 η，三条在图中的曲线反映了当频率变化时，三种不同粒径条件下夹带系数的不同。从图中可以看出，当 $d = 5\mu\text{m}$ 时，频率无论如何变化，夹带系数都很低，效果不明显。当 d=2μm 时，微粒的夹带系数基本为 1，夹带效果优于比其高的频率。经过计算，20kHz 时微粒的夹带系数最大，在超声波变幅杆的设计中将参考该结果进行设计。

（4）微粒粒径与相位角的关系分析

如图 2.9 所示，x 轴为微粒粒径 d，y 轴为微粒与介质之间的相位角 φ，由此图可得，粒径不同的微粒，相位角也不相同，这非常有利于提高同向凝聚的效果，但相同粒径的微粒之间相位相同，速度也相同，使用同向凝聚的理论并不会发生碰撞，也不会发生凝聚。超声凝聚理论目前集中于同向凝聚和流体凝聚两个方向，并仿真分析出不同条件对同向凝聚的影响。

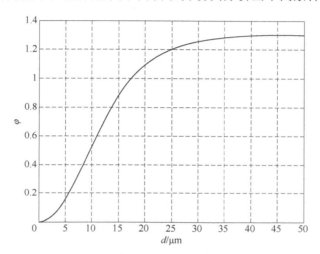

图 2.9　微粒粒径 d 与相位角 φ 的关系

2.3.2　驻波场中的受力

（1）理论基础

在研究驻波场中微粒所受声辐射力时，几乎所有的研究者都把悬浮微粒理想化为小球，因为这种假设在数学处理上是非常常见的，并且对于许多微粒是个合理的近似，如生物细胞。

1934 年，King 研究了驻波声场中悬浮微粒的受力情况。其所研究的小球是刚性的，不可压缩的，且小球的半径远小于声波波长。图 2.10 给出了处于驻波声场中的微粒所受作用力，即声波与单个微粒相作用产生的主要轴向声辐射力、声场中两个微粒相互作用产生的次要声辐射力和促使声波传播的主要横向声辐射力。由于次要辐射力比主要轴向声辐射力小几个数量级，因此在这三个作用力中，主要轴向声辐射力对微粒的控制起主要作用。

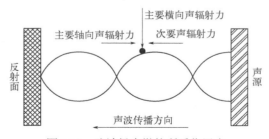

图 2.10　驻波场中微粒所受作用力

King 还给出了微粒所受主要轴向声辐射力的表达式：

$$F_{ac} = \frac{1}{2} V_o \bar{\varepsilon} k \sin(2kx) \times \frac{5\rho - \rho_m}{2\rho + \rho_m} \qquad (2.13)$$

式中，$\bar{\varepsilon}$ 是声能密度；V_0 是单个粒子的体积；$k = 2\pi / \lambda$ 为声辐射波数，λ 是声波长；x 是粒子到最近压力点的轴向距离；ρ 和 ρ_m 分别是粒子和媒质的密度。

1955 年，Yosioka 和 Kawasima 研究了可压缩小球的受力情况。他们得出的微粒受力表达式为：

$$F_{ac} = V_o \bar{\varepsilon} k \sin(2kx) \times \left(\frac{5\rho - \rho_m}{2\rho + \rho_m} - \frac{\gamma}{\gamma_m} \right) \qquad (2.14)$$

式中，γ 和 γ_m 分别为粒子和媒质的压缩率。

现将式（2.13）中的声能密度 $\bar{\varepsilon}$ 用 $\bar{\varepsilon} = \dfrac{p^2}{\rho c^2}$ 替换，得

$$F_{ac} = V_o \frac{p^2}{\rho_m c_m^2} k \sin(2kx) \times \left(\frac{5\rho - \rho_m}{2\rho + \rho_m} - \frac{\gamma}{\gamma_m} \right) \qquad (2.15)$$

从声辐射力公式中可知以下几点：

① 声辐射力与声压振幅的平方成正比。如果驻波中流体质点的运动振幅一定，则声压振幅与频率成正比。这就是随着高性能超声频率换能器的发展，悬浮微粒的超声捕捉变得有用的原因。在器件中应该采用较高的频率，以便获得较大的声辐射力。

② 声辐射力与微粒的体积成正比。因此，在驻波中，大的粒子将比小的粒子受到更大的力。而在低雷诺数的流体中，小球所受的黏滞阻力为

$$F_d = 6\pi\mu r v \qquad (2.16)$$

式中，μ 是黏性系数；v 是粒子速度。这一阻力与粒子半径成正比，因此大的粒子比小粒子更快地聚集到波节处。流体流动与粒子捕捉相抗衡，较小的粒子更容易被带走。

③ 当微粒半径给定后，声辐射力的方向取决于粒子与媒质的相对密度和压缩率。有些情况下，式（2.15）中括号的值将会发生变化。这就意味着一些粒子将运动到压力波腹处，而不是压力波节处。

由于处于驻波场中的粒子主要受到三个力的作用，其中主要轴向声辐射力 F_{ac} 对粒子控制起主要作用。也就是说，当 $F_{ac} = 0$ 时，粒子几乎处于静止状态。令公式（2.15）等于零，得到 $2kx = n\pi$，即 $x = n\lambda / 4$ $(n=0,1)$，这些位置处于驻波的波腹或波节处。粒子聚集在波腹还是波节处，依赖于它们的密度和压缩率比它们所处的媒介高还是低。

波腹和波节点可以通过方程 $x = n\pi / k$ 和 $x = (2n-1)\pi / 2k$ 来表示，其中 $k = 2\pi / \lambda = \omega / c_o$，$c_o$ 为声速。已知位置点是频率 ω 的函数，改变频率 ω 就能够控制波腹和波节点的位置，从而能够对声场中的粒子进行控制。

（2）超声驻波微粒受力类型

要对微粒的运动情况进行分析，首先要对微粒的受力进行分析，确定微粒受力的大小、方向、类型，在驻波声场的作用下，悬浮在介质中的微粒主要受到介质阻力、声波辐射压力、压差力、空气浮力以及重力的作用。

介质阻力产生的根本原因是微粒和介质之间存在相对运动，其表达式：

$$F_\mu = 3\pi d\mu(u_g - u_p)$$ （2.17）

越小的微粒越不能忽略微粒的浮力，微粒受到的浮力表达式：

$$F_b = \frac{1}{6}\pi d^3 \rho_g g$$ （2.18）

微粒受到的重力表达式：

$$F_g = \frac{1}{6}\pi d^3 \rho_p g$$ （2.19）

声波在传播过程中碰到障碍物时，会产生一个与声波传播方向相同的压力，这个压力叫作声波的辐射压力。由 $\lambda = c/f$ 可知，超声波波长约 $0.017\mathrm{m}$，微粒的粒径 $d \ll \lambda$，得到了微粒辐射压力的方程为：

$$F_r = \frac{1}{12}\pi d^3 \overline{E}(kd)\left(\frac{2.5-\delta}{2+\delta}\right)\sin(2kx)$$ （2.20）

式中，k 为波数，其值为：

$$k = \omega/c_0 = 2\pi f/c_0 = 2\pi/\lambda$$ （2.21）

$\overline{E}$ 为平均能量密度，指在单位周期内声场对单位体积的介质消耗的平均能量，其表达式为：

$$\overline{E} = \frac{p_A^2}{2p_g c_0^2}$$ （2.22）

U_A 为声波的速度幅值，$U_A = \dfrac{p_A^2}{\rho_g c_0}$，联立式（2.22)得：

$$\overline{E} = \frac{\rho_g U_A^2}{2}$$ （2.23）

对于球状微粒，$\delta = \dfrac{\rho_g}{\rho_p}$，由于 $\delta \ll 1$，将式（2.21）、式（2.23）代入式（2.20）得到微粒所受的声波辐射压力为：

$$\begin{aligned}F_r &= \frac{1}{12}\pi d^3 \frac{\rho_g U_A^2}{2}\frac{2\pi}{\lambda}\frac{5}{2}\sin\left(2\frac{2\pi}{\lambda}x\right)\\&= \frac{5}{24\lambda}\pi^2 \rho_g d^3 U_A^2 \sin(4\pi x/\lambda)\end{aligned}$$ （2.24）

从式（2.24）可以看出 F_r 与声波的波长、微粒的直径、声场的幅值和微粒所处的位置有关，和微粒的时间无关。其变化周期为 $\lambda/2$。

驻波场中微粒受到的压力为：

$$p = p_A \cos(\omega t)\cos(kx)$$ （2.25）

驻波场中存在声压梯度，经过推倒，微粒受到的梯度压力为：

$$F_p = -\frac{\pi d_p^3}{6} \times \frac{\partial p}{\partial x}$$ （2.26）

将式（2.25）代入式（2.26）得到微粒所受反差力，其表达式为：

$$F_p = \frac{\pi d_p^3}{6} k p_A \cos(\omega t) \sin(kx)$$ （2.27）

声波引起的气体介质振动速度 u 为：

$$u(x,t) = \frac{\partial y}{\partial t} = -4\pi f A \cos\left(2\pi \frac{x}{\lambda}\right) \sin(2\pi f t)$$ （2.28）

（3）驻波场中水雾微粒受力

虽然水雾颗粒在驻波场中受到许多力的作用，但是每个力的作用程度各不相同，对微粒运动效果影响也不一样，所以需要对各个力进行分析。下面分别予以说明。超声波频率取 $f = 20\text{kHz}$，声能量声压级为 150dB，水雾粒径取 2.5μm。

① 微粒在驻波场中受到的介质阻力分析。在上述超声场中，使用计算软件绘制微粒受到的介质阻力曲线，如图 2.11 所示。

如图 2.11 所示，微粒在驻波场中的介质阻力变化呈周期性，其最大值约为 $5.8 \times 10^{-10}\text{N}$，其变化周期约为 $0.5 \times 10^{-4}\text{s}$。

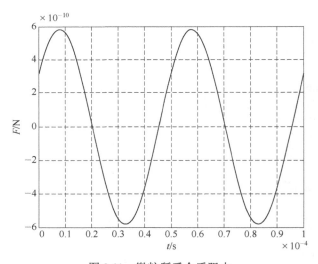

图 2.11 微粒所受介质阻力

② 微粒在驻波场中受到的浮力分析。使用计算软件绘制不同粒径微粒所受到的浮力曲线，如图 2.12 所示。

由图 2.12 中曲线可以看出，随着粒径的变大，微粒所受到的浮力逐渐增大，但其数量级很小，为 10^{-15}，当 $d = 2.5$μm 时，其数量级为 10^{-16}，相较于介质阻力可忽略。

③ 微粒在驻波场中受到的声波辐射压力分析。超声场中微粒所受声波辐射压力如图 2.13 所示。

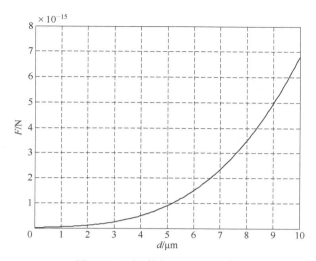

图 2.12   不同粒径微粒所受浮力

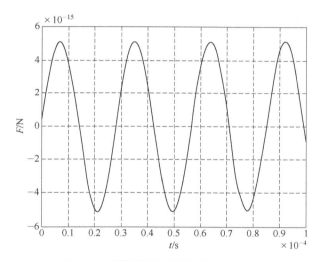

图 2.13   微粒受到的声波辐射压力曲线

由图 2.13 中曲线可以看出，微粒在驻波场中的辐射压力变化呈周期性，在空间位置上其周期约为 0.008m，此种情况下声波辐射压力数量级为 10^{-15}，相较于介质阻力可忽略。

④ 微粒在驻波场中受到的压差力分析。简化式（2.27）为 $F_p = \dfrac{\pi d_p^3}{6} k p_A \cos(\omega t)$，以方便分析。使用计算软件绘制微粒在驻波场中受到的压差力曲线，如图 2.14 所示。

由图 2.14 中曲线可以看出，微粒在驻波场中的压差力变化呈周期性，周期为 5×10^{-5} s，压差力最大值为 1.9×10^{-10} N，相比介质阻力，微粒在驻波场的压差力不能忽略。

通过对驻波场中的微粒受力分析，可以得出，驻波场中微粒主要受重力、黏性阻力和压差力作用，微粒受到的浮力和辐射压力非常小。

2.3.3   行波声场中的受力分析

在生物医药方面，流体控制是关键技术，以往多采用叉指换能器（IDT）实现对流体的

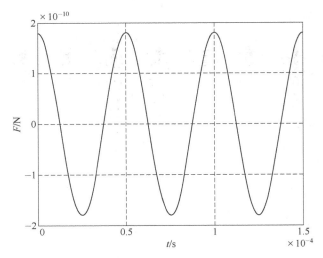

图 2.14　微粒所受压差力

泵取，其结构较为复杂且不易加工。为了使流体控制结构简单且容易集成和产业化，对压电陶瓷激发行波对流体传输的技术进行了研究，并分析压电陶瓷激发行波的原理和驱动流体的运动机理。

在弹性材料表面上能够激发行波，且能够使表面上点的运动轨迹呈现为椭圆形，处在行波场中的粒子在摩擦力的作用下运动，其运动方向与行波的传播方向相反（图 2.15）。

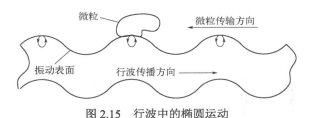

图 2.15　行波中的椭圆运动

利用行波声场在流体中产生的压力差，可以实现对流体的泵取。下面将对压电陶瓷激发行波对流体进行传输的机理进行分析。

建立如图 2.16 所示的模型，一个粘贴有压电陶瓷的弹性板，其压电陶瓷的宽度为 $\frac{\lambda}{2}$，两片压电陶瓷之间的距离为 $\frac{\lambda}{4}$。在压电陶瓷上分别施加正弦和余弦电压可以激发行波。

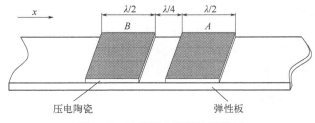

图 2.16　粘有压电陶瓷的弹性板

由 B 部分产生的平面波可表示为：

$$p_B = p_a \mathrm{e}^{\mathrm{j}(\omega t - kx)} \tag{2.29}$$

由 A 部分产生的波为：

$$p_A = p_a \mathrm{e}^{\mathrm{j}[\omega t - k(x + \lambda/2 + \lambda/4) + \pi/2]} \tag{2.30}$$

式中，p_a 为波的振幅；ω 为圆频率；$k = 2\pi/\lambda$ 是波数；λ 为波长。把 $k = 2\pi/\lambda$ 代入式（2.30），则有：

$$p_A = p_a \mathrm{e}^{\mathrm{j}(\omega t - kx - \pi)} \tag{2.31}$$

因此，叠加后的声波场为：

$$p = p_B + p_A = 2 p_a \cos(\omega t - kx) \tag{2.32}$$

式（2.32）为行波方程，故此结构能够激发行波。

在弹性薄板上激发行波后，需要继续研究其表面上质点的运动情况。各向同性弹性薄板弯曲运动方程为：

$$\frac{Eh^2}{12\rho(1-\sigma^2)} \times \frac{\partial^4 w}{\partial x^4} + \frac{\partial^2 w}{\partial t^2} = 0 \tag{2.33}$$

式中，w 为 z 向振动位移；E 为杨氏模量；σ 为泊松比；h 为板的厚度；ρ 为板的密度。

方程（2.33）的解为：

$$w(x,t) = A \sin(\omega t - kx) \tag{2.34}$$

式中，A 为常数；ω 为圆频率；$k = 2\pi/\lambda$ 是波数，λ 为波长。

而 x 方向上的位移为：

$$u(x,z,t) = -z \frac{\partial w}{\partial x} = Azk \cos(\omega t - kx) \tag{2.35}$$

消去式（2.34）和式（2.35）中的正弦和余弦函数，得轨迹方程为：

$$u^2 / (Azk)^2 + \omega^2 / A^2 = 1 \tag{2.36}$$

由方程（2.36）可看出在弹性板表面的质点运动轨迹为椭圆形。

由式（2.35）可得在行波传播方向上质点的运动速度为：

$$v = \frac{\mathrm{d}u}{\mathrm{d}t} = -Azk\omega \sin(\omega t - kx) \tag{2.37}$$

声场中媒质的运动方程为：

$$\rho \frac{\mathrm{d}v}{\mathrm{d}t} = -\frac{\partial p}{\partial x} \tag{2.38}$$

式中，ρ 为媒质密度。得声场中的声压 p 为：

$$p = -A\rho z\omega^2 \sin(\omega t - kx) \tag{2.39}$$

因此，在行波声场中，其质点的运动轨迹呈椭圆形，且具有一定的速度和压力。

由上述分析知，结构可以激发行波，且弹性板表面质点的运动轨迹为椭圆形。如果将充满流体的管子贴附在该结构上，则其椭圆振动将传入流体中，使流体也产生椭圆运动，从而驱动流体的运动。但是随着距离的增加，其振动会逐渐衰减，只有靠近管子内壁很近的流体才能产生椭圆运动。因此为了能够实现对流体的操作，流体通过的通道必须非常窄，通常仅为几个振幅深。

从式（2.36）、式（2.37）、式（2.38）可以看出，在行波传播方向上，弹性板表面的点呈现椭圆形运动，并且具有一定的速度和压力，且它们都是频率的函数。因此，在高频信号驱动下，其行波传播产生的压力可以驱动流体的运动。通过改变行波传播方向可以实现对流体运动方向的改变。

对于微粒凝聚后的流体，其所含微粒的浓度较高，又因流体管道非常窄，这样在行波作用下，通道内壁表面点的椭圆形运动以及微粒与通道表面的摩擦力将同时作用，驱动微粒的运动。流体的运动和微粒的运动也将起到相互促进的作用。

2.3.4 颗粒动力学分析

由前文可知，驻波场中微粒主要受重力、黏性阻力和压差力作用，由于微粒受到的浮力和辐射压力非常小，从而在对微粒进行动力学分析时忽略这两个物理量。驻波场中的微粒受力图如图 2.17 所示。

驻波场形成驻波后，波动方程为：

$$x(y,t) = 2A\cos\left(2\pi\frac{y}{\lambda}\right)\cos(2\pi ft) \tag{2.40}$$

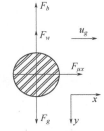

图 2.17　微粒在驻波场中的受力示意图

式中，x 为驻波场中微粒沿声波传播方向的位移；A 为振幅；λ 为声波波长；f 为频率；y 为场中微粒与声源的距离；t 为时间。

驻波场引起空气介质振动的速度方程为：

$$u_g(y,t) = \frac{\partial x}{\partial t} = -4\pi fA\cos\left(2\pi\frac{y}{\lambda}\right)\cos(2\pi ft) \tag{2.41}$$

声场中谐振声压 p 为：

$$p(y,t) = p_0 + \frac{4\pi Ap_0 r}{\lambda}\cos\left(2\pi\frac{y}{\lambda}\right)\cos(2\pi ft) \tag{2.42}$$

式中，p 为大气压强；r 为空气定压比热容与定容热容之比。

驻波场中气体介质振动速度 u 会直接影响黏性力的大小；又因为驻波场区域中存在压力梯度，压力梯度在微粒上产生的原因是微粒在两侧的受力不平衡，作用面积为两个半球面的大小。微粒受到的声压力大小为：

$$y' = \frac{\sqrt{2}d}{4} \tag{2.43}$$

$$F_p = [p(y-y',t) - p(y+y',t)]\left(\frac{d}{2}\right)^2\pi \tag{2.44}$$

式中，y' 为中间变量，前文分析了该作用力可以忽略。

假设形成的驻波场振动方向为竖直方向，水雾微粒在水平向右流动，取声波方向为 y 向，气流的方向为 x 向，则位于点(x,y)处的微粒受力为：

$$F_x = -3\pi\mu d(V_x - U_x) / C \tag{2.45}$$

$$F_y = -F_g + F_b - 3\pi\mu d u_g / C \tag{2.46}$$

式中，F_x、F_y 分别为 x 轴和 y 轴的微粒受力；μ 为空气动力黏性系数；V_x 为微粒速度在 x 轴的运动分量；U_x 为 x 轴方向的气流速度；F_g 为微粒重力；F_b 为浮力。

C 为肯宁汉（Cunningham）修正系数，计算式为：

$$C = 1 + \frac{2.514 + 0.08\exp(-0.55d / \lambda_a)}{d / \lambda_a} \tag{2.47}$$

式中，λ_a 为空气平均自由程。

以以上对微粒的力学分析作为基础，下面使用计算软件对微粒进行运动学轨迹绘制，超声波频率取 $f = 20\text{kHz}$，声能量声压级为150dB，水雾粒径取 2.5μm。

由微粒在驻波场中的受力方程推出微粒在驻波场中的位置方程，通过设置足够小的时间间隔，对微粒的位置进行统计。设置微粒的初始位置为 0.009m。

由图 2.18 可以看微粒经过运动在 0.0085m 处汇聚，声波的波长为 0.017m，0.0085m 正好为半个波长的位置，此处为驻波的波节位置，此处的微粒运动从理论上趋于稳定，和理论相符，使用的时间在 0.25s 左右，说明微粒在驻波场中作用迅速，效率很高。

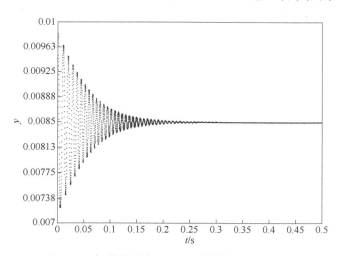

图 2.18　初始位置为 0.009m 的微粒的运动位置

继续向其中加入微粒，设置微粒的初始位置为 0.002m 和 0.004m。

由图 2.19 可以看出，初始位置为 0.002m 和 0.004mm 的微粒最终在 0.0255m 和 0.0425m 处，0.0255m 为 1.5 倍波长处，0.0425m 为 2.5 倍波长处，这两处都为半波长的整数倍位置，且此处的微粒运动从理论上趋于稳定，和理论相符，使用的时间在 0.25s 左右，说明微粒在驻波场中作用迅速，效率很高。

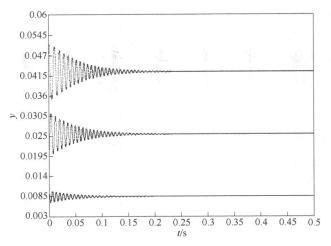

图 2.19　初始位置为 0.002m 和 0.004m 微粒的运动位置

通过对微粒位置的模拟，可以得出微粒在驻波场中的运动趋于向同一位置汇聚，且趋于稳定，这为微粒进一步碰撞，产生凝聚提供了位置条件，在下一节将会对微粒的凝聚进行理论分析并且使用仿真验证。

2.4　平面驻波场内颗粒的运动

2.4.1　求解步骤

在求解之前，首先应该明确物理模型的维度、精度和尺寸。针对所需求解的物理模型，制定详细的求解方案。具体应从以下几个方面考虑：

① 定义模型目标。考虑从模型中需要得到什么样的结果，对求解精度有何要求。

② 明确需要的物理场。针对需要解决的问题选择不同的模块进行求解，还需要考虑各个模块之间的物理场耦合关系。

③ 计算参数确定。考虑如何隔绝所需要模拟的物理系统，明确计算区域的起点和终点，确定在模型的边界处应使用何种边界条件。明确流体的特性，弄清为何种流体，流体为定常还是非定常，可压流还是不可压流。针对需要求解的问题划分网格，用何种网格拓扑结构解决问题。

④ 确定计算研究的方式。考虑如何将问题简化，解的格式与参数值应如何设置才利于加速收敛，对背景场先进行频域或稳态的分析，再对离散的目标进行瞬态的求解，从而减少收敛解所需时间。

明确上述问题之后，可以开始对需要求解的模型进行建模求解。求解步骤如图 2.20 所示。

在对模型进行建模仿真前，首先要明确仿真的目的。由于需要解决的问题是探究含水雾的高压空气经过驻波声场的粒子轨迹变化和凝聚效果，改变温度、压力、超声波频率对凝聚效果的影响，验证理论分析的结果，同时为实验提供参考依据。

（1）全局定义

具体参数值如图 2.21 所示。

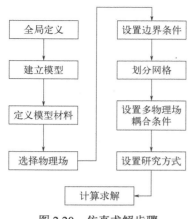

图 2.20　仿真求解步骤

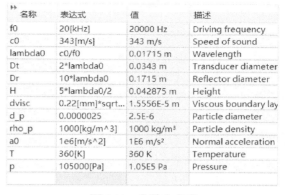

图 2.21　参数定义表

由于需要形成驻波场，所以模型的尺寸需要是半波长的整数倍，仿真中将 H 取为半波长的 5 倍，以给凝聚留下足够的空间。声音速度取 340m/s，超声频率取 20kHz，温度为 300K，压强为 400000Pa。定义这些参数主要的作用是在重复实验时，较少改变模型参数的时间，提高仿真效率。

（2）几何图形绘制

使用绘图工具进行几何图形的绘制，绘制结果如图 2.22 所示。

图 2.22　管道截面

提取变量作为管道的长和宽，生成超声凝聚的管道截面。图 2.22 为绘制的管道截面，下面的两个黑点用于模拟超声波振子，产生超声波，由于限制了管道的高度 H，可以更好地形成驻波场。将超声波源头置于管道中间也和实际的情况相符合，可以用于观察粒子凝聚前粒子的运动轨迹、凝聚时粒子的运动轨迹，还有凝聚后粒子的运动轨迹，在尾部加入粒子统计，对粒子的数量、位置进行统计。

加载空气材料作为所有域的材料，对应参数如图 2.23 所示。

	属性	名称	值	单位	属性组
☑	动力黏度	mu	eta(T[1/K])[Pa·s]	Pa·s	Basic
☑	密度	rho	rho(pA[1/Pa],T[1/K])[kg/m^3]	kg/m³	Basic
☑	声速	c	cs(T[1/K])[m/s]	m/s	Basic
	相对磁导率	mur	1	1	Basic
	相对介电常数	epsilonr	1	1	Basic
	比热比	gamma	1.4	1	Basic
	电导率	sigma	0[S/m]	S/m	Basic
	恒压热容	Cp	Cp(T[1/K])[J/(kg*K)]	J/(kg·K)	Basic
	热导率	k	k(T[1/K])[W/(m*K)]	W/(m·K)	Basic
	折射率实部	n	1	1	折射率
	折射率虚部	ki	0	1	折射率

图 2.23　材料参数定义

（3）物理场定义

使用超声波在管道中形成驻波场，之后使用驻波场使流动的空气随之振动。由于夹带作用，水雾在振动的空气带动下随空气一起运动，在流体力学的作用下发生凝聚。

根据模型的要求加入声学模块、CFD 模块和粒子追踪模块，声学模块用于形成超声波，CFD 在管道中加入湍流场，最后使用粒子追踪模块对水雾粒子的运动进行统计，得到不同条件下的凝聚效果。

① 声场模块的模型设置。要在管道中形成驻波场的关键在于一面形成超声波，另一面进行反射，反射回来的声波互相叠加，形成驻波场。在声场模块的设置中首先需要选择频域的压力声学模型，频域的模型可以构成流场的背景声场。先设置声源的位置、强度、频率，设置的位置如图 2.24 所示，设置硬声场边界来反射下方发出的声波，设置上边界为硬声场边界，如图 2.25 所示。最后设置其余的面为平面波辐射来增强超声波的作用效果，位置如图 2.26 所示。

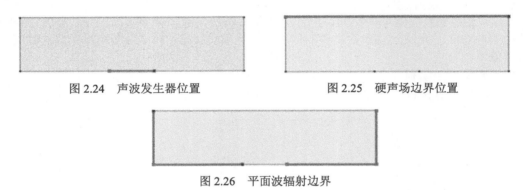

图 2.24　声波发生器位置　　　　　　　图 2.25　硬声场边界位置

图 2.26　平面波辐射边界

② CFD 模块的模型设置。由于在实际运动时，空气流在超声波作用下会产生波动，运动的方向可能会与初始方向垂直，所以使用单相流中的湍流 k-ε，湍流 k-ε 模型是一个基于湍流动能和扩散率的半经验公式。通过大量的工时得出 e 方程，k 方程则是一个精确的方程。湍流 k-ε 模型适用范围广，可以对平板绕流、放射状喷射以及混合流动的流动速度进行预测。若需要使水雾微粒与流场进行混合耦合，则需使用湍流 k-ε 模型进行建模设置。

设置湍流为不可压流动，湍流类型为 RANS。给湍流模型加载声泳力域，在声泳力域选择压力声学中的压力，实现声场和流场的耦合。设置湍流场的速度入口和压力出口，入口位置如图 2.27，出口位置如图 2.28。

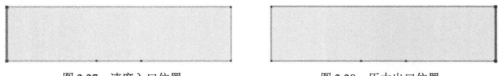

图 2.27　速度入口位置　　　　　　　　图 2.28　压力出口位置

③ 粒子追踪模块的模型设置。由于需要对水雾微粒的凝聚状态、效果进行观测，所以对加入的水雾微粒需要使用粒子追踪模块进行追踪，由于粒子的运动是湍流流场对粒子的夹带作用产生的，所以选择流体-粒子相互作用。

首先设置流体流动粒子追踪的粒子属性，由于需要考虑温度对凝聚效果的影响，于是高级设置选择计算粒子温度和粒子质量，设置粒子的类型为液滴，水雾的粒子动力黏度为 26mPa·s，表面张力为 0.05N/m，比热容为 1880J/(kg·K)，设置粒子的重力加速度为-9.8m/s²。

设置上下管道壁的条件为反射，位置如图 2.29，这与实际的情况比较相似，粒子碰到管壁会发生反射。

图 2.29　反射面边界位置

加入曳力域是实现流场和粒子耦合的基础，使用奥森校正的曳力定律，使用流场中的动力黏度和密度，分散系选择离散随机游走模型，湍流动能选择湍流场的湍流动能，全部的粒子都受到流场的影响。

下一步是对速度入口的设置，选择的位置和流场的相同，粒子的初始位置选择均匀分布，每次释放 100 个粒子，这样设置的原因是观察各个位置粒子的运动规律，但是如果加入过多的粒子会极大地增加计算的时间。所以只选择 100 个粒子进行观测。速度场使用湍流中给出的速度场。

设置出口边界为冻结，粒子到达出口时对粒子冻结，有利于对粒子的凝聚状态进行统计，出口位置与湍流的流场相同，如图 2.29。

虽然在之前的理论分析中分析到只要微粒发生碰撞就不会分离，但是为了保证仿真的真实性，还需加入液滴破碎模型，模拟当冲击过大时液滴破碎的情况，加载 Kelvin-Helmholtz 模型，B_{KH}=10，密度和速度场都选择湍流场的密度和速度，设置全部的粒子都受影响。

在出口位置加入粒子计数器，位置为图 2.29，统计出口处粒子的凝聚情况，最终得到凝聚效率。

（4）网格绘制和多物理场设置

① 网格绘制。由于流体在流动的时候，与边界接触的位置速度为零，靠近边界的位置速度的变化梯度很大，所以在绘制时需要设置边界层，边界层为网格管道的上下面。高压空气进入驻波区域后速度的变化梯度会比较大，所以需要对中间驻波的部分进行网格的加密处理，调整网格的弹性因子，让网格的振动更加明显，绘制的网格如图 2.30。

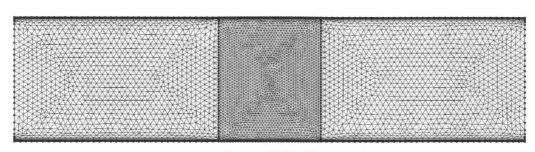

图 2.30　网格划分

② 多物理场设置。由于在设置湍流流场后，声场和流场可以进行耦合，但是流场并不会影响粒子的运动，于是需要在多物理场中设置流体-粒子的相互作用，相互作用的源头是粒子，目标是湍流流场。

（5）求解方式设置

为了使结果收敛，减少计算时间，在设置求解方式时，第一步先使用了频域分析来引入背景声场。第二步使用稳态加入流场作为粒子的背景流场。第三步设置瞬态研究，对时间进行离散，观察粒子在不同时间的位置变化，考虑到声波振动的频率很大，所以需要设置较小的步长，设置步长为 0.0005s，求解时间设为 0.5s。

（6）计算和后处理

完成对各项的设置后，进行求解，分别得到了声压图（图 2.31）、声压等级图（图 2.32）、粒子位置图（图 2.33）、粒子轨迹图（图 2.34）。

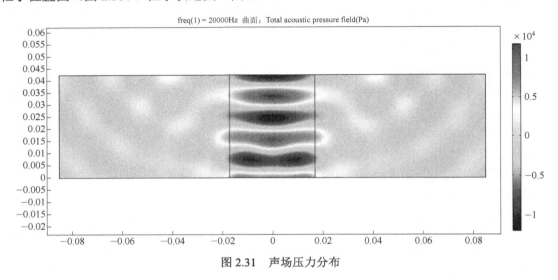

图 2.31　声场压力分布

由图 2.31 可以看出，声压区集中于中间设置振动区域的地方，上下基本对称，压力方向相反，这说明驻波场已经形成，其余没有形成驻波场区域的位置声压比较小，对空气和微粒的影响也比较小。而空气在中间的这一块区域受到的压力比较大，使它们夹带微粒向两压力场中间的区域运动，辅助凝聚的形成。

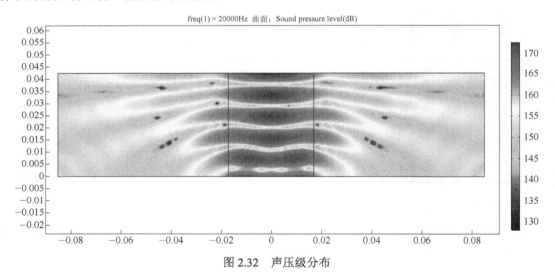

图 2.32　声压级分布

由图 2.32 可以看出，由于驻波场的形成使得整个管道内区域形成了十分规律的声压级分布，其中最大的位置大概为 170dB。那么声压级大小对凝聚效果的影响也是需要考虑的一个因素。

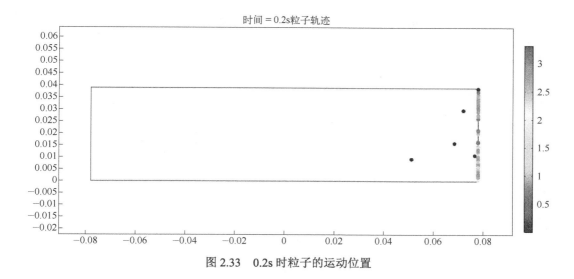

图 2.33   0.2s 时粒子的运动位置

由图 2.33 可以看出，微粒通过 0.2s 的时间，部分的微粒从入口到达了出口，但部分微粒没有到出口。这是因为它们在凝聚之后速度的方向相反，速度大小相同，就在出口前停了下来，下面对这些粒子进行轨迹绘制，如图 2.34 所示。

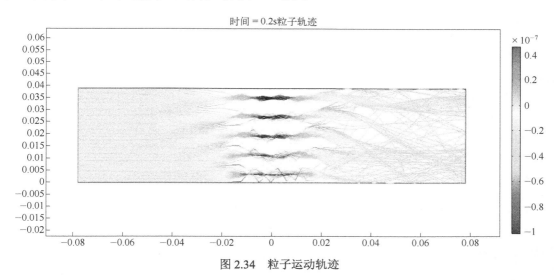

图 2.34   粒子运动轨迹

由图 2.34 可以看出，微粒在进入驻波场之前基本上是直线运动，它们之间并没有相互作用，但当它们进入驻波场区域以后，速度的大小和相位角都发生了变化，这些变化促使它们之间发生碰撞、凝聚，从而在粒子离开驻波场区域后，轨迹比较复杂，通过对粒子最终位置的统计，将仿真得到的数据导入计算进行分析，得到最终的凝聚效果，通过控制变量改变剩余的变量，得出各种条件下的凝聚效率。

设置空白对比，如图 2.35、图 2.36 为无声场条件下的微粒运动情况。

由图 2.36 可以看出，微粒在运动的过程中，相互之间的影响很小，有小部分因为重力在底部发生凝聚。

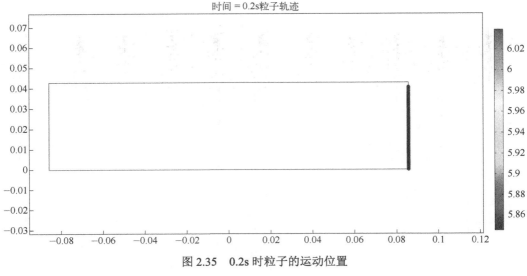

图 2.35　0.2s 时粒子的运动位置

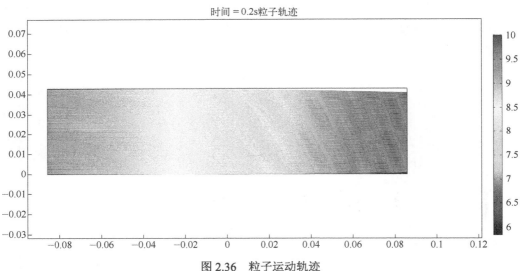

图 2.36　粒子运动轨迹

2.4.2　仿真实验设计

在前文中已经针对五个因素（粒径、温度、压力、频率、声压级）对流体力学作用的影响进行了分析，本节使用仿真的分析方法对这些因素进行分析。其中，由于实际工况环境粒径以 2.5μm 为主，所以粒径的因素在仿真时不予考虑。主要针对四个因素进行仿真，得到该四个因素对凝聚效果的影响，并对得到的结果进行比较，验证理论的可靠性。

为了使用仿真探究四个因素对凝聚效果的影响，包括四个因素之间的交互作用关系，为之后的实验减少实验次数，于是本实验设计采用析因设计，析因设计也叫作全因子实验设计，该设计需要考虑所有的因素之间的组合。析因设计的优点是可以更加准确地反映各个因素的影响程度和它们之间的交互作用。其最大缺点是需要进行大量的实验，会增大实验消耗的成本。

析因设计的优势总结为以下三点：

① 反映各因素各个水平的效应大小；

② 反映各因素之间的交互作用大小；

③ 通过对比可以得到最优组合。

由于使用的是仿真软件进行仿真，每次实验得到结果大概需要半个小时的时间，由于析因设计的组数比较多，所以析因设计的水平数使用 3 水平。

根据实际经验，将温度分为 280K、320K、360K，将压强分为 $1\times10^5\,Pa$、$4\times10^5\,Pa$、$8\times10^5\,Pa$，将频率分为 20kHz、24kHz、28kHz，将声压级分为 140dB、160dB、180dB。因子水平如表 2.2。

表 2.2　因子水平表

水平	温度	压强	频率	声压级
低水平	280K	$1\times10^5\,Pa$	20kHz	140dB
中水平	320K	$4\times10^5\,Pa$	24kHz	160dB
高水平	360K	$8\times10^5\,Pa$	28kHz	180dB

选择对应的析因设计表一共有 3^4=81组实验，实验表为本书附录一。

使用仿真软件对其中一组实验进行仿真，设置温度为 280K，压强为 400000Pa，频率为 24000Hz，声压级为 140dB，将结果导入计算软件进行处理，入口处的粒子粒径分布如图 2.37 所示，无声场条件时的粒径分布情况为图 2.38，凝聚后的粒子最终的粒径分布情况如图 2.39 所示。

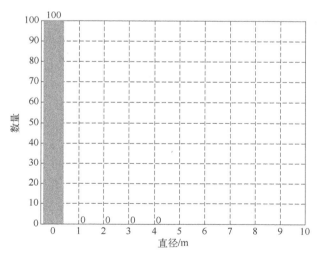

图 2.37　入口处的粒径分布

可以看出，在无声场条件下，仅有 7%的微粒因为重力原因发生了凝聚，基本不发生凝聚。而驻波场条件下有 59%的粒子发生了凝聚，最大的粒子凝聚为原来直径的 2 倍，凝聚的效果比较理想。

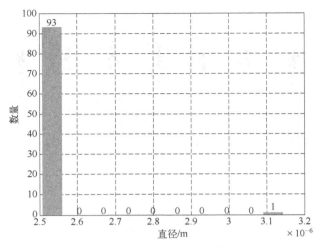

图 2.38　无声场条件下出口处微粒分布

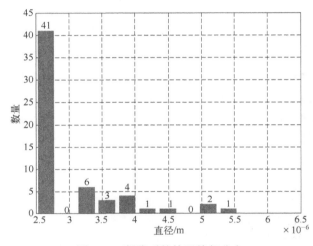

图 2.39　凝聚后的粒子粒径分布

2.4.3　结果分析

统计得到最终仿真的结果如本书附录二。对结果进行分析，得到的凝聚比主效应如图 2.40。

可以看出，温度、压强、频率、声压级对凝聚效果的影响和理论分析的结果一致，对各个因素之间的交互作用进行分析，得到了各个因素之间的交互作用如图 2.41。

根据 MINITAB 分析的结果可以得出，各因素之间耦合性不强。当其他液体微粒凝聚实验设计过程中需要考虑各因素之间的交互作用时，该结论可以提供相应的参考。

可以得出最优的组合为 A3B1C3D3，即温度为 360K，压强为 100000Pa，频率为 28000Hz，声压级为 180dB，此时的凝聚率为 70%。

对结果进行线性回归，得到的回归方程为式（2.48）。

$$K=1.0564+0.000707T-0.00000000001P$$
$$+0.000003f+0.000758I$$

（2.48）

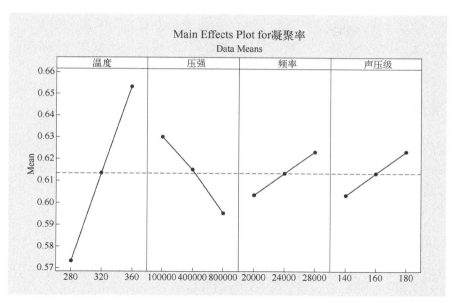

图 2.40　凝聚比主效应

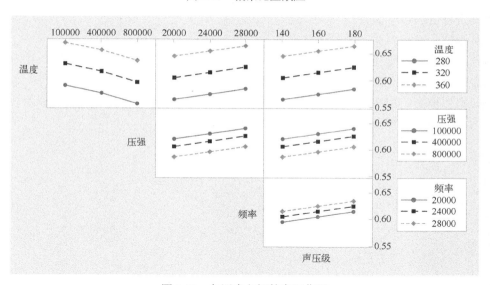

图 2.41　各因素之间的交互作用

模型的回归准确率为 96.65%，回归方程可靠，回归方程可以为液体凝聚实验提供必要的参考。

表 2.3　因子影响程度表

项目	系数	T	P
常量	1.0564	548.64	<0.0001
温度	0.000707	1196.15	<0.0001
压强	−0.00000000001	94.58	<0.0001
频率	0.000003	260.33	<0.0001
声压级	0.000758	343.50	<0.0001

由表 2.3 可以看出，温度、压强、频率、声压级和常量的影响都十分显著，其中温度的影响最大，压强的影响最小，为了降低实验系统的成本，压强为 0.1MPa，声压级为 180dB。

2.5 聚焦超声驻波场内颗粒的运动

聚焦超声系统是指通过一定的装置，将超声振动的能量通过不同的结构形状来改变其能量的传播形式，从而将超声辐射声场的能量汇聚到一定的区域（焦域）或者焦点处。目前主要的聚焦方式有声透镜聚焦、反射面聚焦以及凹球面聚焦三类，其中凹球面聚焦具有声场的完全对称性、轴向聚焦能力强等显著优势而被广泛应用。

2.5.1 声压的仿真分析

本小节的主要目的是通过建立凹球型聚焦球壳的二维模型，分析不同的开口半径在不同的频率下聚焦的状况，通过对比结果寻找最优的凹球型聚焦球壳的设计参数，同时对上述利用计算软件计算的聚焦球壳的声压与焦域的形状进行对比，为后续设计聚焦球壳以及相关结构提供一定价值的参考因素。

（1）模型定义与相关参数的设置

由于在实验中要确保能够清楚地查看声波的聚焦状况，在进行模型分析时，要确保实验管道的直径足够，通过前面的理论分析以及实验经验，选取直径为 50mm 长度取 150mm 建立管道的整体模型，由于三维模型的计算量较大，二维模型具有良好的对称性以及较少的计算量，所以采用二维图形直接建立管道模型如图 2.42 所示。

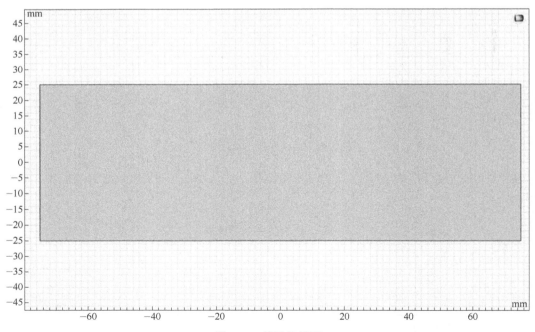

图 2.42　管道的模型

同时在下方建立三种不同半径的凹球面，分析不同半径的球面在不同的频率下的聚焦效果，整体的模型图如图 2.43 所示。

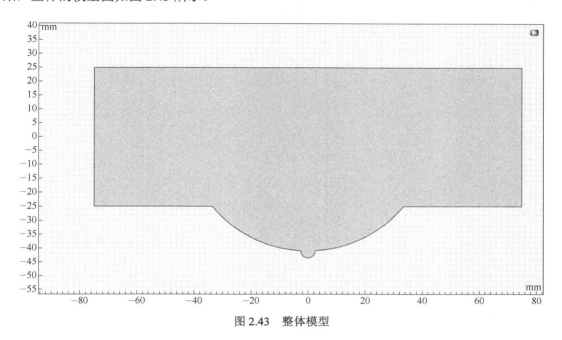

图 2.43　整体模型

（2）声场模块模型参数的设置

在声场模块的设置中首先需要选择频域的压力声学模型，频域的模型可以构成流场的背景声场。先设置声源的位置、强度、频率，设置的位置如图 2.44 所示，设置硬声场边界反射下方发出的声波，设置上边界为硬声场边界如图 2.45 所示。最后设置其余的面为平面波辐射来增强超声波的作用效果，位置为图 2.46。

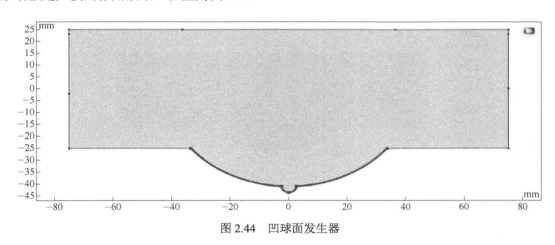

图 2.44　凹球面发生器

对模型进行网格划分时仅考虑自由场下的声压的分布情况，所以直接按照不同的频率参数划分不同的网格模型，如图 2.47 所示，但是网格数量的划分也要参考网格的大小为五分之一的波长进行划分。

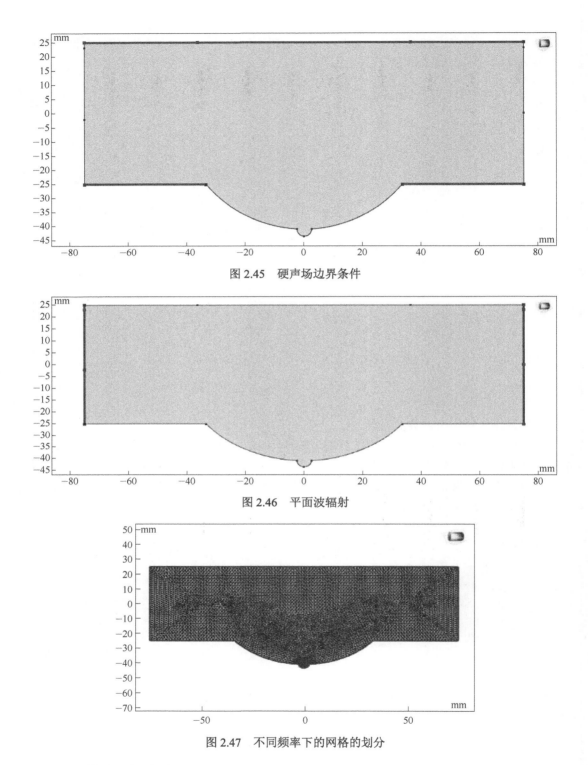

图 2.45　硬声场边界条件

图 2.46　平面波辐射

图 2.47　不同频率下的网格的划分

（3）计算结果与后处理

在模型仿真求解的过程中，为加强求解结果之间的对比性，在求解结果的设置过程中利用不同的频率观测不同的声压以及焦域的形态，同时对凹球型聚焦球壳选用三种不同的半径

(25mm、30mm、35mm)进行结果对比，从而确定最终的结果方案。在完成各部分求解步骤的设置后，点击计算，分别得到了 24kHz、28kHz 以及 32kHz 下的声压等级图，如图 2.48～图 2.50 所示。

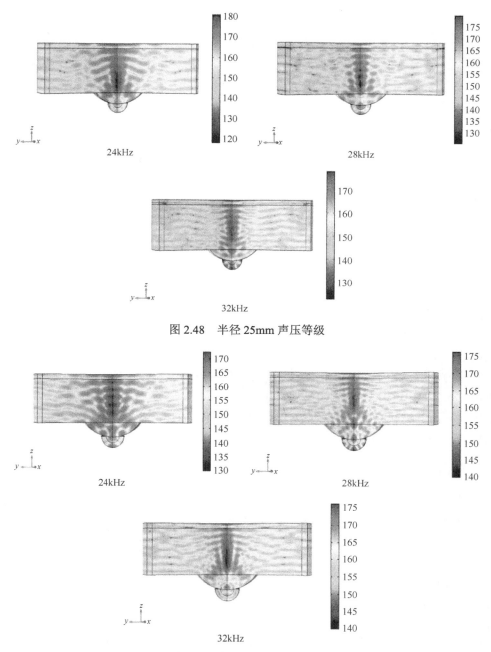

图 2.48　半径 25mm 声压等级

图 2.49　半径 30mm 声压等级

通过对比 25mm、30mm、35mm 半径下的声压等级图，很明显地看出当声波的频率升高后，整体的聚焦效果较为明显，焦域的形状也较为理想。当直径为 25mm，频率为 24kHz 时，焦域的形状比较分散，出现了较大的旁瓣，但是随着声波频率的逐渐升高，旁瓣消失，聚焦

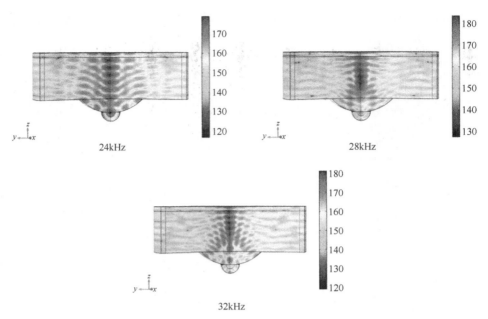

图 2.50　半径 35mm 声压等级

的形状基本呈现出椭圆状。当直径为 30mm，频率为 24kHz 时，焦域的形状较直径为 25mm 时焦域的轴向长度有所增加，聚焦的效果也更加明显，但旁瓣的形状较大，但是随着声波频率的逐渐升高，旁瓣消失，聚焦的形状基本呈现出椭圆状，但当频率为 28kHz 时，焦域的轴向长度更小，整体的效果最好。当直径为 35mm，频率为 24kHz 时，几乎没有焦域的产生，说明声波较为分散，频率在 28kHz、32kHz 时焦域的形状也较差。

通过对比不同频率下声焦域的形状，发现在声波频率逐渐增加的过程下焦域的轴向长度逐渐被压缩，而旁瓣也会在频率达到一定值时消失，从而形成良好的聚焦效果，上述的声压仿真结果表示凹球面半径在 30mm 时，声压的分布状态最好。

2.5.2　粒子凝聚的仿真分析

本小节主要利用仿真软件中的 CFD 模块以及粒子追踪模块，对不同频率、半径为 30mm 的凹球型聚焦球壳在辐射声场内的水雾颗粒的运动情况进行仿真分析与统计，得到不同条件下微粒的凝聚效果，从而指导水雾颗粒凝聚实验的进行，与后续凹球面超声换能器的设计。

（1）参数设置

实际粒子在运动过程中，会在空气的作用下产生流动。为保证仿真的结果最大地接近实验情况，需要水雾微粒与流场进行混合耦合，利用湍流 k-ε 模型进行建模设置。设置湍流为不可压流动，湍流类型为 RANS，给湍流模型添加声泳力域。同时在仿真过程中加入粒子追踪模块对水雾微粒的运动轨迹进行追踪，观察在声波作用下水雾微粒的运动形态，选择流体与粒子间的相互作用。对粒子的属性进行设置，粒子的类型为液滴，水雾粒子动力黏度为 26mPa·s，表面张力为 0.05N/m，粒子的重力加速度为 -9.8m/s^2。同时也要考虑管道边界对粒子的影响，设置管道壁的边界条件为黏附，如图 2.51 所示。

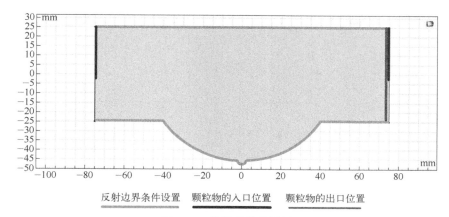

图 2.51　边界条件的设置

接下来需要对粒子的初始位置进行设计，为了更加直观地观测微粒的运动轨迹，增加对比分析的结果，选择在左侧入口处随机释放粒子，在右侧选择均匀释放粒子，从而增加仿真实验的对比度。其中左侧与右侧均选择释放 30 个粒子。下面对仿真模型划分网格，为保证仿真结果的正确性，根据上面的声压与声强的仿真结果，在聚焦域内需要加密网格，保证仿真结果的正确性。流场和粒子耦合的基础是加入曳力域，使用奥森校正的曳力定律，使用流场中的动力黏度和密度，分散系选择离散随机游走模型，湍流动能选择湍流场的湍流动能，设置全部粒子都受到流场的影响。

网格划分时，需要注意对声场区域进行加密网格的处理，来保证求解的精度。结构模型网格加密后，整体的网格数量较大，对计算机性能的要求较高，所以为简化计算过程，减少计算时间，在求解的参数中设置瞬态研究，进行离散分析，来观察不同时刻的粒子运动状态。在计算过程中考虑到微粒的直径较小，而声波对微粒的作用较大，所以将求解的步长尽量缩小，设置求解时间步长为 0.00005s，时间为 0.1s。

（2）结果及分析

通过仿真软件中的 CFD 模块以及粒子追踪模块，绘制在给定凹球面超声换能器不同频率，不同时刻下水雾微粒在管道内的运动状态，如图 2.52 所示。

由图 2.52 可以看出，当频率为 28kHz 时聚焦的效果最好。随着频率的增加，水雾微粒变得较为分散，整体分布趋势与声压以及声强的分布规律基本一致。为更加直观地观察水雾微粒在焦域内的聚焦效果，绘制了不同频率下水雾微粒的运动轨迹，如图 2.53 所示。

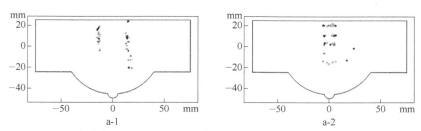

(a) 频率为24kHz，a-1、a-2分别为0.05s、0.1s时水雾微粒的运动状态

图 2.52

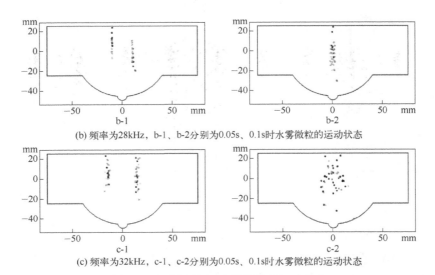

(b) 频率为28kHz，b-1、b-2分别为0.05s、0.1s时水雾微粒的运动状态

(c) 频率为32kHz，c-1、c-2分别为0.05s、0.1s时水雾微粒的运动状态

图 2.52　不同频率下水雾微粒的运动状态

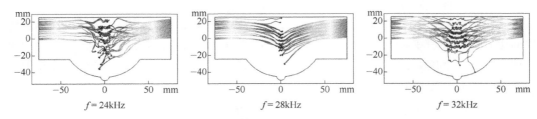

图 2.53　不同频率下水雾微粒的运动轨迹

由图 2.53 可知，当频率为 24kHz 时，水雾微粒的运动轨迹在轴向焦域附近出现一定的波动；当频率为 28kHz 时，水雾微粒会逐渐向轴向焦域内聚焦，整体聚焦趋势较好；当频率为 32kHz 时，水雾微粒在轴向附近形成较大的波动，整体趋于分散，聚焦的效果并不理想。对声场内水雾微粒的数量与位置变量进行统计分析，得到轴向水雾微粒的数量与声强分布直方图（图 2.54）。

由图 2.54 可以看出，声强分布趋势越集中、能量越高，水雾微粒的聚焦效果越好。当频率为 24kHz 时，水雾微粒集中在焦域附近但有一定的分散；当频率为 28kHz 时，水雾微粒集中在焦域内，形成了较好的聚焦趋势；当频率为 32kHz 时，水雾微粒会在焦域附近扩散，聚焦效果并不好。

工程中用声压级（SIL）来表示声场强度的大小，声压级的计算公式为：

$$SIL = 10\lg\frac{I}{I_{ref}} \tag{2.49}$$

式中，I_{ref} 为参考声压，其值为 10～12W/m²；I 为测量声压级的声音强度，dB。

通过公式（2.49）求解不同频率下声场焦域内的轴向声压级分布图（图 2.55）。

可以看出，当频率为 24kHz 时，在±6mm 区间内声压级最高，最大声压级为 173dB；当频率为 28kHz 时，在±4mm 区间内声压级最高，最大值为 178dB；当频率为 32kHz 时，在±8mm 区间内声压级最高，最大值为 167dB。

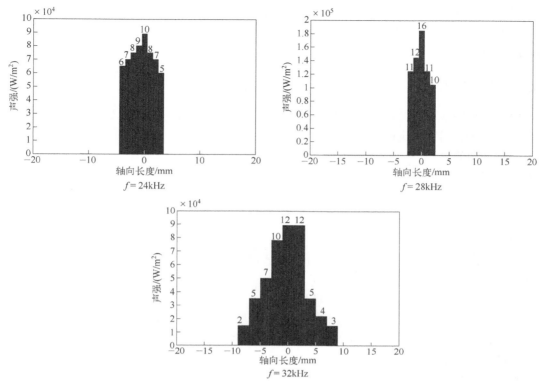

图 2.54　不同频率下轴向粒子数量分布直方图

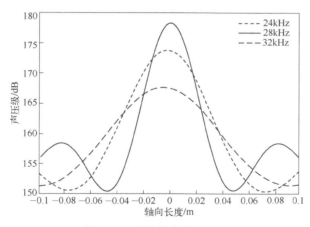

图 2.55　焦域轴向声压分布

通过对比发现，轴向上声压级越高的区域水雾微粒的数量越多，而凹球面超声换能器具有较好的声压与声强的分布特性，进一步证实了凹球面超声换能器，对水雾微粒具有较好的聚焦特性，同时，上述仿真设计的参数也将会对后续凹球面超声换能器的设计提供一定的设计依据。

2.6　凝聚过程及原理

前文中完成了对驻波场中微粒的受力分析和运动学分析，得到了微粒运动轨迹，但是微粒发生碰撞是微粒凝聚的充分条件，微粒之间同时满足凝聚要求才是微粒凝聚的充分必要条件，凝聚和微粒的性质有一定的关系，这一节将会对微粒之间的受力进行分析，对液体凝聚进行机理研究。

2.6.1 黏附机理

由于实际的水雾微粒粒径很小，属于超细微微粒，一旦微粒距离靠近，微粒之间的作用力会很大，所以需要考虑微粒之间的作用力情况。

微粒之间的吸引力一共有三种，它们分别是范德瓦尔斯力、静电力和表面张力。范德瓦尔斯力是存在于中性分子或原子之间的一种弱碱性的电性吸引力；静电力是指静止带电体之间的相互作用力；表面张力为任意两个相邻部分之间垂直于它们的单位长度分界线相互作用的拉力。水雾微粒作为微小的液体颗粒，考虑水雾微粒之间的范德瓦尔斯力和表面张力。

（1）水雾微粒间的范德瓦尔斯力

微粒之间一般不具有极性，由于微粒中存在着随机运动的电子，因此范德瓦尔斯力有三个来源：

① 极性分子的永久偶极矩之间的相互作用；

② 一个极性分子使另一个分子极化，产生诱导偶极矩并相互吸引；

③ 分子中电子的运动产生瞬时偶极矩，它使临近分子瞬时极化，后者又反过来增强原来分子的瞬时偶极矩。

这三种力的贡献不同，通常第三种作用的贡献最大。

基于范德瓦尔斯力的引力势能和分子能量叠加原理，Hamaker 对微粒之间的引力和势能进行积分，得到两微粒之间的势能引力方程：

$$U = \iint\limits_{V_1\ V_2} n_1 n_2 U_{mm} \mathrm{d}V_1 \mathrm{d}V_2 \tag{2.50}$$

式中，n_1 和 n_2 为两微粒的分子密度；U_{mm} 为引力势能的大小。由式（2.50）可以推出分子的引力势能方程为：

$$U = -\frac{A}{12L} \times \frac{d_1 d_2}{d_1 + d_2} \tag{2.51}$$

式中，d_1 和 d_2 为两微粒的粒径；L 代表微粒间的距离，通常取为 $4A$，A 是 Hamaker 常数，这个量和微粒的材质、环境和色散能系数有关，其表达式为：

$$A = \pi^2 n_1 n_2 C_{mm} \tag{2.52}$$

两微粒之间的范德瓦尔斯力可表示为：

$$F = \frac{\partial U}{\partial L} = \frac{A}{12L^2} \times \frac{d_1 d_2}{d_1 + d_2} \tag{2.53}$$

当微粒与壁面接触时，$d_2 \to \infty$，此时，范德瓦尔斯力的方程可以表示为：

$$F = \frac{Ad}{12L^2} \tag{2.54}$$

当两微粒粒径相等时，范德瓦尔斯力方程为：

$$F = \frac{Ad}{24L^2} \tag{2.55}$$

由式（2.53）可知，当微粒之间的距离越近，微粒之间的范德瓦尔斯力越大，且只有当微粒之间距离很近时范德瓦尔斯力的作用效果才明显。从数学的角度比较微粒受到的介质阻力、重力、声压力，范德瓦尔斯力与微粒粒径成正比，而其余几个力与微粒粒径的立方成正比，从数量级来说，范德瓦尔斯力将比其他几个力大得多。可以得出这样一个理论，在不考虑张力的情况下，分子一旦发生碰撞则不再分离。

Gorge 对不同微粒受到的范德瓦尔斯力进行了总结，如表 2.4 所示。从表中的数据可以得出，微粒之间的范德瓦尔斯力越小，重力和阻力就越大，在微粒碰撞以后难以发生分离。

表 2.4 　不同粒径微粒所受范德瓦尔斯力、重力以及气流阻力对比表

微粒直径/μm	范德瓦尔斯力/N	重力/N	空气阻力/N
0.1	10^{-8}	4.2×10^{-18}	2×10^{-12}
1	10^{-7}	4.2×10^{-15}	2×10^{-9}
10	10^{-6}	4.2×10^{-12}	2×10^{-8}
100	10^{-5}	4.2×10^{-9}	2×10^{-7}

（2）水雾微粒的表面张力

液体微粒之间的张力形成于液体表面与气体接触的部分，张力维持着液体的形状，让其不发生破裂。由于液体的外表面没有分子作用，这会使得它的表面内外受力不均匀，动力大的分子容易冲出表面，这使得液体微粒的分布并不均匀，中心处更加稀薄，表面层分子的引力在水雾微粒距离扩大时不断增大，而斥力不断减小，使得水雾微粒无法继续增大，这也解释了水雾液体微粒不能无限扩大的原因，当到一定的程度就会发生破裂或者不再增大。

毛细管压力 F_1 和黏着力 F_2 之和构成液桥作用力 F_y，其表达式为：

$$F_1 = -\pi R^2 \sigma \left(\frac{1}{r_1} - \frac{1}{r_2}\right)\sin^2\phi \tag{2.56}$$

$$F_2 = 2\pi R\sigma \sin\varphi \sin(\theta + \phi) \tag{2.57}$$

$$F_y = F_1 + F_2 = -2\pi R\sigma \left[\sin\varphi\sin(\theta+\phi) + \frac{R}{2}\left(\frac{1}{r_1} - \frac{1}{r_2}\right)\sin^2\phi\right] \tag{2.58}$$

式中，σ 为液体的表面张力，N/m；θ 为微粒湿润接触角；ϕ 为钳角，也称半角，大小为连接环和微粒中心形成的扇形角的一半；r_1、r_2 为液桥的两个特征曲率半径，m。

r_1、r_2 主要通过两种途径来确定，一是对 Laplace-Young 方程进行初始条件确定，再采用数值模拟法求解 r_1、r_2。

当微粒间接触时，θ 等于 0°，微粒间的液桥作用力为：

$$F_y = -(1.4 : 1.8)\pi R\sigma \tag{2.59}$$

对于不完全湿润的微粒，液桥作用力可表达为：

$$F_y = -2\pi R\sigma\cos\theta \tag{2.60}$$

对于高压气体中的水雾微粒，平均粒径为 $2.5\mu m$ ，表面张力 σ 为 $33.91mN/m$ ，代入式（2.60）得 $F_y = 2.73\times10^{-7}N$ 。

从数量级来说，微粒的范德瓦尔斯力和液桥作用力将比其余作用力大得多。张力可以保证微粒凝聚后的稳定性。综合两个力，可以得出这样一个理论，在不考虑张力的情况下，分子一旦发生碰撞则不再分离。

2.6.2 凝聚过程分析

微粒在单分散系中，由于微粒的粒径相同，微粒之间的运动速度和运动相位角相同，所以微粒之间难以发生碰撞。但很多实验表明，相同粒径的微粒同样存在碰撞和凝聚，这说明此时微粒的同向凝聚理论不再适用，因此应该同时存在其他凝聚理论。流体力学是和同向凝聚理论不同的理论，由于其考虑了驻波场中流质对微粒的作用，包括了共辐射压作用和声波尾流效应，微粒之间由于相互接近而产生了共辐射压作用。该作用的基本原理是伯努利定律，从而引起了微粒之间区域的压力变化，促使微粒发生凝聚，如图 2.56 所示。

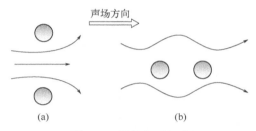

图 2.56 微粒相对运动

微粒在驻波场中传播时存在图 2.56 所示两种情况。图 2.56 (a)中，驻波场振动方向为水平方向，当微粒中心连线垂直于声场方向时，两微粒的中心位置介质的流速会增加，从而导致两微粒之间的位置压力降低，这个低压区将致使微粒相互吸引，从而碰撞凝聚。图 2.56 (b)中，当微粒中心连线平行于声场方向时，流体会绕过微粒运动，微粒之间的压力会变大，从而相互排斥，两微粒之间会有相互的影响，微粒之间的扰动方程为：

$$u_g = u_0\sin(\omega t) + v_{12} \tag{2.61}$$

式中， v_{12} 表示了微粒之间的扰动速度。流体力学的凝聚核函数表征了微粒之间的碰撞概率，凝聚核函数越大，碰撞概率越大，凝聚效果也就越好，凝聚核函数的基本方程为：

$$K(r_1, r_2) = \pi(r_1 + r_2)^2 u_{12} \tag{2.62}$$

式中， u_{12} 为微粒之间的相对速度。若要解出凝聚核函数，只需要解出该相对速度。根据奥森阻力公式，两微粒的受力方程为：

$$F = 3\pi\mu d(u_g - u_p)(1 + \frac{3}{8}Re) \tag{2.63}$$

$$Re = \frac{(u_g - u_p)d}{2v} \tag{2.64}$$

将式（2.63）两边同除以 $m_p = \rho_p \dfrac{\pi d_p^3}{6}$，变形得：

$$\frac{\mathrm{d}u_p}{\mathrm{d}t} = \frac{3\pi\mu d_p(u_g - u_p)\left(1 + \dfrac{3}{8}\dfrac{(u_g - u_p)d}{2v}\right)}{\rho_p \dfrac{\pi d_p^3}{6}} \tag{2.65}$$

$$= \frac{u_g - u_p}{\tau_p} + \frac{3d_p}{16v\tau_p}(u_g - u_p)^2$$

式（2.65）为非线性的常微分方程，通常无解，需要对条件进行一定的限制。

假设流体介质中两微粒粒径相同，$v_{12} = 0$，则可将式（2.61）简化为 $u_g = u_0\sin(\omega t)$。将 $u_g = u_0\sin(\omega t)$ 两边同乘 $(u_g - u_p)$，变形可得：

$$u_g - u_p = \frac{u_g - u_p}{u_g}u_0\sin(\omega t - \varphi_p) \tag{2.66}$$

可得两微粒与流质之间的相对速度为周期函数 $u_g - u_p$，大小范围为 $[0, u_0]$，为方便计算取 $u_g - u_p = \dfrac{8}{3\pi}$，代入式（2.66）解得：

$$u_g = q_p u_0\sin(\omega t - \varphi_p) \tag{2.67}$$

式中，q_p 为两微粒夹带系数，方程为：

$$q_p = \frac{\eta_p + h_p\eta_{gp}^2}{1 + h_p\eta_{gp}^2} \tag{2.68}$$

$$h_p = \frac{9\rho_g u_0}{\pi\rho_p\omega d} \tag{2.69}$$

可将式（2.61)用 h_p 简化为：

$$u_g - u_p = \lambda_p u_0\sin(\omega t - \varphi_p) \tag{2.70}$$

式中，λ_p 为滑移系数，$\lambda_p = \dfrac{\eta_{gp}}{1 + h_p\eta_{gp}^2}$。

在以上求解过程中，认为 v_{12} 为 0，即不考虑微粒间的流体力学作用。若考虑，则 $u_g = u_0\sin(\omega t) + v_{12}$，雷诺数 $Re > 1$ 时，可忽略非线性项，并使用一个微粒速度 v_{12}，同时假设 $v_{12} = u_0$，联合式（2.70）可得两微粒间的相对速度为：

$$u_{12} = \frac{3u_0}{8\pi d}[2d_{p1}l_1 + 2d_{p2}l_2 + \frac{u_0}{\pi v}(d_{p1}^2l_1^2 + d_{p2}^2l_2^2) - \frac{3v}{\pi^2 d^2}(d_{p1} + d_{p2})]$$

$$- \frac{9u_0}{64\pi d^2}(d_{p1}^2l_1^2 + d_{p2}^2l_2^2) + \frac{3u_0^2}{16d^2\omega}l_1l_2(l_1q_1 - l_2q_2)(d_{p1} - d_{p2}) \tag{2.71}$$

$$l_1 = \frac{\eta_{g1}}{1+h_1\eta_{g1}^2} \; ; \quad l_2 = \frac{\eta_{g2}}{1+h_2\eta_{g2}^2} \; ; \quad d = N^{-\frac{1}{3}} \qquad (2.72)$$

式中，d 为微粒间距；N 为空气中水雾微粒的总量。将式（2.66）代入式（2.67），得到水雾微粒在流体力学作用下的凝聚核函数为：

$$
\begin{aligned}
K_L(r_1 r_2) &= \pi(r_1 + r_2)^2 u_{12} \\
&= \pi(r_1 + r_2)^2 \left\{ \frac{3u_0}{8\pi d} \left[2d_{p1}l_1 + 2d_{p2}l_2 + \frac{u_0}{\pi v}(d_{pl}^2 l_1^2 + d_{p2}^2 l_2^2) \right] \right. \\
&\quad - \frac{3v}{\pi^2 d^2}(d_{p1} + d_{p2}) - \frac{9u_0}{64\pi d^2}(d_{pl}^2 l_1^2 + d_{p2}^2 l_2^2) \\
&\quad \left. + \frac{3u_0^2}{16d^2\omega} l_1 l_2 (l_1 q_1 - l_2 q_2)(d_{p1} - d_{p2}) \right\}
\end{aligned}
\qquad (2.73)
$$

由图 2.56 可以看出，水雾分子单一粒径微粒在驻波声场作用下会向同一位置汇聚，微粒之间的流体力学作用对微粒的凝聚具有很大的影响。在无声场条件下，微粒之间发生凝聚的概率很低。普通声场条件下存在声波同向凝聚理论，部分大小不同的微粒发生凝聚。驻波场条件下同时存在流体力学和同向凝聚理论，故微粒之间的凝聚效果最好。

2.6.3 流体作用的数值解析

根据微粒的凝聚核方程，使用计算软件对影响凝聚核函数的各个量进行绘制和分析。

（1）微粒粒径对流体力学作用的影响

在声强为150dB，$f = 20\text{kHz}$ 的超声场中，水雾粒径为 $d_1 = 2.5\mu\text{m}$ 大小的微粒与其他粒径微粒之间在流体力学作用下发生凝聚情况，如图 2.57 所示。

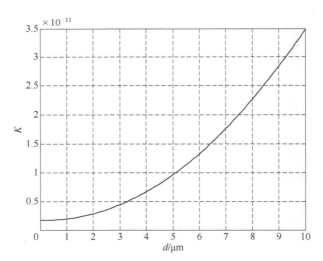

图 2.57 微粒粒径对凝聚作用的影响

可知，随着水雾微粒粒径的增大，由于微粒之间存在流体力学作用，所以微粒之间的碰撞概率迅速增长，当两种微粒粒径都为 2.5μm 时，碰撞概率大于零，这说明存在凝聚效果，与实际的实验经验相吻合。

（2）驻波场频率对流体力学作用的影响

使用计算软件绘制当两微粒粒径为 $d_1 = 2.5\mu m$，$d_2 = 2.5\mu m$ 时，在声压级为 150dB 时，频率的变化对凝聚核函数的影响，如图 2.58 所示。

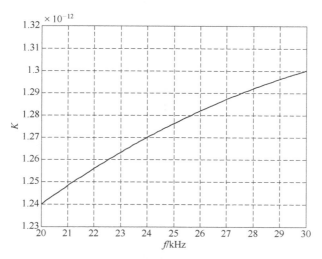

图 2.58　频率对凝聚作用的影响

可见随着超声波频率的增大，流体力学作用凝聚效果增强，但在 20～30kHz 频段总体变化范围很小。

（3）声压级对流体力学作用的影响

粒径为 $d_1 = 2.5\mu m$，$d_2 = 2.5\mu m$ 的两水雾微粒，在 $f = 20kHz$ 超声场中，改变声压级后微粒的碰撞概率变化如图 2.59 所示。

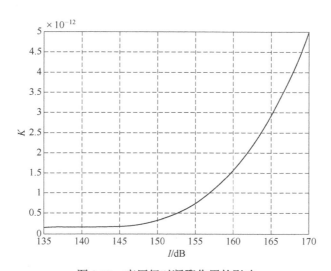

图 2.59　声压级对凝聚作用的影响

可以看出，随着声压级的增大，微粒碰撞频率增大，且增大速度加快，在 160～170dB，凝聚效果的变化程度最大。

（4）声场对流体力学作用的影响

粒径为 $d_1 = 2.5\mu m$ 的两相同微粒在 150dB，f=20kHz 声场中，压力变化时对碰撞概率的影响如图 2.60 所示。可见，随着压力的增大，微粒之间的碰撞概率降低，这说明低压更有利于微粒的凝聚。

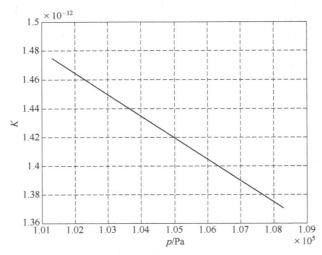

图 2.60　压力对凝聚作用的影响

（5）温度对流体力学作用的影响

粒径为 $d_1 = 2.5\mu m$ 的两相同微粒在 $I = 160dB$，$f = 20kHz$ 声场中，温度变化对碰撞概率的影响如图 2.61 所示。

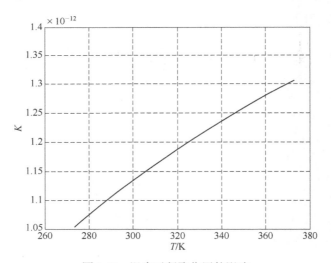

图 2.61　温度对凝聚作用的影响

可知，随着温度的升高，微粒的碰撞概率增大十分明显，这可能与微粒的布朗运动有关。结合图 2.61 可看出，高温对同相凝聚和流体力学作用凝聚均有促进作用，因此，可以得出高温更有利于微粒的凝聚。

本章参考文献

[1] 吴湾, 王雪, 朱延钰. 细颗粒物凝并技术机理的研究进展[J]. 过程工程学报, 2019, 44(6): 1057-106

[2] 郦建国, 吴泉明, 胡雄伟, 等. 促进PM2.5凝聚技术及研究进展[J]. 环境科学与技术, 2014, 37(6): 89-96.

[3] He C, Hu C Y, Lo S L. Evaluation of son o-electrocoagulation for the removal of reactive blue 19 passive film removed by ultrasound[J]. Separation and Purification Technology, 2016, 47(3): 107-113.

[4] 马宗云, 卢阶主, 庄辉. 电凝聚技术在稀土冶炼废水处理中的应用[J]. 有色冶金设计与研究, 2019, 10(5): 38-53.

[5] Chen H, Luo Z Y, Jiang J P, et al. Effect of simultaneous acoustic and electric fields on removal of fine particles emitted from coal combustion [J]. Powder Technology, 2015, 281(11): 12-19.

[6] Koizumi Y, Kawamura M, Tochikubo F, et al. Estimation of the agglomeration coefficient of bipolar-charged aerosol particles [J]. Journal of Electrostatics, 2000, 48: 93-101.

[7] Wang L Z, Zhang X R, Zhu K Q. An analytical expression for the agglomeration coefficient of bioplay charged particles by an external electric field with the effect of Coulomb force [J]. Journal of Aerosol Science, 2005, 36: 1050-1055.

[8] 张向荣, 王连泽, 朱克勤. 外电场对荷电颗粒静电凝聚的影响[J]. 清华大学学报, 2005, (8): 1107-1109.

[9] 向晓东, 陈旺生, 幸福堂, 等. 交变电场中电凝并收尘理论与实验研究 [J]. 环境科学学报, 2000, 20(2): 187-191.

[10] 冯晓宏. 光热凝聚技术在新风空气净化装置中的应用[J]. 技术与工程应用, 2006, 26(2): 15-18.

[11] Hoffmann T L. Environmental implications of acoustic aerosol agglomeration[J]. Ultrasonics, 2000, 38(1-8): 353-357.

[12] Ninomiya Y, Wang Q Y, Xu S Y, et al. Effect of additives on the reduction of PM2.5 emissions during pulverized coal combustion [J]. Energy & Fuels, 2009, 23(7): 3412-3417.

[13] 刘加勋, 高继慧, 高建民, 等. 基于快速聚沉理论的燃煤颗粒物化学团聚模型[J]. 煤炭学报, 2009, 34（10）: 1388-1393.

[14] 俞径舟. 水雾超声凝聚过程仿真与实验研究[D]. 北京: 北京交通大学, 2018.

[15] Temkin S, Leung C M. On the velocity of a rigid sphere in a sound wave[J]. Journal of Sound and Vibration, 1976, 49(1): 75-92.

[16] Song L M. Modeling of condensation agglomeration of fine aerosol particles[D]. Common wealth of Pennsyl vania: The Pennsylvania State University, 1990.

[17] Garabedian R S, Helble J J. A model for the viscous coalescence of amorphous particles[J]. Colloid and Interface Science, 2001, 9(25): 248-260.

[18] Okumura K, Hatanaka S, Kuwabara M. Theoretical analysis and experiment on ultrasonic separation of dispersed particles in liquid [J]. CAMP-ISIJ, 1999, 12(1): 124-128.

[19] 张光学, 张丽丽, 刘建忠. PM2s颗粒声波团聚控制技术[M]. 北京: 科学出版社, 2015.

[20] 张光学, 刘建忠, 周俊虎, 等. 燃煤飞灰低频下声波团聚的实验研究[J]. 化工学报, 2019, 60(4): 1001-1006.

[21] 张光学, 刘建忠, 周俊虎, 等. 频率对燃煤飞灰声波团聚影响的模型及实验验证[J]. 中国电机工程学报, 2009, 29(17): 97-102.

[22] 袁竹林, 李伟力, 魏星, 等. 细微微粒在行波和驻波声场中运动特性数值实验[J]. 东南大学学报(自然科学版), 2005, 35(1): 140-144.

[23] 凡凤仙, 白鹏博, 张斯宏, 等. 基于声凝并的PM2.5脱除技术研究进展: 声凝并预处理技术 [J]. 能源研究与信息, 2017, 33(3): 125-131.

[24] 徐鸿, 骆仲映, 王鹏, 等. 声波团聚对燃煤电厂可吸入颗粒物排放控制[J]. 浙江大学学报(工学版), 2007, 41(7): 1168-1171.

[25] 徐鸿. 燃煤锅炉排放小颗粒污染及声波团聚排放控制研究 [D]. 杭州: 浙江大学, 2006.

[26] Gallego J A, Riera E, Rodriguez G, et al. Application of condensation agglomeration to reduce fine Particle emissions from coal combustion Plants [J]. Environmental Science and Technology, 1999, 33: 3843-3849.

[27] Riera E, Elvira L, Gonzalez I. Investigation of the influence of humidity on the ultrasonic glomeration of submicron Particles in diesel exhausts[J]. Ultrasonics, 2003, 41: 277-281.

[28] CaPeran Ph, Somers J, Riehter K, et al. Condensation agglomeration of a glycol fog aerosol: Influence of Particle concentration and intensity of the sound field at two frequencies[J]. Journal of Aerosol Science, 1995, 26(4).

[29] Sahinoglu E, Uslu T. Increasing coal quality by oil agglomeration after ultrasonic treatment [J]. Fuel Processing Technology, 2013, 116: 332-338.

[30] Sahinoglu E, Uslu T. Usage of ultrasonic waves in oil agglomeration of coal for emulsification [J]. 23rd International Mining Congress and Exhibition of Turkey, 2013, 2: 1179-1185.

[31] Yucel U, Coupland J N. Ultrasonic attenuation measurements of the mixing, agglomeration, and sedimentation of sucrose crystals suspended in oil [J]. Journal of the American Oil Chemists' Society, 2011, 88(1): 33-38.

[32] Liu S Y, Huang H B, Yan W G. Experimental research on enhanced cyclone separation of condensation agglomerated Particles[J]. Journal of the American Oil Chemists' Society, 2000, 9(1): 61-65.

[33] 魏凤. 燃煤超细微粒凝聚模拟研究[J]. 工程热物理学报, 2005, 26: 515-518.

[34] 姚刚, 沈湘林. 基于分形的超细微粒声波凝聚数值模拟[J]. 东南大学学报(自然科学版), 2005(1): 145-148.

[35] 尹华改, 等. 声波除雾装置[P]. CN 201510355835.3, 2015-09-30.

[36] 肖长锦. 一种超声波油水分离装置[P]. CN 201210201274.8, 2012-10-03.

[37] 席葆树, 等. 一种低频声波消雾装置[P]. CN 201020671329.8, 2011-06-29.

[38] 冯晓宏. 一种颗粒凝聚处理装置及其处理方法[P]. CN 201310660638.3, 2016-09-07.

[39] 姚海涛, 等. 一种声波凝聚-常规除尘符合的脱除细颗粒物的装置[P]. CN 201410010340.2, 2014-04-23.

[40] 王耀俊, 魏荣爵. 气悬微粒效率与声场参数的关系[J]. 科学通报, 2015, 12: 901-903.

[41] 王耀俊. 气悬体声凝聚最佳声波频率的新的计算方法[J]. 声学技术, 2017, 12: 15-17.

[42] 姚刚. 煤炭可吸入颗粒物声波凝聚-微观动力学特性可视化和宏观效果试验研究及模拟[J]. 东南大学学报(自然科学版), 2005(1): 145-148.

[43] Song L M. An Improved theoretical model of condensation agglomeration [J]. Journal of Vibration and Condensations, 1994, 116(2): 142-145.

[44] 弗里德兰德 S K. 烟、尘和霾气溶胶性能基本原理[M]. 常乐丰, 译. 北京: 科学出版社, 1983, 44-95.

[45] 郭烈锦. 两相与多相流动力学[M]. 西安: 西安交通大学出版社, 2002, 504-508.

[46] 马大猷. 现代声学理论基础[M]. 北京: 科学出版社, 2004, 102-204.

[47] King V L, Macdonald F R S. On the acoustic radiation pressure on spheres [J]. Proc. R. Soc. London Ser, 1934, A147: 212-240.

[48] Yosioka K, Kawasima Y. Acoustic radiation pressure on a compressible sphere [J]. Acoustics, 1955, 5: 167-173.

[49] Doughterty G M. Ultrasonic microdevices for integrated on-chip biological sample processing [D]. California: University Of California, 2002.

[50] 朱锡佳, 欧阳华, 田杰. 渗透度对锯齿形尾缘喷嘴气动声学影响[J]. 噪声与振动控制, 2011.10, 1006-1355.

[51] 杜功焕, 朱哲民, 龚秀芬, 等. 声学基础[M]. 南京: 南京大学出版社, 2011, 15-50.

[52] 凡凤仙, 袁竹林, 赵兵, 等. 驻波声场中细微颗粒凝并的数值模拟[J]. 燃烧科学与技术, 2008.06, 14(3).

[53] 任俊, 沈健, 卢寿慈. 颗粒分散技术[M]. 北京: 化学工业出版化, 2005, 198-202.

[54] 周游, 孙莉云, 郑国强, 等. 乳状液超声凝聚破乳[J]. 化工学报, 2009, 60(8): 1997-2002.

[55] 康子渝. 空气净化神器———一种带减震效果的超声波凝聚多管旋风除尘器[J]. 科技风, 2018(2): 124-125.

[56] 骆灵喜, 林秋月, 王波. 低强度超声波处理微囊藻的生物效应研究[J]. 环境科学与技术, 2017(10): 14-18.

[57] 程梅. 多极驻波声场对微颗粒迁移影响的理论与实验研究[D]. 南京: 东南大学, 2016.

第**3**章

超声能场内的材料去除原理

材料去除过程是减材制造的常见形式，具体是将原材料（刀具）装夹于现代机床上，在预先给定工艺路径和程序轨迹的控制下，刀具与原材料间的切削运动可减少或去除多余材料，最终成形为图样要求零部件的一种传统的机械加工方式。材料去除随加工形式的不同而呈现出不同的形式，如传统机械加工去除材料是以刀具对工件的强制性几何干涉引起的材料塑性撕裂或脆性破碎为基本原理。工件的切削层在前刀面挤压下产生塑性变形，形成切屑而被切下。

特种加工中，主要基于材料热融化、电化学溶解或分子键断裂原理。电火花加工是使工具和工件之间不断产生脉冲性的火花放电，靠放电时局部瞬时产生的高温把金属蚀除下来。激光对材料的去除是激光对材料的破坏作用，当激光的功率密度足够高时，材料表面的温度就会迅速升高，导致材料出现许多复杂的物理现象，如加热、熔化、汽化、形成等离子体气体等。

考虑到超声振动、电/磁流变、激光、等离子体、电化学、固相化学反应等物理化学能场在特种加工中去除材料方面的有效性，近年来国内外许多科研人员将声、光、电、磁、化等物理化学能场引入机械加工，开展了一系列多能场辅助机械加工研究。

3.1 超声能场加工技术

3.1.1 超声加工的基本原理及设备

超声加工是指利用超声振动的工具，带动工件和工具间的磨料悬浮液，冲击和抛磨工件的被加工部位，使其局部材料被蚀除成粉末，以进行穿孔、切割和研磨等，以及利用超声波振动使工件相互结合的加工方法。

超声加工机床的基本组成包括超声波发生器、超声振动系统、支撑振动系统的机架及工作台、磨料悬浮液循环系统等，如图 3.1 所示。超声波发生器的作用是将高频交流电转化为超声振荡，以供工具往复振动和去除材料所消耗的能量。

振动系统由超声换能器、工具和超声变幅杆组成，是将机械振动通过变幅杆使工具头作高频振动，振动方向如图 3.1（b）中的箭头所示，以进行超声加工。换能器按转换原理分类，有磁致伸缩式和压电式两种。常用的变幅杆有阶梯形、圆锥形、指数形等，为了获得较大的振幅，而使其处于共振状态。工具的形状和尺寸由加工工件的形状和尺寸决定，工具和变幅杆可以做成一体，也可在变幅杆下方用螺纹连接将其固定。磨料可由人工进行添加和更新，也就是说在加工前将磨料工作液注入加工区，并在加工过程中适时补给。也可利用小型离心泵将磨料注入加工间隙内。

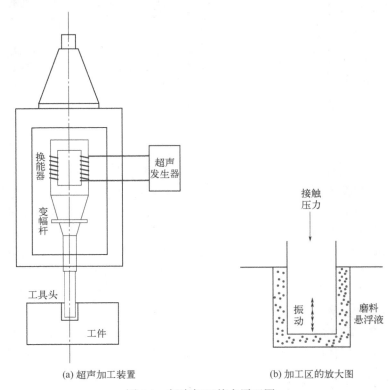

(a) 超声加工装置   (b) 加工区的放大图

图 3.1 超声加工基本原理图

超声换能器产生高频振动，并借助于变幅杆将振幅放大，驱动工具头端面作超声振动。当工具头作纵向振动时，带动磨料颗粒冲击加工表面。因为超声振动的加速度非常大，所以磨粒的加速度（或冲击力）也很大。在无数颗磨粒的连续冲击下，加工工件的表面材料破碎被去除。如果只用振动着的超声工具头直接纵向锤击工件表面，就只能损伤工件表面，实际上并没有去除材料。只有依靠切变应力才能去除材料，而磨粒在超声工具头的冲击下所产生的应力包含切向方向，该切向分量对加工过程中的材料去除有重要作用。超声加工主要是利用磨料的连续冲击作用，此外磨料悬浮液中的超声空化效应对加工也有一定的作用。

3.1.2 超声加工的用途

因超声加工是局部撞击作用，越是硬脆的材料受冲击的损伤越大，也越适用于超声加工，而脆性和硬度不大的韧性材料，由于表面的缓冲作用，不适用于超声加工。超声加工不仅可以加工金刚石、陶瓷、玻璃等非金属材料，也可加工硬质合金、不锈钢等金属材料。由于材料去除是依靠极小磨料的瞬时局部冲击，故工件表面的宏观切削力很小，切削热量小，不容易引发局部变形及损伤，更利于获得较高的表面质量。

超声能场与其他加工方法结合就形成了复合加工（辅助加工），在生产中得以广泛应用，具体范围见表 3.1。随着深入研究超声加工技术，它的应用范围也在不断扩大，在深小孔加工、拉丝模及型腔模具研磨抛光、超声复合加工领域均有较广泛的研究和应用，尤其是在难加工材料领域解决了很多关键性的技术问题，取得了良好的效果。

表 3.1　超声加工技术的应用

超声材料去除加工	超声切削加工	超声车削，超声钻削，超声插齿，超声滚齿，超声锯料
	超声磨削加工	超声修整砂轮，超声清洗砂轮，超声磨削，超声磨齿
	磨料冲击加工	超声打孔，超声切削，超声套料，超声雕刻
超声表面光整加工	超声抛光，超声珩磨，超声砂带抛光，超声压光，超声珩齿	
超声焊接和其他应用	超声焊接，超声电镀，超声清洗，超声处理	
	超声塑性加工	超声拉丝，超声冲裁，超声挤压，超声弯管，超声轧制
超声复合加工	超声电火花复合加工，超声电解复合加工	

3.2　超声能场加工技术的应用现状

3.2.1　硬脆材料的超声能场加工

当今科学技术飞速发展，许多硬脆材料如工程陶瓷、聚晶金刚石复合片、蓝宝石等广泛应用于机械制造行业、国防工业和宇航行业等。这些材料一般有以下优点：耐热性较好、耐腐蚀性良好、比强高、常温及高温下力学性能优秀。然而，因为它们的硬度大、强度高，加工时严重硬化，难以采用传统加工技术进行加工，不过超声加工技术可以大幅改善上述材料的加工性能。

郑建新等人采用超声磨削加工 Al_2O_3 陶瓷，表明减小磨削深度，降低进给速度，适度提高磨削速度，可以改善加工质量。利用复合进给方式，用形状简单的砂轮加工陶瓷材料，实现了超声磨削成形面的加工。此外，当超声振动和蠕动进给这两种运动的方向保持平行时，可以有效减小表面粗糙度。鉴于纳米陶瓷比传统的工程陶瓷拥有更加优良的力学性能和物理性能，Gao 等人对此开展了超声研磨加工，实验显示，与传统磨削加工纳米氧化锆相比，工件磨削深度增加了约 30%。部分学者对 Al_2O_3 陶瓷材料进行了超声精密加工研究，实现了材料的微量去除，当冲击力较低时，Al_2O_3 陶瓷晶粒错位、结构发生变化，而冲击力较高时在陶瓷内部会形成中央裂纹和陷坑。

为了提高加工效率、减小表面粗糙度，提出一种新型的椭圆超声辅助磨削技术。单晶硅的加工试验表明，超声磨削比传统加工的优势在于表面质量有所改善，磨削力降低，加工得到的单晶硅品质高，且加工效率明显提高。梁志强等人在车床的基础上加装了功率为 1000W 的超声装置，进行了花岗岩压辊的切削试验，该工件是由山东造纸机械厂供应的。实验得到切削效果最佳的工件参数组合为切削深度 0.2mm、进给量 0.08mm/r、刀具材料 YG8N。在多组分玻璃系统中，超声波在玻璃中的传播速度主要取决于其化学成分的组成和特点，所以 Arulmozhi 等人引进了人工神经网络模型，用于快速预测超声波的纵向和切向速度，以便更好更快地加工玻璃。随着超声加工技术越来越成熟，关于材料的结构和弹性特征的研究也越来越受到人们的关注。最近几年来蓝宝石的需求量越来越大，为了满足市场需求，解决因硬度高、脆性大而难加工的问题，提出了二维超声辅助磨削技术，用来加工蓝宝石，通过实验发现，磨削效果较好，减小了砂轮的磨削力，蓝宝石的表面质量也得以提高。

3.2.2 深小孔的超声加工

在机械制造业中，人们十分关注深小孔的加工，这是一个非常复杂的过程。通常将深度和直径的比（*l/d*）大于5的孔定义为深孔。一般情况下，加工深孔时容易变形，影响孔的质量及加工效率。特别是钻削难加工材料深孔时，采用超声技术能够解决以下问题：切削区不易流入切削液，且切削区易产生高温；容易损耗刀具，产生的积屑瘤不利于排出废屑，从而增大了切削力等。

20世纪中期，国内成功研制了加工深孔的超声振动机床。20世纪80年代，中科院声学研究所研发了加工深小孔的超声旋转加工的试制机，其超声功率为400W，超声频率为7～22kHz，所加工的孔的圆柱度可达0.03mm，圆度小于0.005mm。沈阳航空工业学院进行了深小孔精密加工实验，分别采用了超声镗孔、铰孔和钻孔三种技术。实验结果表明，系统刚性得以提高，切削力变小，切削温度降低，超声加工能够提高深小孔的加工质量。于思远等人采用超声振动磨削技术加工了工程陶瓷的小孔，该方法得到了较高的加工精度和表面质量，延长了砂轮的寿命，提高了加工效率。

随着机械制造行业越来越要求更加精密化、智能化和集成化，加工深小孔的要求也越来越高。以提高深小孔的加工质量为目的，王天琦等根据超声振动钻削原理研制了一套加工系统，超声波沿轴向振动，来实现小孔的钻削。该系统尤为适合加工钛合金或不锈钢等难加工材料，结构不是很复杂，方便操作，制造加工比较容易，尤其是可以实现微孔钻削的一般要求。王婕等针对加工复杂壳体零件的深小孔时出现的交叉毛刺问题，指出了超声复合方法的可实施性，该方法不受孔的尺寸限制，加工出的孔的一致性和持久性均较好，同时表面光整效果也有所提高，加工效率也得以改善。张云电等人使用超声钻削方法在微细玻璃中加工出了深细孔，研究证明，该方法能够提高工具的使用寿命，合理提高孔的精度和表面质量以及加工效率。

为了解决加工深径比大的长细孔时排屑困难、电极消耗较大的问题，张余升等在3.5mm厚的不锈钢板上利用超声电火花技术加工出了直径均值为120μm的通孔，其深径比甚至达到29。朱钰铧等人进行了超声电火花复合加工钛合金材料的实验，加工出的深小孔精度较好，表面质量较高，提高了电火花的稳定性，从而加快了加工速度，明显地改善了微小颗粒的沉积现象，有利于排出电蚀产物。

3.2.3 超声复合加工

将超声加工和其他加工工艺组合起来的加工模式，称为超声复合加工，也称超声辅助加工。超声复合加工是在切削加工中于工件和刀具之间附加超声振动，由此产生超声润滑效果，可大幅度降低刀具与工件间摩擦力，从而减小加工力和降低加工热，同时刀刃的超声振动又可加速切屑的疲劳破坏，提高了断屑效果。尤其是刀具的超声振动加速度最大可达重力加速度的数万倍，所产生的惯性力使切屑极难黏附于刀刃上，可避免积屑瘤的产生和刀具的黏着磨损。超声复合加工强化了原加工过程，使加工速度显著提高，工件的加工质量也得到了不同程度的改善，达到了低耗高效的目的。超声复合加工可以有很多加工形式，如超声电解抛光、超声研磨、超声电火花抛光、超声旋转加工、超声钻削、超声旋转套料、超声振动磨削等。

陈源丰等研究了超声电火花复合办法，加工对象为铝镁锌合金，在介质里添加了碳化钛颗粒物，通过测量其硬度及耐磨性可知，加工后工件的表面形成了一层合金层，使得这二者的数值提高，改善了其加工性能。韩国延世大学的学者于 2007 年指出，采用单绝缘电极进行超声电解加工可以提高实验加工的稳定性，促进生成电火花，进而增大加工深度。为了满足孔的精度要求，Legge 提出采用工件旋转与超声振动相结合的方法，使用含有固结金刚石的加工刀具，进行孔的加工，这就是最初的超声旋转加工。该方法解决了一般超声加工中出现在工件和刀具间自由的超硬磨粒液流动不顺畅的问题，另外，减少了磨粒对刀具和已加工的孔壁的磨蚀，同时明显提高了材料去除率以及加工精度。

众所周知，硬脆材料因其特殊的性能不易加工，特别是孔的加工，更容易在钻头脱离处出现崩边现象，针对该问题，哈尔滨工业大学发明了一个超声辅助旋转的套料加工装置，可以进行大直径孔的加工，并对其开展了加工性能的测试，试验表明超声加工能够解决钻孔时的崩边问题，保证了良好的加工结果，加工成本低，适用范围广。刘战锋等人总结了普通钻削直径较小的深孔时出现的不足，不易排屑，容易刮伤已加工孔的表面，使得孔的加工质量降低，而且切削液不便进入加工区域，致使刀具寿命降低，因此他们建议在摇臂钻床的基础上安装一套超声加工装置，这样可以有效改善切削状况，孔的加工精度和表面质量都有所提高。

为了提高加工质量，满足用车削代替磨削的加工工艺要求，华东交通大学使用椭圆超声振动车削技术替代磨削加工，分析了用于支持超声换能器的电路，设计了下端为扁窄形上端为圆柱杆的复合圆锥变幅杆，并利用有限元软件 ANSYS 对变幅杆进行了模态和谐响应分析，目的是提高换能器的输出效率，以及椭圆超声辅助振动车削的加工品质。河南理工大学进行了超声辅助振动下纳米复相陶瓷的蠕变特征研究，包含在较高温度时的拉伸实验与三点弯曲实验，观察加工后的断口形貌可以看到该方法能减小出现蠕变裂纹的概率，延长陶瓷的使用寿命，提高表面质量。Kumar 等人发现聚晶金刚石刀具尚未广泛应用于椭圆超声波辅助振动加工淬硬钢，因此将该想法实施在加工一硬化不锈钢（具有代表性的 STAVAX，硬度为 49HRC）上，研究了切削深度、进给速度和进给率对切削力、刀具后刀面磨耗、表面粗糙度、切屑的形成等输出特点的作用规律。结果说明，进给速度的影响最大，进给速度越小，表面粗糙度也越小，表面质量得以改善，在精密加工硬化钢模具时使用 PCD 刀具比单晶金刚石刀具可获得更好的加工表面。烧结碳化钨（WC）属于硬脆材料，广泛应用在工具制造业，Nath 等人利用超声波椭圆振动技术，对该硬质合金进行加工，分析 PCD 刀具的切削性能。由实验结果可得，当法向速度与切向速度的比值变小时，刀具后刀面磨耗和切削力也减少，而表面粗糙度降低。当该值小于 0.107 时，表面粗糙度 Ra 的平均值范围为 0.030～0.050μm。所以，该技术是一项有效的微切割技术，采用 PCD 刀具还可以实现超精密加工烧结 WC。

3.2.4 超声光整加工

零件的使用性能包括耐磨性、密封性、耐腐蚀性及配合性等，这些特点对零件的表面质量有极大的影响。随着高端装备制造的快速发展，对零件的表面质量也提出了越来越高的要求。目前，在改善零件表面质量的各种加工方法中，有些可以改善其几何特征，如提高粗糙度等级等；有些可以改善其物理力学性能，如提高表面硬度等。

超声抛光能够明显减小表面粗糙度（Ra 可至 0.1μm），很大程度上提高了加工效率，操作容易，设备简单，成本较低，能提高加工表面的耐磨性和抗腐蚀性，容易加工硬而脆的材料和抛光复杂型腔。近年来，学者们利用液体中的超声波驱动颗粒做材料去除，常见于振动辅助抛光技术（表 3.2）。可以看出，该工艺不仅适用于硬脆材料（蓝宝石、锗、砂岩、玻璃、SiC），还适用于金属材料（镍基合金、钛合金、镍铬合金）。从加工机理的分析可以得到，超声振动带动微颗粒实现材料去除的主要过程包括颗粒的冲蚀以及空化效应。关于空化部分的研究，中北大学祝锡晶等人深入分析了超声珩磨加工中空化微射流的微切削机理，分析了空化泡的动力学特性，确立了溃灭速度和微射流的相互关系，发现空化效应有助于珩磨缸套的切削。

表 3.2　超声驱动微磨粒实现抛光加工

作者及时间	方法	加工材料及工艺	微磨粒	结论及相关机理
Zhai, et al., 2021	纵向超声（平面）	蓝宝石基片抛光	磁流体 (Fe_3O_4/SiO_2)	优化颗粒直径可降低粗糙度，提高去除率；SiO_2 参与化学反应，Fe_3O_4 产生机械效应
杨林,2019	聚焦超声	单晶锗等	SiO_2 抛光液	空化溃灭利于材料去除
Peng, et al., 2021	纵向超声（平面）	砂岩抛光	SiO_2 颗粒	空化和颗粒冲蚀的耦合作用大幅提高材料去除率
Wang, et al., 2018	纵向超声（平面）	玻璃微加工	SiC 颗粒、Al_2O_3 颗粒	颗粒形状和材料对抛光性能存在较大影响
Qi, et al., 2021	超声射流打孔	光学玻璃微孔加工	Al_2O_3 颗粒	间歇式分离有助于流体渗透至加工界面
Zhang, et al., 2021; Yu, et al., 2019	超声主轴，超声喷嘴	光学玻璃抛光	金刚石颗粒	主轴带动磨具的纵向振动和超声喷嘴喷射的抛光液耦合作用，显著提升抛光性能
陈艺文，李华，许顺杰，等.2020	聚焦超声	碳化硅抛光	碳化硅磨料	磨粒形成高频冲击，改善工件表面形貌
Tan and Yeo , 2020	纵向超声（平面）	镍基合金 625 抛光	SiC 颗粒	颗粒和空化耦合作用，提高表面质量，降低表面硬化
Kumar, 2021	纵向超声（平面）	钛合金去毛刺	Al_2O_3 颗粒	振动微颗粒可用于毛刺去除
Yu, et al., 2019	纵向超声（平面）	镍铬合金 718 抛光	SiC 颗粒+抛光液	旋转抛光工具耦合作用下，颗粒呈空间曲线进给，间歇式冲击工件表面

超声压光技术是在传统压光工艺的基础上逐渐发展起来的一项新型工艺。和传统压光工艺比较，它具有诸多优点，如弹性压力小、摩擦力不大、表面粗糙度进一步下降，而且耐磨性增大等。济南某数控设备公司发明了一种纳米磨床，其原理是采用超声技术，将高频振动传递到金属表面，对金属表面实施挤压和光整，以使工件表面光整度实现镜面效果，Ra 值降低到 $0.1\mu m$ 以下，达到提高工件表面微观硬度、耐磨性、疲劳强度，延长疲劳寿命，减小表面粗糙度的目的。

超声研磨也属于表面光整技术，与普通研磨比较，其优点是有较小的研磨力、较低的研磨温度、高加工效率、较好的加工质量等。SiC 单晶片比其他半导体材料硬度高、脆性大，加工时易出现裂纹和不足，且加工效率不高，难以加工出低表面粗糙度、无晶格变异与薄变质层的理想表面。超声研磨可以尽量满足上述要求，实现 SiC 单晶片高效高精密加工，得到良好的表面质量。Mulik 等人针对 AISI52100 硬化钢使用超声辅助磁性研磨的办法进行加工，磨料为无黏结 SiC 磨粒。从结果可以看出，在同样的条件下，超声研磨比传统的磁性研磨加工具有更好的加工潜质，钢的表面粗糙度可以达到 22nm。诸如 Al_2O_3 工程陶瓷等硬脆材料一般塑性低，容易发生脆断，出现微裂纹，而且导电性差或者不导电，加工起来非常困难，通过多次实验研究表明超声振动研磨十分适用于加工硬脆材料，是一种高效率的加工方法。

无添加磨料的超声抛光技术是一种高效高精密的表面光整技术，也是一项新的表面强化工艺，它可减少零件的表面粗糙度，增强其表面硬度，提高表面的物理性质。将半径为 20mm 的 45 钢的圆柱形棒料作为加工工件，改变不同的工艺参数，分别进行超声无磨粒抛光与常规无磨粒抛光，分析各个工艺指标对表面质量的影响作用。对比实验结果可知，前者加工后的工件的表面粗糙度 Ra 从 5.2μm 变为 0.74μm，明显降低，而且棒料的表面硬度从开始的 190HB 增加到 232HB。

3.3 超声能场内磨粒对硬脆材料去除原理

3.3.1 超声加工硬脆材料去除机理

鉴于超声加工技术在加工应用方面的优点，许多学者对超声加工机理进行了研究，并取得了一定的成就。Shaw 认为超声加工材料去除方式中起主要作用的是磨料直接锤击工件表面，对工件表面进行冲击，从而去除材料。Soundararajan 认同 Shaw 的看法，进一步提出工件表面材料发生塑性变形，形成与磨粒尺寸相关的凹坑，继而产生断裂。

Lee 等人借助高速摄影发现在高频振动作用下磨粒对工件的材料去除过程与单个工具切削或磨削类似，微小磨粒反复锤击工件表面去除材料，同时，空化作用也有利于材料去除，并进行实验研究了各工艺参数对工件表面粗糙度和材料去除率的作用规律。

Markov 等人认为硬脆材料的断裂是微观裂纹和宏观裂纹扩展到一定程度形成的，相互交错的裂纹使得工件表面形成弱化层，在磨粒的反复锤击下较易发生断裂。

Kamoun 等人建立了静态下预测材料去除率的分析模型，提出在超声加工中，在工件表面下形成横向裂纹，其传播和汇合造成了材料的去除。

Pei 通过进行大量的实验提出了材料去除率的理论模型，该模型被许多论文引用，指出了一些加工参数和材料去除率的理论关系。

王超群等人认为超声加工是超声振动下的磨粒机械撞击、抛磨及超声空化综合作用的结果，其中磨粒的机械撞击是材料去除的主要因素，同时还进行了玻璃的超声加工实验，给出了各加工参数和材料去除率的关系。

基于上述分析，对于超声能场内的硬脆材料去除机理，普遍认为是超声空化域内磨粒冲击磨削和空化的耦合作用。

① 磨粒冲击磨削。磨粒冲击磨削常见于传统超声加工过程。在此过程中，工具作高频振动，悬浮液中的磨粒在变幅杆的驱动下高速间歇地冲击工件。磨粒高速切入工件内部，推挤工件原子，形成堆积，直至工件晶格被打破，形成塑性变形。随着磨粒的运动，工件原子被带出工件，形成凹坑。材料去除过程是挤压、撕扯以及重结晶等一系列效应共同作用的结果。

② 空化作用。空化对固体的作用分为两种情况：一种是固体尺寸远小于空化气泡直径时（如游离磨料），气泡以球形对称的方式崩溃，产生局部高压，并形成以气泡为中心向外传播的高压射流，从而加速游离磨料高速运动，直接冲击破坏工件表面。另一种情况是，当液体

中的固体尺寸远大于空化气泡直径，即形成刚性介面（如工件），空化作用主要在于气泡的闭合过程，高压射流会通过气泡中心，突破泡壁冲向工件表面，同时引起高温高压及微射流效应，这种高压射流同样也能造成工件表面突峰的脆性崩裂。此外，超声波频率高、波长短，传播具有较强的方向性，可以在缝隙或孔洞内部产生空化并去污，常用于表面形状较复杂，带有细孔、狭缝的工件清洗。

3.3.2 超声能场中磨粒受力

当超声能场作用于流体内，并通过流体对颗粒产生作用，颗粒在材料去除过程中受到声辐射力、空化压力，以及刮擦去除过程的材料阻力。

① 声辐射压力。基于惠更斯原理，当各阵元以同一频率信号激励时，它们所发出的声波是相干的，这些声波在空间干涉后形成某一特定的指向性或聚焦特性。图 3.2 为一个声波辐射面为凹面圆弧状的聚焦超声能场，将颗粒假设为线性微圆柱体，并处在圆周圆中心位置，设定其切线方向为 x 轴，法线方向为 y 轴。

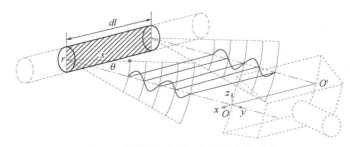

图 3.2　线性微元在超声能场内的受力

依据 Louis V. King 理论，声压的一般表达式为：

$$\mathrm{d}p = \rho_0 \dot{\phi} + \frac{1}{2}\frac{\rho_0}{c^2}\dot{\phi}^2 - \frac{1}{2}\rho_0 q^2 \tag{3.1}$$

式中，ϕ 为速度势；ρ_0 为介质密度；c 为超声在介质中的传播速度；q 为构件速度。则超声波源 OO' 对线微元产生的辐射力可以表示为：

$$p = p_{nr} + p_{sr} + p_{\phi} + p_{ns} \tag{3.2}$$

式中，p_{nr} 为法向辐射力；p_{sr} 为切向辐射力；p_{ϕ} 为声压的高阶小量引起的辐射力；p_{ns} 为切向和法向的相关量引起的辐射力。具体为：

$$
\begin{cases}
p_{nr} = -2r\mathrm{d}l\,\rho_0 \int_0^\pi \left(\dfrac{\partial \phi}{\partial s}\right)_{s=r}^2 \sin\theta\cos\theta\,\mathrm{d}\theta \\[2mm]
p_{sr} = k\rho_0 \int_0^\pi \left(\dfrac{\partial \phi}{\partial \theta}\right)_{s=r}^2 \sin\theta\cos\theta\,\mathrm{d}\theta \\[2mm]
p_{\phi} = -\dfrac{2r\mathrm{d}l\,\rho_0}{c^2} \int_0^\pi (\dot{\phi})_{s=r}^2 \sin\theta\cos\theta\,\mathrm{d}\theta \\[2mm]
p_{ns} = -2\pi r\,\rho_0 \int_0^\pi \left(\dfrac{\partial \phi}{\partial s}\right)_{s=r} \left(\dfrac{\partial \phi}{\partial \theta}\right)_{s=r} \sin\theta\cos\theta\,\mathrm{d}\theta
\end{cases}
\tag{3.3}
$$

式中，θ 为声场纵向剖面特征角；r 为线锯半径；$\mathrm{d}l$ 为线锯微元长度；s 为声场距线锯的距离。因颗粒的刚度比溶液大很多，其压缩性可以忽略，根据边界处速度连续，自然边界条件可表示为：

$$-\frac{\partial \phi}{\partial s} = \dot{s}\cos\theta\,(s=r) \tag{3.4}$$

② 空化压力。结合 Rayleigh 提出的空泡闭合微激波强度理论，颗粒在聚焦区域内受到空泡压力的影响，而空化泡动力学方程可以表示为：

$$R\left(\frac{\mathrm{d}^2 R}{\mathrm{d}t^2}\right) + \frac{3}{2}\left(\frac{\mathrm{d}R}{\mathrm{d}t}\right)^2 = \frac{1}{\rho}\left[\left(p_\infty + \frac{2\sigma}{R_0}\right)\left(\frac{R_0}{R}\right)^{3n} + p_v - \frac{2\sigma}{R} - p_\infty + p_a \sin(\omega t)\right] \tag{3.5}$$

式中，ω 为激励频率；p_v、p_a、p_∞ 分别表示泡内蒸汽压、振动激励引起的压力幅值、液体静压力；R_0 为气泡初始半径，$2\sigma/R_0$ 为气泡的表面张力。

振动的共振频率：

$$f_r = \frac{1}{2\pi R_0}\left[\frac{3r}{\rho}\left(P_\infty + \frac{2\sigma}{R_0}\right) - \frac{2\sigma}{\rho R_0}\right]^{1/2} \tag{3.6}$$

气泡在膨胀过程中出现的最大半径幅值随声压振幅增大而增大，如果增大到一定程度，则可能在接下来的压缩相内无法完成闭灭。气泡运动中的最大半径与声压幅值为

$$R_{\max} = \frac{4}{3\omega}(p_a - p_\infty)\left(\frac{2}{\rho p_a}\right)^{1/2}\left[1 + \frac{2}{3p_\infty}(p_a - p_\infty)\right]^{1/3} \tag{3.7}$$

平面行波场中，入射波速度势的离散形式为：

$$\phi_i = A\sum_{n=0}^{\infty}(2n+1)(-1)^n \psi_n(t,s)p_n\cos\theta \tag{3.8}$$

式中，A 为超声波幅值；ψ_n 为曲面贝塞尔函数；p_n 为勒让德函数。

③ 刮擦力。振动颗粒的刮擦过程及力学特性如图 3.3 所示。

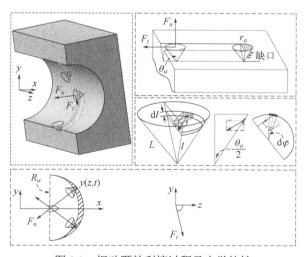

图 3.3 振动颗粒刮擦过程及力学特性

超声振动的速度限制可表示为:

$$\begin{cases} \dfrac{\partial x(z,t)}{\partial t} \geqslant f_x \\ \dfrac{\partial u(z,t)}{\partial t} \geqslant v \end{cases} \tag{3.9}$$

考虑切屑变形应力 σ_c、接触面压力 σ_w、摩擦力,磨粒的法向 F_n 和切向锯切力 F_t 可表示为:

$$\begin{cases} F_n = \displaystyle\int_0^L \int_0^\pi \sigma_c \dfrac{l}{L} r_a \sin\left(\dfrac{\theta_a}{2}\right) \mathrm{d}\varphi \mathrm{d}l + \sigma_w \dfrac{\pi r_a^2}{2} \\ F_t = \dfrac{\pi}{4\tan\left(\dfrac{\theta_a}{2}\right)} \displaystyle\int_0^L \int_0^{\pi/2} \sigma_c \dfrac{l}{L} r_a \sin\left(\dfrac{\theta_a}{2}\right) \mathrm{d}\varphi \mathrm{d}l + \mu\sigma_w \dfrac{\pi r_a^2}{2} \end{cases} \tag{3.10}$$

在振动作用下,磨粒存在有效切割范围,且轨迹呈螺旋线进给,其任意位置的切割角为:

$$\begin{cases} \theta(x, F_n) = \dfrac{\pi}{2} + |\arcsin(y/R_w)| \\ \theta(z, F_t) = \arctan\left(\dfrac{y_n(z,t) - y_{n-1}(z,t)}{y_n - y_{n-1}} \bigg/ \dfrac{u_n(z,t) - u_{n-1}(z,t)}{z_n - z_{n-1}}\right) \end{cases} \tag{3.11}$$

为此,切割力在坐标系的分量可由坐标变换得到:

$$\begin{bmatrix} F_{nx} \\ F_{ny} \\ F_{nz} \end{bmatrix} = \begin{bmatrix} \cos(\theta(x, F_n)) & 0 \\ \sin(\theta(x, F_n)) & \sin(\theta(z, F_t)) \\ 0 & \cos(\theta(z, F_t)) \end{bmatrix} \begin{bmatrix} F_n \\ F_t \end{bmatrix} \tag{3.12}$$

3.3.3 超声加工中工件的受力

磨粒主要依靠工具头在超声作用下的冲击去除材料,因此分析工件内部产生的应力也有一定意义。在超声加工过程中,将静载荷施加在工具头(工件)上,主要依靠磨粒在超声高频振动下不断锤击撞击工件表面,如图 3.4 所示。磨粒数量多,连续不断冲击工件,使表面材料被去除。

做如下假设:①工作液中的微细磨粒对表面的作用是直接的,即某一磨粒直接作用于表面,与其他磨粒没有能量交换。②工作液的介质是均匀的。③磨粒垂直作用在工件表面上。单颗磨粒对工件表面的冲击作用可看作弹性球对被加工表面的冲击,如图 3.5 所示。

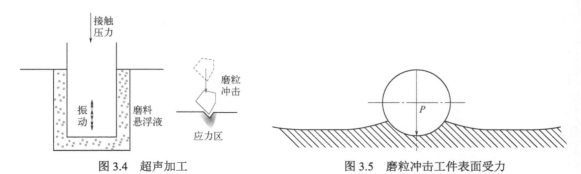

图 3.4 超声加工　　　　　　　　　　图 3.5 磨粒冲击工件表面受力

当弹性球撞击工件表面时，工件受力为 P，磨粒与工件的接触面积远远小于整个工件的大小。在该区域内所产生的应力既不依靠物体远离接触区的形状，也不依靠支持物体的确定方式。这就是把工件当作以平面为边界的半无限弹性体，也就是半无限平面问题。现以垂直作用于工件表面上的力的作用点为原点，A 为工件上任意一点，建立坐标系，如图 3.6 所示。

现有半无限弹性体，在原点处作用一个沿 x 轴方向的集中力，这就是著名的布西内斯克（Boussinesq）问题，该问题的边界条件是 $\sigma_z = 0$。根据 Boussinesq 解可得 A 点的应力分量为：

$$\sigma_x = -\frac{2p}{\pi} \times \frac{x^3}{(x^2 + y^2)^2}, \quad \sigma_y = -\frac{2p}{\pi} \times \frac{xy^2}{(x^2 + y^2)^2} \qquad (3.13)$$

由上式可得距离边界为 a 的应力（图 3.7）为：

$$\sigma_x = \frac{2p}{\pi} \frac{a^3}{(a^2 + y^2)^2}, \quad \sigma_y = \frac{2p}{\pi} \frac{ay^2}{(a^2 + y^2)^2} \qquad (3.14)$$

由图 3.7 可以看出应力的大小随着 A 点位置的改变发生复杂的变化，并不是简单地变大或变小。

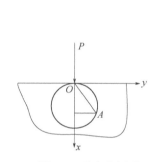

图 3.6 受力坐标系

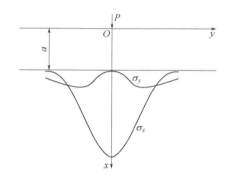

图 3.7 应力曲线

3.3.4 超声加工材料去除率

由前文可知材料去除主要依靠磨料对工件表面的冲击作用，为方便建立材料去除率的理论模型，现假设：①金刚石磨粒是直径相同的刚性球且均匀分布在加工区域里；②所有磨粒在整个振动周期里都参与加工且处于同一水平高度；③材料是由于 Hertz 断裂而去除的。

超声加工聚晶金刚石的过程中磨粒随工具做超声振动，设超声振动的振幅为 $A(\mathrm{mm})$，频率为 $f(\mathrm{Hz})$，则正弦曲线方程为 $y = A\sin(2\pi ft)$。在每个振动周期内，磨粒冲击工件的最大冲击深度 h 可由 Hertz 等式得出：

$$h = [9F^2(1-\upsilon^2)^2 / (16n^2rE^2)]^{1/3} \qquad (3.15)$$

式中，F 为工具和工件间静压力，单位为 N；υ 和 E 为工件材料泊松比和弹性模量；n 为磨粒数目；r 为磨粒半径，单位为 mm。由式（3.15)可得到其最大冲击深度。

设在一个振动周期内，磨粒从 a 时刻开始与工件表面接触，在 b 时刻达到最大加工深度 h，到 c 时刻与工件分离，不再接触，其接触时间为 Δt，如图 3.8 所示。

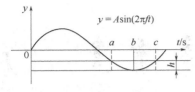

图 3.8 磨粒运动位移

可知 a 时刻位移为 $A-h$，其对应的时间 t_1 为：

$$t_1 = \frac{1}{2\pi f}\arcsin(1-h/A) \qquad (3.16)$$

同理得 b 时刻对应的时间 t_2 为：

$$t_2 = 1/(4f) \qquad (3.17)$$

因此由对称性可得接触时间 Δt 为：

$$\Delta t = 2(t_2 - t_1) = [\pi/2 - \arcsin(1-h/A)]/\pi f \qquad (3.18)$$

当球形磨粒与工件接触时，其瞬间位置关系如图 3.9，磨粒随工具头振动，同时工件也在做旋转运动。由于在一个周期内时间很短，磨粒在工件表面的弧线划痕可近似看作一条直线。在一个周期内磨粒去除的材料体积类似一个椭球缺，如图 3.10 所示，点 M 为磨粒的球心位置，点 A 为最大冲击深度位置，点 P 为磨粒切入位置，点 B 为切除位置。

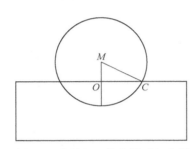

图 3.9　磨粒与工件接触瞬间位置

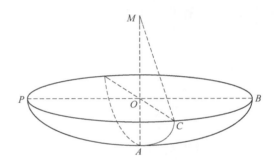

图 3.10　材料去除体积模型

由上图几何位置关系知：

$$MA = r, \quad OA = h, \quad OC = [r^2 - (r-h)^2]^{1/2} = (2hr - h^2)^{1/2} \qquad (3.19)$$

而弧长：

$$l = \frac{\pi\omega d}{60}\Delta t \qquad (3.20)$$

式中，ω 为工件转速，r/min；d 为工具直径，mm。

根据椭球缺体积公式，可得一个周期内单个磨粒的材料去除体积：

$$V = \pi[\pi\omega d(\Delta t) + 120r](r - h/3)h^2/(120r) \qquad (3.21)$$

因此理论材料去除率为：

$$MRR = nfV = nf\pi[\pi\omega d(\Delta t) + 120r](r - h/3)h^2/(120r) \qquad (3.22)$$

由上式可知超声加工材料去除体积 MRR 与磨料浓度（与磨粒数目 n 有关）、磨粒大小 r、工件转速 ω、超声频率 f 和超声振幅 A 等因素有关。且磨粒粒度愈大，材料去除率愈大；磨料浓度愈大，材料去除率愈大；工件转速愈大，材料去除率愈大。

3.4 超声能场加工硬脆材料的表面完整性

表面完整性是加工工件表面几何和物理特征的总称，其衡量的指标通常分为两个部分：一个是与工件表面几何特征有关的部分，主要包括工件表面波纹度和表面粗糙度等；另一个是与工件亚表面相关的部分，主要包括微结构变化、硬度变化、残余应力和原子相变损伤等。材料加工完成后，通常会通过表面完整性的好坏去评判工件性能的优劣。研究发现，寻求加工工艺与表面完整性之间更好的映射关系，能进一步改善工件表面质量，进而提高器件的实际应用性能和寿命。

硬脆材料在磨削过程中，容易产生变质层、表面/亚表面裂纹、残余应力等多种类型损伤。因表面完整性严重影响零件特性，所以其一直是脆性材料加工的热点问题。超声振动的引入导致刀具与工件之间的接触状态及材料去除过程发生了改变，为更好地揭示相关机理，学者们从微观角度开展了研究（图3.11）。

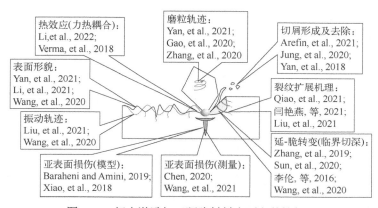

图 3.11　超声激励加工硬脆材料表面完整性机理

3.4.1　工件表面形貌

超声加工过程中刀具周期性接触工件，已加工表面的微观形貌主要取决于实际切削深度，而影响切削深度的主要因素是磨粒的运动轨迹。国内外学者对不同超声类型下磨粒的轨迹做了分析，证实一维轴向超声作用下磨粒的运动轨迹为工具圆周叠加轴向正弦曲线，且随进给参数变化存在交叠。二维超声振动下磨粒的轨迹为螺旋式，磨粒与工件呈断续切削状态，有利于磨粒切削刃保持锋利，轨迹干涉进一步加强。作者探讨了三维超声振动，发现磨粒的运动轨迹为椭圆螺旋线，轨迹的交叠程度更高。

在此基础上，学者们综合磨粒运动轨迹、刀具参数、工件材料特性等，建立了表面形貌仿真和粗糙度预测模型。Wang 等人基于表面形貌预测模型发现超声振动幅值越大，越利于更多磨粒参与切削过程，而且轴向振动促进轨迹叠加，横向振动促使轨迹不连续。Li 等人开展了连续和断续划痕实验，其结果表明，高频振动更有利于提高断续切削的"延-脆"转变（临界切削）深度，而对连续切削，则更利于磨粒轨迹的覆叠。作者等人研究了线锯切割碳碳复合材料的表面形成过程，发现减小刀尖半径（提高锋利程度），有利于形成连续塑性切削，超声振动可显著降低毛刺高度、脆性破坏和表面粗糙度。

3.4.2 材料去除及"延-脆"转变机制

磨粒在硬脆材料表面由浅至深做变切深切削时，会依次经历滑擦、耕犁、延性去除和脆性去除四个阶段。滑擦阶段，材料表层发生可恢复的弹性变形和不可逆相变；耕犁阶段，相变范围随挤压摩擦作用增大而逐渐增大，并在磨粒前侧形成位错衍生的停滞区；延性去除阶段，相变区域与磨粒前侧停滞区位错堆积愈加严重；脆性去除阶段，磨粒前侧位错区域的应力集中导致微裂纹产生，从而发生微破裂、剥落和晶界微破碎等脆性去除。由此可见，如果切削深度小于临界切削深度，可以实现脆性材料的延性切削（塑性加工）以获得高质量表面。

然而，使切削深度稳定控制在很小的值（通常为纳米级），对一般精密加工机床难度较大。不过，国内外学者们证实超声波振动可以有效增加临界切削深度。Zhang 等人发现椭圆超声辅助加工可使临界切削深度提高 10 倍以上。Sun 等人研究了轴向超声辅助切削低膨胀玻璃的材料去除机理，结果表明 Zerodur 材料和 ULE 材料的临界深度可以提高 30nm 和 40nm 以上。我国李伦等学者证实，超声振动切割 SiC 的动态临界切削深度是普通切割时临界切削深度的 2 倍。更进一步，Wang 等人发现随振动幅值的增加，延性加工区域随之增加。基于这种特性，Liu 等人建立了临界切削深度模型，利用自由扭转椭圆超声振动方法，将切削控制在延性域内，在单晶氟化镁表面加工了微光学结构阵列。Wang 等人利用二维超声在单晶硅材料表面加工了 700nm 深的微凹槽，从而验证了脆性材料的延性加工过程。

可以发现，振动对临界切削深度的影响有三方面：一是切削深度呈周期性变化，工件和刀具的分离意味着切削深度变为零，这一过程便包含了延性切割过程。此外，磨粒轨迹的覆叠程度增加，可使实际切削深度控制到很低的水平。二是振动磨粒对工件的作用实际为断续地高速冲击，断续模式降低了切削力，较高的相对速度增大了剪切角，同时冲击影响材料的断裂韧性，最终使得临界切削深度增加。三是超声波在介质中传播时引起质点振动，由于传播介质存在内摩擦，部分声波能量会被介质吸收转变为热能从而使介质的温度升高，进而产生一定的软化作用（力热耦合）。

3.4.3 微裂纹扩展及表面（亚表面）损伤

当磨粒与硬脆材料接触时，首先发生弹性变形，随后发生非弹性流动，生成微型内凹的塑性变形区域。随着载荷增大，硬脆材料表面产生的压痕尺寸进一步扩大，塑性隆起现象也越加明显，但并没有裂纹产生。如图 3.12 所示，当外加载荷继续增大至临界值时，压痕正下方的材料开始失效而形成竖直向下扩展的中位（径向）裂纹和水平扩展的横向裂纹，

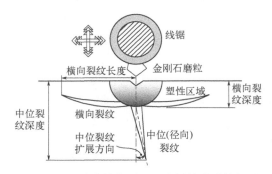

图 3.12 振动磨粒作用下硬脆材料裂纹的扩展

且裂纹会随着压力增大而持续扩展。中位裂纹向材料内部扩展通常被认为是亚表面损伤的主要原因，而横向裂纹向工件的自由表面扩展，最终导致材料的破碎、剥落等脆性断裂去除。

裂纹扩展主要受到磨粒与工件间的接触应力场作用。其中，中位裂纹受法向力 F_n 引起的应力场影响，看作半无限大自由表面，拟参考弹性力学中 Boussinesq 解：

$$
\begin{cases}
\sigma_x{}^n = \dfrac{F_n}{2\pi}\left[\dfrac{1-2\upsilon}{x^2+y^2}\left\{\left(1-\dfrac{c}{\rho_s}\right)\dfrac{x^2-y^2}{x^2+y^2}+\dfrac{cy^2}{\rho_s{}^3}\right\}-\dfrac{3cx^2}{\rho_s{}^5}\right] \\[2mm]
\sigma_y{}^n = \dfrac{F_n}{2\pi}\left[\dfrac{1-2\upsilon}{x^2+y^2}\left\{\left(1-\dfrac{c}{\rho_s}\right)\dfrac{y^2-x^2}{x^2+y^2}+\dfrac{cx^2}{\rho_s{}^3}\right\}-\dfrac{3cy^2}{\rho_s{}^5}\right] \\[2mm]
\sigma_z{}^n = -\dfrac{3F_nc^3}{2\pi\rho_s{}^5} \\[2mm]
\sigma_{xy}{}^n = \dfrac{F_n}{2\pi}\left[\dfrac{1-2\upsilon}{x^2+y^2}\left\{\left(1-\dfrac{c}{\rho_s}\right)\dfrac{xy}{x^2+y^2}+\dfrac{cxy}{\rho_s{}^3}\right\}-\dfrac{3cxy}{\rho_s{}^5}\right] \\[2mm]
\sigma_{yz}{}^n = \dfrac{3F_nyc^2}{2\pi\rho_s{}^5} \\[2mm]
\sigma_{zx}{}^n = \dfrac{3F_nxc^2}{2\pi\rho_s{}^5}
\end{cases}
\tag{3.23}
$$

式中，υ 为泊松比；$\rho_s = \sqrt{x^2+y^2+z^2}$ 。

横向裂纹受切向力 F_t 引起的应力场影响，看作半无限大自由表面，拟参考弹性力学中 Cerruti 解：

$$
\begin{cases}
\sigma_x{}^t = -\dfrac{F_t}{2\pi}\left[\dfrac{3x^3}{\rho_s{}^5}-(1-2\upsilon)\left\{\dfrac{x}{\rho_s{}^3}-\dfrac{3x}{\rho_s(\rho_s+c)^2}+\dfrac{x^3}{\rho_s{}^3(\rho_s+c)^2}+\dfrac{2x^3}{\rho_s{}^2(\rho_s+c)^3}\right\}\right] \\[2mm]
\sigma_y{}^t = -\dfrac{F_t}{2\pi}\left[\dfrac{3xy^2}{\rho_s{}^5}-(1-2\upsilon)\left\{\dfrac{x}{\rho_s{}^3}-\dfrac{x}{\rho_s(\rho_s+c)^2}+\dfrac{xy^2}{\rho_s{}^3(\rho_s+c)^2}+\dfrac{2xy^2}{\rho_s{}^2(\rho_s+c)^3}\right\}\right] \\[2mm]
\sigma_z{}^t = -\dfrac{3F_txc^3}{2\pi\rho_s{}^5} \\[2mm]
\sigma_{xy}{}^t = -\dfrac{F_t}{2\pi}\left[\dfrac{3x^2y}{\rho_s{}^5}+(1-2\upsilon)\left\{\dfrac{y}{\rho_s(\rho_s+c)^2}-\dfrac{x^2y}{\rho_s{}^3(\rho_s+c)^2}-\dfrac{2x^2y}{\rho_s{}^2(\rho_s+c)^3}\right\}\right] \\[2mm]
\sigma_{yz}{}^t = -\dfrac{3F_txyc}{2\pi\rho_s{}^5} \\[2mm]
\sigma_{zx}{}^n = -\dfrac{3F_Nx^2c}{2\pi\rho_s{}^5}
\end{cases}
\tag{3.24}
$$

残余应力主要由塑性变形区（相当于半球膨胀）引起，其强度可表示为：

$$
B = F_nf_s\dfrac{E}{H}\times\dfrac{3\lambda^2}{4\pi^2(1-2\upsilon)(1+\upsilon)}\cot\left(\dfrac{\theta_a}{2}\right)
\tag{3.25}
$$

式中，f_s 为压实系数；λ 为无量纲常数；E 为弹性模量；H 为硬度。

基于式（3.23）~式（3.25），可得总应力场，即为法向力和切向力引起的弹性应力场和塑性变形区引起的残余应力场的叠加。

学者们发现超声振动会影响硬脆材料的表面/亚表面裂纹扩展，主要原因是磨粒运动长度增加，同时材料承受较大的冲击载荷，引起应变率的变化，而横向裂纹与中位裂纹的扩展均与材料应变率及切削深度有关。对于这一问题，Chen 等人分析了抛磨 SiC 材料时的表面特性，证实虽然超声振动的冲击作用使表面产生较大压强，影响中位裂纹，但抑制了水平裂纹的扩展，进而降低了表面粗糙度值。Wang 等人的研究表明，在线锯切割单晶硅时，相比传统方法，超声振动环境可降低亚表面损伤 18.95%。也有学者建立了预测模型，如 Xiao 等人基于微压痕力学和磨削运动学，建立了理论模型，定量研究了超声对磨削表面粗糙度和亚表面损伤的影响。Baraheni 和 Amin 建立了亚表面损伤深度理论模型，并通过磨削氮化硅（Si_3N_4）陶瓷试验验证了模型的可靠性，结果表明，与普通磨削相比，超声振动辅助工艺使亚表面损伤深度降低 30% 以上。

超声振动环境下，刀具不仅以切削速度进行切削运动，同时还附加以振动进行的切削加工。当刀具速度大于切削速度时，刀具与切屑和工件之间发生分离。在每一个切削周期刚开始后，振动的速度小于切屑流出速度，前刀面与切屑之间的摩擦力方向和切屑流出方向相反，阻碍切屑流出；此后，刀具速度逐渐增大，当速度大于切屑流出速度时，前刀面与切屑之间的摩擦力方向发生反转，这时摩擦力方向与切屑流出方向相同，促进切屑流出。作者研究发现，正是这种"正-逆交替"的脉冲式动态切削作用，切屑更容易碎化，而对于刀具表面黏附的切屑，受动态冲击、排斥、甩动、弹射的影响，更利于分离去除。Jung 等人证实了切屑的断裂周期与振动频率和振幅存在线性关系，同时超声振动改善了传统加工中切屑断裂随机性造成的力学冲击。

本章参考文献

[1] 白基成，刘晋春，郭永丰，等. 特种加工[M]. 北京. 机械工业出版社, 2017.

[2] 曹凤国,张勤俭. 超声加工技术[M]. 北京. 化学工业出版社, 2005.

[3] Tso P L, Liu Y G. Study on PCD machining[J]. International Journal of Machine Tools & Manufacture, 2002, 42: 331-334.

[4] 丁涛. 聚晶金刚石加工技术[J]. 机械设计与制造工程, 2000, 29(01): 3-4.

[5] Pei J Y, Guo C N, Hu D J. Electrical discharge grinding of polycrystalline diamond[J]. Materials Science Forum, 2004, 471-472: 457-461.

[6] Rhoney B K, Shih A J, Scattergood R O. Wire electrical discharge machining of metal bond diamond wheels for ceramic grinding[J]. International Journal of Machine Tools & Manufacture, 2002, 42: 1355-1362.

[7] 张高峰,邓朝晖. 聚晶金刚石复合片的电火花线切割机理与形貌[J]. 中国机械工程, 2007, 18(06): 671-675.

[8] 王志刚,高长水. 硬质合金和聚晶金刚石电火花加工用微能脉冲电源的研究[J]. 电加工与模具, 2009, 03: 40-43.

[9] Yun H J, Jian G L, Xue J L. Study on EDM machining technics of polycrystalline diamond cutting tool and PCD cutting tool's life[J]. Advanced Materials Research, 2011, 268-270: 309-315.

[10] Wang D, Zhao W S, Gu L. A study on micro-hole machining of polycrystalline diamond by micro-electrical discharge machining[J]. Journal of Materials Processing Technology, 2011, 211(01): 3-11.

[11] 张勤俭,曹凤国,刘媛. 聚晶金刚石加工技术进展[J]. 金刚石与磨料磨具工程, 2006, 04: 76-80.

[12] 邓朝晖,安磊,胡中伟. 聚晶金刚石复合片磨削试验研究[J]. 金刚石与磨料磨具工程, 2007, 06: 31-37.

[13] Zhang J H, Wu C L, Zhang Q H. Discontinuous grinding of polycrystalline diamond with slotted diamond wheels[J]. Key Engineering Materials, 2004, 258-259.

[14] 王克锡. 电火花线电极磨削(WEDG)法加工复杂形状聚晶金刚石工具[J]. 金属加工（冷加工）, 2010, 12: 55.

[15] 周曙光,关佳亮,郭东明. ELID 镜面磨削技术综述[J]. 制造技术与机床, 2001, 02: 38-40.

[16] 周曙光,关佳亮,徐中耀. 聚晶金刚石的精密镜面磨削[J]. 精密制造与自动化, 2001, 02: 23-25.

[17] 宋坚,吴敏镜. 金刚石刀具的研磨与切削实验[J]. 现代制造工程, 2002, 3: 31-32.

[18] Sowers J, Fang A. Studies on the lapping of polycrystalline diamond compact(PDC)[J]. Advanced Materials Research, 2011, 325: 495-501.

[19] Harrison P M, Henry M, Brownell M. Laser processing of polycrystalline diamond, tungsten carbide, and a related composite material[J]. Journal of Laser Applications, 2006, 18(02): 117-126.

[20] Zhai L B, Chen J M, Jiang M H. An investigation of cutting polycrystalline diamond using 355nm UV pulse laser[J]. 3rd Pacific International Conference on Applications of Lasers and Optics, 2008: 899-904.

[21] Odake S, Ohfuji H, Okuchi T. Pulsed laser processing of nano-polycrystalline diamond: A comparative study with single crystal diamond[J]. Diamond and Related Materials, 2009,18(05-08): 877-880.

[22] Okuchi T, Ohfuji H, Odake S. Micromachining and surface processing of the super-hard nano-polycrystalline diamond by three types of pulsed lasers[J]. Applied Physics A: Materials Science and Processing, 2009, 96(04): 833-842.

[23] Chen Y, Zhang L C. Polishing of polycrystalline diamond by the technique of dynamic friction, part 4: Establishing the polishing map[J]. International Journal of Machine Tools and Manufacture, 2009, 49(3-4): 309-314.

[24] Ramesh K, Ozbayraktar S, Saridikmen H. Aero-lap polishing of polycrystalline diamond inserts using Multicon media[J]. Journal of Manufacturing Processes, In Press, Corrected Proof, 2012: 201-205.

[25] 李远,王娜君,张德远. 聚晶金刚石的超声振动研磨机理研究[J]. 工具技术, 2001, 35(12): 12-14.

[26] Li Z, Jiao Y, Deines T W, et al. Experimental study on rotary ultrasonic machining of poly-crystalline diamond compact[J]. IIE Annual Conference and Exhibition 2004, 2004: 769-774.

[27] Mangeney C, Qin Z R, Dahoumane S A. Electroless ultrasonic functionalization of diamond nanoparticles using aryl diazonium salts[J]. Diamond and Related Materials, 2008, 11(17): 1881-1887.

[28] 王丹.硬脆非金属材料微结构微细加工关键技术研究[D]. 上海: 上海交通大学, 2010.

[29] 缪东辉.超硬材料的超声电火花复合加工的试验研究[D]. 南京: 南京航空航天大学, 2010.

[30] 张勤俭,李建勇,蔡永林.聚晶金刚石电火花超声机械复合加工技术研究[J]. 金刚石与磨料磨具工程, 2012, 32(01): 8-11.

[31] Zheng J X, Xu J W. Experimental research on the ground surface quality of creep feed ultrasonic grinding ceramics(Al_2O_3)[J]. Chinese Journal of Aeronautics, 2006, 19(4): 359-365.

[32] Gao G F, Zhao B, Xiang D H. Research on the surface characteristics in ultrasonic grinding nano-zirconia ceramics[J]. Materials Processing Technology, 2009, 209: 32-37.

[33] 梁晶晶,刘永姜,吴雁. 超声加工技术及其在陶瓷加工中的应用[J]. 机械管理开发, 2008, 23(01): 63-64.

[34] Liang Z Q, Wu Y B, Wang X B. A new two-dimensional ultrasonic assisted grinding(2D-UAG) method and its fundamental performance in monocrystal silicon machining[J]. Machine Tools & Manufacture, 2010, 50: 728-736.

[35] Arulmozhi K T, Sheelarani R. Prediction of ultrasonic velocities in ternary oxide glasses using microstructural properties of the constituents as predictor variables; Artificial Neural Network(ANN)approach[J]. Scientia Iranica, 2012, 01(19): 127-131.

[36] Liang Z Q, Wang X B, Wu Y B. An investigation on wear mechanism of resin-bonded diamond wheel in Elliptical Ultrasonic Assisted Grinding(EUAG)of monocrystal sapphire[J]. Materials Processing Technology, 2012, 212: 868-876.

[37] 曹凤国,张勤俭. 超声加工技术的研究现状及其发展趋势[J]. 电加工与模具, 2005, S1: 25-31.

[38] 李春红,李风,张永俊. 超声加工技术的发展及其应用[J]. 电加工与模具, 2008, 05: 7-12.

[39] 刘殿通,于思远,陈锡让. 工程陶瓷小孔的超声磨削加工[J]. 电加工与模具, 2000, 05: 22-25.

[40] 王天琦,刘战锋. 超声轴向振动钻削加工系统设计[J]. 机械设计与制造, 2009, 05: 173-175.

[41] 王婕,郭炜,高瑞杰. 深小孔超声复合去毛刺技术研究[J]. 航空科学技术, 2010, 04: 44-46.

[42] 张云电,陈强,陈炎. 微细玻璃细深孔超声加工工具有限元分析[J]. 机电工程, 2008, 25(12): 92-95.

[43] 张余升,荆怀靖,李敏明. 大深径比微细孔超声辅助电火花加工技术研究[J]. 电加工与模具, 2011, 06: 63-66.

[44] 朱钰铧,韦红雨,赵万生. 钛合金深小孔精微电火花加工工艺研究[J]. 2006, 03: 38-41.

[45] Chen Y F, Lin Y C. Surface modifications of Al-Zn-Mg alloy using combined EDM with ultrasonic machining and addition of TiC particles into the dielectric[J]. Materials Processing Technology, 2009, 209(9): 4343-4350.

[46] Han M S, Min B K, Lee S J. Ultrasonic-assisted electrochemical discharge machining process using a side insulated electrode[C]. Proceeding of Asian Electrical Machining Symposium 07 Nagoya, Japan, 2007: 104-107.

[47] 郑书友,冯平法,吴志军.超声加工技术的发展及其在航空航天制造中的应用潜能[J]. 难加工材料切削技术, 2009, 13: 51-54.

[48] 郑练. 硬脆材料超声旋转套料加工系统的研制[D]. 哈尔滨: 哈尔滨工业大学, 2008.

[49] 刘战锋,杨立合. 深孔超声轴向振动钻削装置的设计与研究[J]. 机床与液压, 2007, 35(03): 56-58.

[50] 赵雯. 二维超声振动高精密车削技术研究[D]. 南昌: 华东交通大学, 2010.

[51] 姚建国. 纳米复相陶瓷在超声振动作用下的蠕变特性研究[D]. 焦作: 河南理工大学, 2011.

[52] Zhang X Q, Kumar A S, Rahman M. Experimental study on ultrasonic elliptical vibration cutting of hardened steel using PCD tools[J]. Journal of Materials Processing Technology, 2011, 211(11): 1701-1709.

[53] Nath C, Rahman M, Neo K S. Machinability study of tungsten carbide using PCD tools under ultrasonic elliptical vibration cutting[J]. International Journal of Machine Tools and Manufacture, 2009, 49(14): 1089-1095.

[54] 肖强. 超声研磨 SiC 单晶材料去除率与表面特征研究[J]. 人工晶体学报, 2011, 02: 496-499.

[55] Mulik R Z, Pandey P M. Ultrasonic assisted magnetic abrasive finishing of hardened AISI 52100 steel using unbonded SiC abrasives[J]. Refractory Metals and Hard Materials, 2011, 29: 68-77.

[56] 张昌娟,刘传绍,赵波. Al_2O_3 工程陶瓷超声研磨表面粗糙度试验研究[J]. 金刚石与磨料磨具工程, 2011, 03: 35-38.

[57] Takagi J. An attempt to polish CVD diamond film by ultrasonic vibration polishing without abrasive grain[J]. Proc. Of the 20th ASPE Annual Meeting, 2005, 10: 1700-1702.

[58] 张益民,郑建新,牛振华. 45 号钢轴件无磨料超声抛光工艺试验研究[J]. 矿山机械, 2010, 20: 32-35.

[59] Shaw M C. Ultrasonic grinding[J]. Microtechnic, 1956, 10(6): 257-265.

[60] Soundararejan V, Radhakrishnan V. An experimental investigation on the basic mechanisms involved in ultrasonic machining[J]. International Journal of Machine Tool Design and Research, 1986, 26(3): 307-321.

[61] Lee T C, Chan C W. Mechanism of the ultrasonic machining of ceramic composites[J]. Journal of Materials Processing Technology, 1997, 71(1): 195-201.

[62] Markov A I. Ultrasonic drilling and milling of hard non-metallic materials with diamond tools[J]. Machines and Tools, 1977:48.

[63] Pei Z J, Prahhakar D, Ferreira P M. A mechanistic approach to the prediction of material removal rates in rotary ultrasonic machining[J]. Manufacturing Science and Engineering, PED-Vol.64 ASME,1993: 771-784.

[64] 谨亚辉. 超声波变幅杆优化设计及加工机理试验研究[D]. 太原: 太原理工大学, 2010.

[65] 陈娟烈. 旋转超声波加工机理的有限元分析[D]. 太原: 太原理工大学, 2011.

[66] 王超群,康敏. 超声波加工工艺的材料去除率建模及试验研究[J]. 机床与液压, 2006, 12: 18-19.

[67] 冯真鹏, 肖强. 超声加工技术研究进展 [J].表面技术, 2020, 49(4): 161-172.

[68] Sabareesan S, Vasudevan D, Sridhar S, et al. Response analysis of ultrasonic machining process under different materials -Review [J]. Materials Today: Proceedings, 2021, 45(2):2340-2342.

[69] Zhai Q, Zhai WJ, Gao B, et al. Synthesis and characterization of nanocomposite Fe_3O_4/SiO_2 core-shell abrasives for high-efficiency ultrasound-assisted magneto-rheological polishing of sapphire [J]. Ceramics International, 2021, 47(22): 31681-31690.

[70] 杨林.聚焦超声加工技术研究[D].天津:天津大学,2019.

[71] Peng C, Zhang C Y, Li Q F, et al. Erosion characteristics and failure mechanism of reservoir rocks under the synergistic effect of ultrasonic cavitation and micro-abrasives [J]. Advanced Powder Technology, 2021, 32 (11): 4391-4407.

[72] Wang J S, Shimada K, Mizutani M, et al. Effects of abrasive material and particle shape on machining performance in micro ultrasonic machining [J]. Precision Engineering, 2018, 51:373-387.

[73] Qi H, Qin S K, Cheng Z C, et al. Towards understanding performance enhancing mechanism of micro-holes on K9 glasses using ultrasonic vibration-assisted abrasive slurry jet [J]. Journal of Manufacturing Processes, 2021, 64: 585-593.

[74] Yu T B, Zhang T Q, Yu X M, et al. Study on optimization of ultrasonic-vibration-assisted polishing process parameters [J]. Measurement, 2019, 135: 651-660.

[75] 陈艺文, 李华, 许顺杰, 等.聚焦超声振动磨料流抛光加工技术研究 [J].苏州科技大学学报(工程技术版),2020,33(1):75-80.

[76] Tan K L, Yeo S H. Surface finishing on IN625 additively manufactured surfaces by combined ultrasonic cavitation and abrasion [J]. Additive Manufacturing, 2020, 31: 100938.

[77] Kumar A S, Deb S, Paul S. Ultrasonic-assisted abrasive micro-deburring of micromachined metallic alloys [J]. Journal of Manufacturing Processes, 2021, 66: 595-607.

[78] Yu T B, Guo X P, Wang Z H, et al. Effects of the ultrasonic vibration field on polishing process of nickel-based alloy Inconel718 [J]. Journal of Materials Processing Technology, 2019, 273:116228.

[79] 叶林征, 祝锡晶, 王建青. 近壁声空泡溃灭微射流冲击流固耦合模型及蚀坑反演分析[J]. 爆炸与冲击, 2019, 39(6):062201.

[80] Ye L Z, Zhu X J. Analysis of the effect of impact of near-wall acoustic bubble collapse micro-jet on Al 1060 [J]. Ultrasonics Sonochemistry, 2017,36:507-516.

[81] 刘垚,吉晓梅. 超声波加工机理的力学分析[J]. 电力学报, 2009, 24(05): 402-404.

[82] 徐秉业,王建学. 弹性力学[M]. 北京:清华大学出版社, 2007.

[83] 杨桂通. 弹性力学简明教程[M]. 北京:清华大学出版社, 2006.

[84] Wessapan T, Rattanadecho P. Acoustic streaming effect on flow and heat transfer in porous tissue during exposure to focused ultrasound [J]. Case Studies in Thermal Engineering, 2020, 21: 100670.

[85] Zhang X F, Yang L, Wang Y, et al. Mechanism study on ultrasonic vibration assisted face grinding of Hard and brittle materials [J]. Journal of Manufacturing Processes, 2020, 50: 520-527.

[86] Gao T, Zhang X P, Li C H, et al. Surface morphology evaluation of multi-angle 2D ultrasonic vibration integrated with nanofluid minimum quantity lubrication grinding [J]. Journal of Manufacturing Processes, 2020, 51: 44-61.

[87] Wang Q Y, Liang Z Q, Wang X B, et al. Modelling and analysis of generation mechanism of micro-surface topography during elliptical ultrasonic assisted grinding [J]. Journal of Materials Processing Technology, 2020, 279:116585.

[88] Li Z, Yuan S M, Ma J, et al. Study on the surface formation mechanism in scratching test with different ultrasonic vibration forms [J]. Journal of Materials Processing Technology, 2021, 294: 117108.

[89] Yan L T, Wang Q, Li H Y, et al. Surface generation mechanism of ceramic matrix composite in ultrasonic assisted wire sawing [J]. Ceramics International, 2021, 47:1740-1749.

[90] 王龙, 汪刘应, 唐修检,等.硬脆材料磨削加工机理研究进展 [J].制造技术与机床, 2021, 10:26-31.

[91] Li C, Piao Y C, Meng B B, et al. Phase transition and plastic deformation mechanisms induced by self-rotating grinding of GaN single crystals [J]. International Journal of Machine Tools & Manufacture, 2022, 172: 103827.

[92] Zhang J J, Han L, Zhang J G, et al. Brittle-to-ductile transition in elliptical vibration-assisted diamond cutting of reaction-bonded silicon carbide [J]. Journal of Manufacturing Processes, 2019, 45: 670-681.

[93] Sun G Y, Shi F, Zhao Q L, et al. Material removal behaviour in axial ultrasonic assisted scratching of Zerodur and ULE with a Vickers indenter [J]. Ceramics International, 2020, 46(10):14613-14624.

[94] 李伦，李淑娟，汤奥斐，等. 横向超声振动对金刚石线锯切割硬脆材料锯切力及临界切削深度的影响[J].机械工程学报,2016,52(3):187-196.

[95] Wang J J, Yang Y, Zhu Z W, et al. On ductile-regime elliptical vibration cutting of silicon with identifying the lower bound of practicable nominal cutting velocity [J]. Journal of Materials Processing Technology, 2020, 283: 116720.

[96] Liu X M, Yu D P, Chen D S, et al. Self-tuned ultrasonic elliptical vibration cutting for high-efficient machining of micro-optics arrays on brittle materials [J]. Precision Engineering, 2021, 72: 370-381.

[97] Wang J J, Liao W H, Guo P. Modulated ultrasonic elliptical vibration cutting for ductile-regime texturing of brittle materials with 2-D combined resonant and non-resonant vibrations [J]. International Journal of Mechanical Sciences, 2020, 170: 105347.

[98] Verma G C, Pandey P M, Dixit U S. Estimation of workpiece-temperature during ultrasonic-vibration assisted milling considering acoustic softening [J]. International Journal of Mechanical Sciences, 2018, 140: 547-556.

[99] Qiao G C, Yi S C, Zheng W, et al. Material removal behavior and crack-inhibiting effect in ultrasonic vibration-assisted scratching of silicon nitride ceramics [J]. Ceramics International, 2022, 48(3): 4341-4351.

[100] 闫艳燕，张亚飞，张兆顷.ZrO$_2$陶瓷切向超声辅助磨削表面及亚表面损伤机制 [J]. 航空学报, 2021, 42(7):624749.

[101] Liu T Y, Ge P Q, Bi W B, et al. The study of crack damage and fracture strength for single crystal silicon wafers sawn by fixed diamond wire [J]. Materials Science in Semiconductor Processing, 2021, 134: 106017.

[102] Chen X Y, Gu Y, Lin J Q, et al. Study on subsurface damage and surface quality of silicon carbide ceramic induced by a novel non-resonant vibration-assisted roll-type polishing [J]. Journal of Materials Processing Technology, 2020, 282: 116667.

[103] Wang Y, Zhao B C, Huang S J, et al. Study on the subsurface damage depth of monocrystalline silicon in ultrasonic vibration assisted diamond wire sawing [J]. Engineering Fracture Mechanics, 2021, 258: 108077.

[104] Xiao H, Xiao H, Chen Z, et al. Effect of grinding parameters on surface roughness and subsurface damage and their evaluation in fused silica [J]. Optics Express, 2018, 26(4):4638.

[105] Baraheni M, Amini S. Predicting subsurface damage in silicon nitride ceramics subjected to rotary ultrasonic assisted face grinding [J]. Ceramics International, 2019, 45(8):10086-10096.

[106] Arefin S, Zhang X Q, Kumar A S, et al. Study of chip formation mechanism in one-dimensional vibration-assisted machining [J]. Journal of Materials Processing Technology, 2021, 291:117022.

[107] Yan L T, Zhang Q J, Yu J Z. Effects of continuous minimum quantity lubrication with ultrasonic vibration in turning of titanium alloy [J]. International Journal of Advanced Manufacturing Technology, 2018, 98:827-837.

[108] Jung H J, Hayasaka T, Shamoto E, et al. Suppression of forced vibration due to chip segmentation in ultrasonic elliptical vibration cutting of titanium alloy Ti-6Al-4V [J]. Precision Engineering , 2020, 64: 98-107.

第4章

超声能场内的固体表面强化原理

4.1 超声挤压表面强化技术

材料的磨损、腐蚀等失效现象都发生在零件的表面，因此表面强化技术是一种能有效提高材料表面耐蚀抗磨性能且实用的方法。零件表面进行强化抗疲劳，已被大家熟悉和高度认同。随着科技的发展，表面强化技术发展迅猛，各种各样表面强化技术的研究与开发异常活跃，成为科技界令人瞩目的新兴领域。

从形式上看，强化工艺可分为机械式强化和非机械式强化。表面机械强化是在常温下通过冷压方法使零件表面层金属产生塑性变形，提高表面硬度，并使表面产生残余压应力，从而显著提高机械零件抗疲劳断裂性能，同时还将微观凸峰压平，降低零件表面粗糙度，提高零件抗应力腐蚀开裂的能力。常用表面机械强化工艺方法有以下几种：

① 滚压强化。滚压加工是用经过淬硬和精细抛光并可自由旋转的滚柱或滚珠，对金属零件表面进行挤压，使表面硬度提高，粗糙度值变小，并产生残余压应力。滚压方式有滚柱滚压和滚珠滚压。从滚压效果来看，外圆滚压后表面硬度最高，效果最好；平面滚压效果次之；对较大直径的内孔滚压也有一定的效果。

② 挤压强化。挤压加工是用截面形状与零件孔的截面形状相同的挤压工具，在有一定过盈量的情况下，推孔或拉孔，强化零件表面。这种方法效率高、质量好，常作为小孔的最终加工工序。

③ 喷丸强化。喷丸技术是利用机械手段向工件表面施加一定压力，使其受压变形，借助形变这种方式于工件表面生成硬化层（其深度范围通常为 0.5～1.5mm）。喷丸强化的常见形式是利用压缩空气，通过喷嘴将小珠丸高速喷射到零件表面，使其表面层强化。

喷丸技术能够有效提高工件表面硬度以及强度，因而在金属表面改性加工中获得了广泛应用。随着科学技术的进步，新的喷丸工艺不断涌现，主要包括：

① 激光喷丸。该技术能够实现对参数的有效控制，但可能存在残余应力偏大的问题。

② 高压水射流喷丸。该技术有效解决了残余应力分布问题，因此，能够使得工件具有良好的周期抗疲劳强度。

③ 微粒冲击。该技术借助微小弹丸的冲击以完成表面处理工作，能够大幅提高工件表

面的实际硬度，与此同时，不会出现表面粗糙度过大的问题。

④ 超声喷丸。可对材料表面进行纳米化处理，还有助于氮化温度的有效降低。

喷丸技术不仅能够大幅强化工件的抗疲劳性能，还能够明显提升工件的抗腐蚀以及抗开裂能力，所以，在汽车齿轮表面强化方面得以广泛应用。

非机械式表面强化技术，从以热渗扩、电镀、真空镀膜等为代表的传统表面强化、耐磨处理技术，发展到现阶段以等离子渗、离子束、电子束、激光束的应用为标志的现代表面处理技术，如等离子氮化、表面渗元素合金化、激光熔覆等。表面强化技术正朝着多种表面技术的综合应用以及多层复合膜层的研究制备方向发展。

4.1.1 超声挤压强化装置

近些年来，随着超声波技术的飞速发展和广泛应用，超声挤压强化技术已经在表面强化领域有所应用。超声挤压强化技术是一种独特的表面强化技术，是在传统的挤压加工的基础上，加入了超声振动，根据超声波纵向振动的原理设计的一种无切屑加工技术。超声挤压强化装置如图4.1所示。超声挤压强化装置实物如图4.2所示。

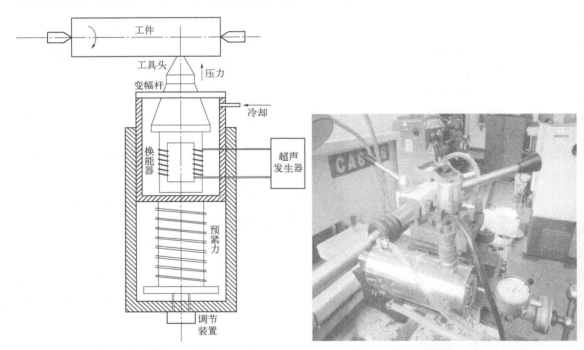

图 4.1　超声挤压强化装置　　　　　图 4.2　超声挤压强化装置实物图

由图4.1可知，超声挤压强化装置由超声发生器、换能器、变幅杆和工具头四部分组成。在进行超声挤压加工时，超声波发生器在交流电的作用下，会给换能器传递一个高频的电信号，换能器在接收到电信号之后，会产生一个输出位移很小的高频振动，但是由于换能器的输出位移很小，达不到超声振动加工的要求，而变幅杆具有振幅放大的作用，能够使输出振幅放大几倍甚至几十倍，所以会在换能器的输出端连接一个变幅杆，振幅通过变幅杆放大后，传递给末端的挤压工具头，再由工具头对工件进行高频动载冲击，实现工件表面强化的目的。调整螺钉的主要作用是使工具头与旋转的零件表面相互接触挤压，避免由于换能器的位置偏移而冲击不到工件。

1955 年，Blaha 等人利用超声激发对金属进行了弹塑性变形的实验研究。随后一些学者利用超声振动对金属拉丝和挤压技术进行了研究，在不同条件下对金属进行复杂的操作加工，并利用有限元模拟方法进行分析。Stan 等研究分析了加工参数在超声注射和挤压技术中的影响。

国内的天津大学和装甲兵工程学院的学者对超声挤压技术的应用研究较早。天津大学王婷等人采用超声挤压加工方法对调质态 40Cr 轴进行了处理，对处理后的表层进行微观结构观察，发现表面显微硬度提高了 63%，表面残余应力高达 −846MPa，残余应力层厚度达到 1mm 以上，大大提高了工件的抗磨损性能。

河南理工大学侯雅丽等人利用纵-扭复合超声振动挤压加工对 6061-T651 铝合金做了实验研究。结果表明在相同的工艺条件下，纵-扭复合振动超声挤压加工后工件的表面显微硬度高于常规挤压，表面粗糙度值明显小于普通挤压加工，因此纵-扭复合振动超声挤压加工对 6061-T651 铝合金表面强化处理非常有效。

作者等人对超声表面光整强化技术做了深入研究，经过超声强化处理后，金属表面粗糙度比光整前降低 3 个等级以上，最高可达 $Ra0.02$。此外，工件表面硬度、残余应力、疲劳强度和材料表面的抗腐蚀能力得到明显改善。

北京工商大学田斌等采用超声表面加工技术和硫氮共渗技术对钻杆接头材料 35CrMo 钢进行复合处理，结果表明，超声表面加工进一步提高硫氮共渗改性层硬度，降低了表面粗糙度，显著改善 35CrMo 钢的耐磨性能，并且明显降低磨副套管的磨损率，钻杆接头和套管的表面形貌也得到显著改善。

Bozdana 等人和 Tsuji 等人对 Ti-6Al-4V 试样进行了超声挤压强化处理，结果表明，在超声挤压情况下，只需要较小的静压力就可以获得较大的表面塑性变形，同时在表面形成残余压应力层，提高了工件的抗疲劳强度，在材料表面产生硬化层，抑制裂纹扩展的能力得到提高。显微硬度和耐磨性明显提高，表面质量得到改善。

综上，经过多次超声挤压强化后，零件表面粗糙度、残余压应力、表面硬度都能得到很大的提升。超声挤压强化技术能够改善零件的耐腐蚀性和耐磨性，大幅提高零件表面的机械性能，延长零件的使用寿命。超声的主要作用表现在以下几点：

① 增大塑性，降低变形抗力。超声应力同模具静应力叠加，增大了金属变形，超声易被晶界及位错吸收，超声强度和作用位置等对增大塑性、降低抗力都有影响。

② 降低坯料与模具之间的接触摩擦因数。在传统的挤压生产中，40%～60% 的挤压力消耗在克服摩擦力上，这不仅浪费能源，还影响产品质量。当设置超声振动装置时，振动效应势必使坯料与挤压筒、模具之间产生微小的不易发现的离合作用，这一作用能大大降低它们之间的摩擦因数。

③ 润滑效果增强。超声能使金属表面活化，使润滑剂易渗入到变形金属与模壁的接触处（一般来说，普通挤压时润滑剂很难在此处立足），从而大大改善了润滑状况。

④ 影响金属纤维微观晶粒组织。超声振动压力使金属材料的微观晶粒间发生离合作用，增强了晶间滑移，有助于金属变形，使晶粒变得更均匀。

此外，相比其他的强化方法，超声挤压强化技术还具有以下优势：

① 可加工材料的范围非常广泛，它不仅可以用来加工淬火钢等材料，还可以用来加工难加工的材料，如硬质合金、轴承钢等。

② 超声强化中，材料得到强化主要是依靠工具头的高频冲击作用，施加在工件表面上的挤压力比常规挤压中的要小，强化温度低，产生的热量小，不会引起工件变形及烧伤，因此可以强化薄壁、窄缝和低刚度工件。

③ 能消除由前道加工工序所造成的微观表面缺陷。例如，车削工序往往在工件表面留下鳞刺，超声挤压能消除鳞刺缺陷，使工件表面质量大幅度提高。

4.1.2 超声挤压强化塑性变形机理

由于金属是多晶体结构，多晶体是由很多位向不同的晶粒组成，因此金属的塑性变形是由很多单晶粒综合变形的结果。晶粒之间存在晶界，故金属的塑性变形可分为晶内变形和晶间变形。

（1）晶内变形

组成金属晶粒的原子一般按照体心立方、面心立方或紧密六方的方式排列。晶粒内的原子结构一般存在各种各样的缺陷。晶粒内原子排列的线性参差称为位错。晶粒受到外力作用时原子沿着位错线运动，原子排列会产生滑移和孪生。在低温条件下，滑移和孪生是晶粒塑性变形的基本方式，滑移变形是主要形式，孪生一般仅起调节作用。

① 滑移。晶体在力的作用下，其一部分相对于另一部分沿着一定的滑移面和滑移方向发生相对滑移或切变。滑移面和滑移方向分别称为晶面和晶向。滑移会使金属中的大量原子从一个稳定的位置移动到另一个稳定的位置。一般情况下，当原子密度越大时，原子间距就会越小，原子之间结合力也就越强，而晶面间距离也会越大，从而导致晶面和晶面之间的结合力变弱，滑移阻力也越小。因此，在原子密度最大的地方最容易发生滑移。

② 孪生。晶体受到切应力的作用时，其一部分沿一定的滑移面和滑移方向产生均匀切变的现象称为孪生。孪生变形会使晶体中的变形部分和未变形部分形成镜面对称关系。一般情况下，晶粒越细，单位体积中的晶界面积越大，越有利于晶间的移动和转动。某些特定细晶结构下的金属可以发生高达 300%～3000% 的伸长率而不破裂。

（2）晶间变形

多晶体在受力时，沿晶界处可能会产生切应力，当切应力能够克服晶粒间相对滑动的阻力时，便会发生相对滑动。另外，由于晶粒所处的位向不同，相邻晶粒间存在力的相互作用，会产生很多力偶，使得晶粒间相互转动。

超声挤压加工时，超声工具头以一定的进给速度重复挤压工件表面，对工件表面进行无研磨剂的研磨，使表面原子之间的距离发生改变或晶粒间产生滑移变形，从而使工件表面产生塑性变形。塑性变形会使材料内部组织结构及物理性能发生变化，强烈的塑性变形会使位错之间的影响力增强，彼此相互缠结，位错运动阻力增大，晶粒破碎，从而细化表层晶粒结构，影响材料表层硬度，同时产生残余压应力，达到强化工件表面的效果。此外超声振动的动态冲击力使金属材料的微观晶粒间发生了离合作用，增强了晶间滑移，有助于金属变形，使得晶粒变得更均匀，从而提高了表面质量。

塑性变形首先发生在材料最外层表面，随着时间增加，变形量逐渐增大并向深层发展。引入超声振动后，由于超声的高频振动破坏了表面堆积物的形成。因此，在工具头与工件接触区前面的金属层区域不会发生堆积，即使有材料堆积的趋势，也会被下一次或者下几次工具头的高频振动熨平，强化后的工件表面微观非常光滑平整，表面粗糙度大大降低，表面质量提高效果显著。

4.2 超声振动挤压强化理论

4.2.1 超声波的机械作用

超声波是声波的一种，声波所具有的传播规律，超声波也有。因边界条件、介质和声源等情况不同，传播的超声波的波形也有所不同，有表面波、横波和纵波等，最常用的是纵波，纵波指的是介质质点的振动方向与超声波的传播方向平行的波。

纵波在不同的介质中传播速度也是不同的，在弹性体中，其传播的速度公式为：

$$c = \sqrt{\frac{Y}{\rho}} \tag{4.1}$$

式中，c 为超声波传播速度；Y 为杨氏弹性模量；ρ 为密度。

超声在传播时，介质的质点是在它的平衡位置进行振动的，任意瞬时振动的速度就称为该时刻的质点速度。超声实质上也是一种频率在 16kHz 以上的机械振动。在挤压加工时，通过超声系统将超声机械振动传给变形金属或模具，使金属成形变得容易。超声振动在挤压加工中所起的作用主要决定于超声驻波特性。驻波是指两列振幅相同的相干波在同一直线上沿相反方向传播时互相叠加而成的波。

假定有一列平面声波在均匀介质中沿 x 方向传播，其传播规律方程为：

$$s_1 = A \sin 2\pi \left(ft - \frac{x}{\lambda} \right) \tag{4.2}$$

式中，s_1 为某一时刻 t 的振幅；A 为超声振幅；f 为超声频率；λ 为波长。

超声振动在介质中传播的规律见图 4.3。

超声 s_1 在向前传播的过程中，若碰到另一种介质（如钢制零件），就会在分界面上发生反射。反射波规律为：

$$s_2 = A \sin 2\pi \left(ft + \frac{x}{\lambda} \right) \tag{4.3}$$

反射波 s_2 和入射波 s_1 传播方向相反，因而 s_1 与 s_2 发生叠加：

$$s = s_1 + s_2 = A \sin 2\pi \left(ft - \frac{x}{\lambda} \right) + A \sin 2\pi \left(ft + \frac{x}{\lambda} \right) = 2A \cos \frac{2\pi x}{\lambda} \sin 2\pi ft \tag{4.4}$$

可见，合成波 s 的频率与入射波 s_1 相同，振幅比入射波增大一倍。而且 s 沿传播方向上，在间距 $\lambda/4$ 的固定点会交替地出现振幅最大值（位移波腹点)和零值（位移波节点），所以此合成波为驻波。

将式（4.4）对 t 微分，可得到介质质点速度：

$$v = \frac{\partial s}{\partial t} = 4\pi f A \cos \frac{2\pi x}{\lambda} \cos 2(\pi ft) \tag{4.5}$$

由式（4.5）可知，介质质点的最大振动速度为：

$$v_{振\max} = 4\pi f A \tag{4.6}$$

被放大成大振幅的正弦波高频的机械振动的超声振动速度曲线见图4.4。

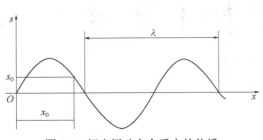

图4.3 超声振动在介质中的传播

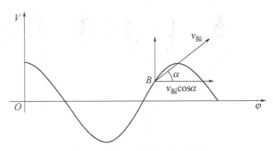

图4.4 超声振动速度曲线

参见图4.4上 B 点上的速度 $v_{振}$，将 $v_{振}$ 在垂直和水平两方向上分解，可见两分量在水平方向上的投影，前者为零，后者为 $v_{振}\cos\alpha$。假如无振动时的挤压速度为 v，则加上超声振动后的挤压速度 $v_{挤}$ 为：$v_{挤}=v+v_{振}\cos\alpha$，所以，挤压工具头在超声的作用下，是以极高的速度对工件进行强化的。这也证实了超声振动能提高挤压变形速度的作用。

将式（4.5)对 t 微分，可得到介质质点振动的加速度：

$$a=\frac{\partial^2 s}{\partial t^2}=-8\pi^2 f^2 A\cos\frac{2\pi x}{\lambda}\sin(2\pi ft) \tag{4.7}$$

由式（4.7）可知，质点的加速度幅值绝对值是 $8\pi^2 f^2 A$，可以看出，它与超声波频率的平方是成正比关系的。若超声波频率提高，相应的加速度值也会很大。假设频率为 $f=20\text{kHz}$，振幅为 $A=10\text{mm}$ 时，质点加速度的幅值绝对值为：$8\pi^2 f^2 A=3.16\times10^5\text{m/s}^2$。

此值是重力加速度($g=9.8\text{m/s}^2$)的 10^4 倍以上，可以想象，这时被挤压的材料局部微小体积内的物理、力学性能，必将发生重大变化。另外，由牛顿定律可知，挤压工具头对工件的强化挤压力为 $F=ma$，因为加速度提高了 10^4 倍以上，所以，相应的挤压力也提高了 10^4 以上，也就是说，相对于常规挤压，超声挤压可以在很小的挤压力下达到与常规挤压在很大挤压力下达到的效果。因此，在一个挤压循环过程中，工具在很小位移上得到很大的瞬时速度、加速度和挤压力，在局部产生很高的能量。这种能量集中效应使得振动挤压以较小的作用力可以达到与常规挤压相同或更好的效果。

另外，由于驻波 s 在介质中的传播，而引起介质产生交变应变为：

$$\varepsilon=\frac{\partial s}{\partial x}=-\frac{4\pi A}{\lambda}\sin\frac{2\pi x}{\lambda}\sin(2\pi ft) \tag{4.8}$$

根据胡克定律，介质中引起的交变应力为：

$$\sigma=\varepsilon E=-\frac{4\pi AE}{\lambda}\sin\frac{2\pi x}{\lambda}\sin(2\pi ft) \tag{4.9}$$

式中，E 为介质的弹性模量。

从式（4.8）、式（4.9）可见在位移波腹点处应力为零，即称为应力波节点；在位移波节点应力最大，即称应力波腹点。

在挤压时，变形金属的主剪应力 $\tau_{\max}=\pm\frac{\sigma_s}{2}$ 时，则金属处于塑性变形状态。σ_s 为变形金属的流动限。如果使 σ_s 减小，就降低了金属变形抗力。在超声振动挤压强化中，超声应力同工具头的静压力叠加增大了金属变形，超声能易被晶界及位错吸收，对增大塑性，降低抗力都有影响。相对来说，变形金属的流动限减小，这样就降低了金属的变形抗力。

在一个挤压循环过程中，在超声波的作用下，工具头在很小的位移上得到很大的瞬时速度、加速度以及挤压力，在局部产生很高的能量，这种能量集中的效应，使得在超声振动挤压强化中，使用较小的挤压力就可以达到在常规挤压中要用较大的挤压力才能得到的效果，也避免了因挤压力过大产生的表面损伤现象。

所以，经过以上的分析可知，叠加了超声振动的挤压强化相对于常规的挤压强化来说，具有的优势主要有以下几点：

① 超声挤压强化在超声波的作用下，挤压工具头能达到很大的速度和加速度；

② 超声挤压强化在超声波的作用下，挤压工具头作用到工件上的挤压力实际上是很大的，这比在常规挤压强化中需要人为施加大的挤压力要方便经济许多；

③ 超声挤压强化在超声波的作用下，产生大的挤压力，可以增大金属变形，增大塑性，降低金属的变形抗力。

4.2.2　超声波的物理作用

从物理学的能量观点可知，超声波振动在物体中传播时，会使物体中各质点具有动能和弹性变形能，因此超声振动的传播也是能量的传播。

图 4.5 所示固体棒截面为 S，密度为 ρ，假定超声波沿着棒的长度方向传播，波速为 c，其传动方程为：

$$y = A\sin\omega\left(t - \frac{x}{c}\right) \qquad (4.10)$$

波速与波长的关系式为：$\lambda = \dfrac{c}{f}$。

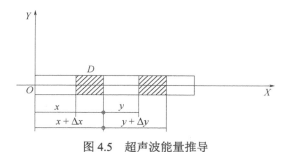

图 4.5　超声波能量推导

取图中 D 点微小体积元，其体积 $V = S\Delta x$，质量 $m = \rho V$，则这个体积元具有的动能为：

$$W_1 = \frac{1}{2}mv^2 = \frac{1}{2}\rho V v^2 \qquad (4.11)$$

式中，v 为声波振动传送速度。

将式（4.10）对 t 微分得：

$$v = \frac{\partial y}{\partial t} = A\omega \cos\left[\omega\left(t - \frac{x}{c}\right)\right] \qquad (4.12)$$

将式（4.12）代入式（4.11），可得到动能方程式：

$$W_1 = \frac{1}{2}\rho V A^2 \omega^2 \cos^2\left[\omega\left(t - \frac{x}{c}\right)\right] \qquad (4.13)$$

根据杨氏弹性模量的定义，计算给定体积元的弹性变形能。设体积元长为 l，当长度改变 Δl 时，则其两端受到的弹性变形力为：

$$f = YS\frac{\Delta l}{l} \qquad (4.14)$$

式中，Y 为杨氏弹性模量；S 为棒体截面面积。

当 Δl 为正，f 为拉力；Δl 为负，则 f 为压力，当 l 变为 $l + \Delta l$ 时，两端所受到的平均弹性力为：

$$\frac{1}{2}f = \frac{YS\Delta l}{2l} \qquad (4.15)$$

弹性变形能为：

$$W_2 = \frac{1}{2}f\Delta l = \frac{1}{2}YSl\left(\frac{\Delta l}{l}\right)^2 \qquad (4.16)$$

将式（4.15）应用于体积元 $V = S\Delta x$ 时，则 Δx 即为 l，Δy 为 Δl（参考图4.5）。所以前述微小体积元的弹性变形能为：

$$W_2 = \frac{1}{2}YS\Delta x\left(\frac{\Delta y}{\Delta x}\right)^2 = \frac{1}{2}YV\left(\frac{\mathrm{d}y}{\mathrm{d}x}\right)^2 \qquad (4.17)$$

由式（4.10）可得：

$$\frac{\mathrm{d}y}{\mathrm{d}x} = A\frac{\omega}{c}\cos\left[\omega\left(t - \frac{x}{c}\right)\right] \qquad (4.18)$$

再将式（4.17）代入式（4.16）：

$$W_2 = \frac{1}{2}YVA^2\frac{\omega^2}{c^2}\cos^2\left[\omega\left(t - \frac{x}{c}\right)\right] \qquad (4.19)$$

由式（4.13）、式（4.18）可得出体积元的总能量：

$$W = W_1 + W_2 = \frac{1}{2}\left(\rho + \frac{Y}{c^2}\right)A^2\omega^2 V \cos^2\left[\omega\left(t - \frac{x}{c}\right)\right] \qquad (4.20)$$

由于在弹性体中纵波传递的速度 $c = \sqrt{\dfrac{Y}{\rho}}$，所以：

$$W = \rho A^2\omega^2 V \cos^2\left[\omega\left(t - \frac{x}{c}\right)\right] \qquad (4.21)$$

由上式得出，超声振动的能量与振幅的平方、频率的平方成正比，所以叠加了超声波振动的挤压强化比常规挤压强化具有更高的能量集中效应。

这种在超声波传播过程中具有的能量，通常称之为振动效应。这种由超声发生器发出的高频电振动，通过转换，放大成高频大振幅的机械振动。工具头的端部能量集中在小范围内，金属材料的晶格缺陷吸收了超声能量后，位错能增加，即位错的运动速度增加，从而降低了金属的变形抗力，变形率 ε 增大，使塑性变形量增加，即微观波峰被压平的效果显著。超声振动压力使金属材料的微观晶粒间发生了离合作用，增强了晶间滑移，有助于金属变形，使晶粒变得更均匀。

4.2.3　超声强化后工件表层金属的变形

图 4.6 与图 4.7 表示了在挤压过程中工件表层金属的变形情况。挤压工具头对工件施加一定的压力，以一定的进给速度挤压旋转着的工件表面，使表层金属产生弹塑性变形。在常规挤压中，工具头始终与工件接触，如图 4.6 所示。挤压一段时间后，或是工艺参数选择不当时，会导致刀具前方未强化工件表面有堆积凸起物出现，而且随着强化时间的增加，刀具前方的金属层会被逐渐堆积得越来越高。当凸起物达到了一定的高度时，挤压的状况就会产生根本性的变化。此时，挤压工具头就不只是单纯地起光整强化的作用，而是像车刀的负前角一样，切刮金属层，加工性质就由光整强化加工演变成了负前角的切削加工，结果使工件的表面质量严重下降。在常规挤压中，这种切刮现象是时有发生的，特别是对细长类工件进行挤压强化时更易出现此现象，工具头也会出现黏结现象，无法长时间加工。

在超声振动挤压强化中，工具头是在高频振动下间歇式地与工件接触的，如图 4.7 所示。工具头如同小锤一样，均匀有规律地敲击着工件的表面，也正是因为超声振动挤压强化的这一特性，在工具头与工件接触区前面的金属层区域，不会堆积凸起物，即使有材料凸起的趋势，也会被下一次或者下几次工具头的高频振动熨平，这就大大减少了振动挤压过程中产生切刮现象的可能性。强化前的工件表面微观不平整，而强化后的工件表面变得光滑平整，强化质量明显提高。

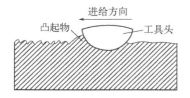 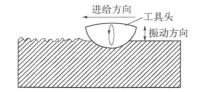

图 4.6　常规挤压中工件表层金属变形　　　　图 4.7　超声挤压中工件表层金属变形

引入超声振动后，由于超声的高频振动破坏了表面堆积凸起物的形成条件，同时，减小了摩擦因数，使摩擦力降低，从而降低了表面粗糙度，提高了加工的表面质量，这与前面的分析是一致的。

4.2.4　超声强化过程中工艺系统的刚化

在超声振动挤压强化过程中，由于工具头振动频率太高，而工艺系统的自振频率与之相比却很低，这就避免了工艺系统共振现象的发生。从这个角度来说，将超声波的高频振动引入到常规挤压中，就能抑制工艺系统的振动，不产生共振现象，从而提高系统的刚性，使得工艺系统的稳定性增强。不仅如此，依据超声振动的理论：在超声振动挤压强化过程中，工艺系统的变形（这里主要指的是工件的变形）仅为常规挤压中工艺系统变形的 t/T（这里 T 为一个超声振动周期，t 为在每一个超声振动周期内，工具头与工件接触的时间），甚至更少。这意味着工艺系统的刚度增加了，这就是工艺系统的刚化现象。

由于超声强化时，工艺系统的变形减小，不但会使表面粗糙度值降低，还能提高加工的精度，本小节的分析为将该工艺方法应用于工艺系统刚度较差的场所，从而提供了依据，验证了可行性。所以，叠加了超声波高频率振动的挤压强化，使得工艺系统得到刚化，工艺系统的变形较小，从而保证了在强化时工作装置和工艺系统的稳定性，这也能够促使工件在强化后的质量得到很大程度上的改善。

4.2.5 超声振动挤压强化后表面粗糙度的微观分析

超声振动挤压强化后，工件的表面质量明显提高了许多，表面粗糙度值明显下降。那么，在强化过程中，很容易想到，工具头的圆弧半径对粗糙度有直接的影响。其数学模型示意图如图 4.8 所示。

由图 4.8 可得理论表面粗糙度的高度值与圆弧半径 R 的关系为：

$$R_h = R - \sqrt{R^2 - S^2} \qquad (4.22)$$

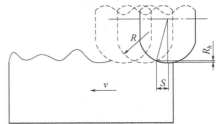

图 4.8　粗糙度数学模型示意图

式中，R 为工具头圆弧半径；S 为随 v 的变化而产生的工具头相邻中心距离的一半，$S = v/2f$；v 为工具头敲击工件的速度；f 为振动频率。

又因为 $\dfrac{\partial R_h}{\partial R} = 1 - \dfrac{R}{\sqrt{R^2 - S^2}} < 0$，所以 R_h 是 R 的减函数。

这说明圆弧半径越大，理论粗糙度越小。不过，圆弧半径太大，容易引起工艺系统的振动，因此在试验中应该保证在不引起工艺系统振动的前提下，适当选取工具圆弧半径。

又因为 $\dfrac{\partial R_h}{\partial S} = \dfrac{1}{\sqrt{\dfrac{R^2}{S^2} - 1}} > 0$，所以 R_h 是 S 的增函数。因为角速度的幅值为频率与速度的幅值的乘积，也为频率的平方与位移幅值的乘积，所以位移的幅值为速度与频率的比值，即 $S = v/2f$。

因为粗糙度 R_h 是 S 的增函数，而 S 是 f 的减函数，所以 R_h 是 f 的减函数。也就是说，当超声振动频率越高时，工件表面的粗糙度越小。与常规挤压中没有超声频率的作用相比，这是一个很大的优势，也正是因为有超声高频率的存在，才可以避免常规挤压中的刮切现象，使表面质量提高，表面粗糙度值比较理想。式（4.21）能够说明在超声高频率的振动下，工件表面的粗糙度降低。

有文献表明，实际普通强化过程中，影响粗糙度的因素还有进给量 f、压力 p，主轴转速 n。它们之间有一个经验公式来描述表面粗糙度的变化规律，即：

$$Ra = K \cdot R^{a_1} \cdot f^{a_2} \cdot p^{a_3} \cdot n^{a_4} \qquad (4.23)$$

式中，Ra 为表面粗糙度；R 为工具头半径；f 为进给量；p 为挤压力；n 为主轴转速；K、a_1、a_2、a_3、a_4 为影响程度系数。

由上式可以看出，表面粗糙度值的大小与加工参数的选择也密切相关。对公式（4.22）进行修正，将超声频率引入，得如下公式：

$$R_a = K \cdot f_p^{a_p} R^{a_1} \cdot f^{a_2} \cdot p^{a_3} \cdot n^{a_4} \tag{4.24}$$

式中，f_p 为超声频率。

在前面的试验研究部分，选取了三个不同的加工参数，分别是工件转速 n、挤压力 p、进给量 f，试验结果表明，在不同的加工工艺参数下，得到的表面粗糙度数值是不同的，工艺参数要适中，不能过大也不能过小。此外，表面粗糙度试验是在叠加了超声波高频率振动和未超声强化两种工艺方法下进行的，而且经超声强化的工件表面粗糙度数值要比未超声强化处的低 90%，影响程度的大小在影响程度系数上体现。这与公式（4.23）的建立是完全一致的。另外，公式（4.21）表明了粗糙度数值是与工具头的圆弧半径成正比的，这在公式（4.23）上也反映了出来。所以，公式（4.23）的建立是具有实际的应用价值和说服力的。

图 4.9 是加工现场测量的表面粗糙度的对比图。

(a) $Ra0.402\mu m$　　　　　　　　(b) $Ra0.022\mu m$

图 4.9　超声强化前后材料的表面粗糙度对比

在超声振动挤压强化中，由于超声高频率振动的存在，使得其粗糙度发生了很大的变化。综上所述，超声挤压强化技术在产品生产中具有很大应用价值。

4.3　超声振动挤压强化运动及接触应力

4.3.1　超声振动挤压强化运动学

在强化表面上建立坐标轴，x 方向为工件的旋转方向，y 方向为工具头的振动方向，如图 4.10 所示为工具头的运动轨迹。

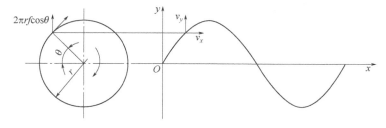

图 4.10　工具头的运动轨迹

由上图得出工具头的轨迹方程为：

$$\begin{cases} x = v_x t \\ y = A\sin(2\pi f t + \theta_0) \end{cases} \tag{4.25}$$

$$\begin{cases} v_x = v_l + v_f \\ v_l = 2\pi r n \end{cases} \tag{4.26}$$

式中，θ_0 为初始相位角；v_x 为工具头 x 方向的运动速度；v_l 为工件线速度；v_f 为进给速度。

超声强化过程的每个周期中工具头与工件分离，即工具头从 t_0 时刻压入工件表面，t_1 时刻退出，因此工具头的实际敲击工件的速度是分段连续的周期性函数。即运动规律为：

$$v = \sqrt{\left(\frac{\mathrm{d}x}{\mathrm{d}t}\right)^2 + \left(\frac{\mathrm{d}y}{\mathrm{d}t}\right)^2} = \begin{cases} \sqrt{(v_f + v_l)^2 + [2\pi f A\cos(2\pi f t + \theta_0)]^2}, & t_0 + nT \leqslant t \leqslant t_1 + nT \\ v_f + v_l, & t_1 + nT < t < t_0 + (n+1)T \\ & n = 0, 1, 2\cdots \end{cases} \tag{4.27}$$

在每一个强化周期刚开始后，工具头进行振动挤压强化，当一个强化周期结束之后下一个周期开始之前，工具头强化过程出现短暂的滑移，对已强化表面进行二次强化，可进一步减小表面粗糙度来熨平表面，提高表面硬度，增大残余压应力。

工具头是一个圆弧面，当其在超高频率的振动下锤击工件表面的同时，也以一定的进给速度向前运动，在工件表面上形成的是一个椭球缺，如图 4.11 所示。

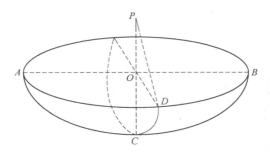

图 4.11　工件上的椭圆凹坑

在图 4.11 中，工具头在 t_0 时刻由 A 点压入工件表面，t_1 时刻在 B 点退出，所以，$OA=s$，$PC=R$，$OC=R_h$，$OD = \sqrt{R^2 - (R - R_h)^2} = \sqrt{2RR_h - R_h^2}$。由椭球缺的表面积公式 $S = (4\pi/3)(ab + bc + ac)$ 可得出，t_0 到 t_1 时间段内被强化的表面面积为：

$$\begin{cases} S = \dfrac{1}{2} \times \dfrac{4\pi}{3}(ab + bc + ac) \\ a = s = \dfrac{v}{2f} \\ b = \sqrt{2RR_h - R_h^2} \\ c = R_h \end{cases} \tag{4.28}$$

结合上述公式，计算得出 t_0 到 t_1 时间段内强化面积为：

$$S = \frac{v^2}{4f^2} + R\left(\sqrt{R^2 - \frac{v^2}{4f^2}} + \frac{v}{2f} - R\right) \tag{4.29}$$

由式（4.29）和式（4.26）可知，超声振动挤压强化对压实工件表面的面积与超声振动频率 f、超声振幅 A、工件转速 ω 等因素有关。所以，合理地选择超声挤压强化的参数，能使工件的表面质量得到很大程度上的改善。

叠加了超声波高频率振动的挤压强化，能够周期性间歇式地挤压工件表面，而且与工件表面的接触形式是椭圆形状，被压实工件的表面积与超声波的振动频率、振幅等因素有关，超声挤压强化工艺可以高效地使工件得到强化，改善其表面质量和使用性能。

4.3.2 超声振动挤压强化接触分析

1881 年，赫兹研究了在力的作用下，相互接触的玻璃透镜产生弹性变形的现象。提出了以下两点假设：

- 两物体的接触区域发生的变形是小变形；
- 接触面的形状是椭圆形的，接触面上也只作用垂直分布的压力，相接触的物体可以被看作是弹性半空间。

凡是满足以上两点假设的接触就可以称为是赫兹接触。

实际工程中的很多接触问题并不满足赫兹理论的条件。例如，接触面间存在摩擦时的滑动接触，两物体间有局部打滑现象存在的滚动接触，因两个接触物体的轮廓尺寸比较接近的协调接触等。两个弹性体相互接触处的应力状态的分析主要基于赫兹理论。在讨论弹性接触问题时，一般假设：

① 接触系统由两个相互接触的物体组成，并且不会产生刚体运动；
② 接触物体之间的变形都是小变形；
③ 应力与应变之间是线性关系；
④ 每个物体可被看成一个弹性半空间；
⑤ 接触表面认为是充分光滑的；
⑥ 不考虑接触面间的介质（如润滑油）问题、不计动摩擦的影响。

由此可知，在实际问题中两个不协调物体接触时，它们的接触面为椭圆形，这也符合在前面一小节中工具头在工件表面上形成一个椭球缺的理论分析。

4.3.3 超声振动挤压强化应力

当工具头撞击工件表面时，工件受力为 p，工具头与工件的接触面积远远小于整个工件的大小。在该区域内所产生的应力既不依靠物体远离接触区的形状，也不依靠支撑物体的方式。这就是把工件当作以平面为边界的半无限弹性体，也就是半无限平面问题。而且，在超声高频率的作用下，作用于工件表面的作用力并非简单的集中力，在工具头不断锤击工件表面的同时，就好像是无数的力锤击着工件表面。所以，作用于工件表面的力可以被看成是分布力。在这些力的作用下，工件表面产生小的凹坑。同时，工件表面发生拉伸屈服，在表面下方的材料会试图重新恢复到初始形状，因此会在凹坑下方产生一个球形的材料冷作硬化区，这个区域处于较高压应力作用下，见图 4.12。

金属结构在热处理、焊接、磨削和其他一些加工工艺过程中会产生拉应力，这样金属构件表层的原子则处于拉应力状态下。拉应力的存在就会拉动金属原子分离，致使拉应力区域裂纹极易传播，而经超声振动挤压强化后可以通过压实材料来引入表层的压应力层。

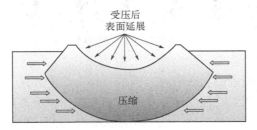

图 4.12　强化作用下残余应力情况

在塑性压入过程中，压头下方的材料在与表面相垂直的方向上受到的压力是永久性的，在与表面平行的方向上材料向直径方向产生膨胀现象。受压的固体在压力卸载后，开始塑性变形的恢复过程，在塑性恢复时，由于表面垂直的方向上应力会降低，但因产生塑性变形的材料在径向的膨胀是永久性的，就会使周围的弹性材料在径向产生的压应力保持不变。若卸载的过程也是弹性的，那么与接触压力的分布呈等值反向的表面法向力的分布会引起一种弹性应力系，残余应力可通过叠加这个弹性应力系得到。接触表面保持无力作用，内部残余力系是自平衡的。

一般认为，在超声振动挤压强化过程中，金属表层的原子会聚集收缩并且向外推动试图恢复它的原始形状。在压应力层内部原子间的结合力影响下，金属表面下方的原子被拉向外，这些原子为了抵制向外的拉力会产生内部拉应力，并与表面压应力一起保持零件内部应力的平衡。零件内部的拉应力不存在表层拉应力的问题，因而裂纹很少在内部产生。

本章参考文献

[1] Blaha F, Langenecker B. Tensile deformation of zinccrystal under ultrasonic vibration[J]. Nature, 1955, 42: 556.

[2] Rozner A G. Effect of ultrasonic vibration on coefficient of friction during strip drawing [J]. Journal of the Acoustical Society of America, 1971, 49(5A): 1368-1371.

[3] Hayashi M, Jin M, Thipprakmas S, et al. Simulation of ultrasonic-vibration drawing using the finite elementmethod [J]. Journal of Materials Processing Technology, 2003, 140(1): 30-35.

[4] Lucas M, Daud Y. A finite element model of ultrasonic extrusion [J]. Journal of Physics: Conference Series, 2009, 181(1): 012027.

[5] Manousakas I, Lin G H, Chang S J, et al. Application of ultrasonic extrusion in the preparation of liposomes [C]// 2010 4th International Conference on Bioinformatics and Biomedical Engineering. Chengdu, 2010: 1-4.

[6] Stan D, Serban I, Cioana C, et al. Study on the influence of the processing parameters in the ultrasonic activated injection and extrusion [J]. Quality and Innovation, 2012: 917-200.

[7] 王会英. 高速列车车轴材料超声挤压强化技术研究[D]. 北京: 北京交通大学, 2015.

[8] 杨小庆. 聚晶金刚石超声加工技术及机理研究[D]. 北京: 北京交通大学, 2014.

[9] Hwang C, Yu C H. Formation of nanostructured YSZ/Ni anode with pore channels by plasma spraying[J]. Surface & Coatings Technology, 2007, 201(12): 5954-5959.

[10] Bozdana A T, Gindy N Z, Li H. Deep cold rolling with ultrasonic vibrations-a new mechanical surface enhancement technique[J]. International Journal of Machine Tools & Manufacture, 2005, 45(6): 713-718.

[11] 王婷, 王东坡, 刘刚, 等. 40Cr 超声表面滚压加工纳米化[J]. 机械工程学报, 2009, 45(5): 177-183.

[12] 侯雅丽, 吴豪琼, 刘传绍. 纵-扭复合振动超声深滚加工试验研究[J]. 兵器材料科学与工程, 2015, 27(4): 2636-2640.

[13] 张勤俭, 王会英, 刘月明, 等. 30CrMoA 车轴材料超声表面挤压强化技术研究[J]. 应用基础与工程科学学报, 2015(S1): 177-184.

[14] 田斌, 岳文. 超声表面加工和硫氮共渗复合处理对 35CrMo 钢表面性能的影响[J]. 中国表面工程, 2016, 29(1): 103-110.

[15] Tsuji N, Tanaka S, Takasugi T. Effect of combined plasma-carburizing and deep-rolling on notch fatigue property of Ti-6Al-4 Valloy[J]. Material Science and Engineering A, 2009, 499(1-2): 482-488.

[16] Dai K, Shaw L. Analysis of fatigue resistance improvements via surface severe plastic deformation[J]. International Journal of Fatigue, 2008, 30(8): 1398-1408.

[17] Balusamy T, Kumar S, Narayanan T S N S. Effect of surface nanocrystallization on the corrosion behaviour of AISI 409 stainless steel[J]. Corrosion Science, 2010, 52(11): 3826-3834.

[18] Li G, Chen J, Guan D. Friction and wear behaviors of nanocrystalline surface layer of medium carbon steel[J]. Tribology International, 2010, 43(11): 2216-2221.

[19] Zhang Q J, Cao J G, Wang H Y. Ultrasonic surface strengthening of train axle material 30CrMoA[J]. Procedia Cirp, 2016, 42: 853-857.

[20] Zhu Y, Wang K, Li L, et a1. Evaluation of an ultrasound-aided deep rolling process for anti-fatigue applications[J]. Journal of Materials Engineering and Performance, 2009, 18(8): 1036-1040.

[21] Han C, Pyoun Y S, Kim C S. Ultrasonic micro-burnishing in view of eco-materials processing[J]. Advances in Technology of Materials and Materials Processing Journal, 2002, 4(1): 25-28.

[22] Deng J X, Lee T. Ultrasonic machining of alumina-based ceramic composites[J]. Journal of the European Ceramic Society, 2002, 22(8): 1235-1241.

[23] Hou Y L, Liu C S, Liu S Q. Effect of processing parameters on surface roughness in ultrasonic deep rolling 6061-T6 alμminμm alloy with longitudinal-torsional vibration[J]. Applied Mechanics and Materials, 2014, 722: 60-63.

[24] 刘宇. 金属表面超声滚压加工理论及表层力学性能研究[D]. 天津: 天津大学, 2012.

[25] Vilhauer B, Bennett C R, Matamoros A B, et al. Fatigue behavior of welded coverplates treated with ultrasonic impact treatment and bolting[J]. Engineering Structures, 2012, 34(1): 163-172.

[26] 杜济美. 超声挤压[J]. 新技术新工艺, 1982(5): 13-18.

[27]　岳峰.超声振动在挤压工艺上的应用[J].锻压机械, 1986(4): 22-24.

[28]　李义辉. 超声无磨料内圆抛光声学系统及抛光工艺研究[D]. 焦作: 河南理工大学, 2010.

[29]　蒋建军. 二维超声无磨料抛光工艺参数优选试验研究[D]. 焦作: 河南理工大学, 2010.

[30]　张洪丽. 超声振动辅助磨削技术及机理研究[D]. 济南: 山东大学, 2007.

[31]　彼得.艾伯哈特，胡斌.现代接触动力学[M]. 南京: 东南大学出版社, 2003.

[32]　徐秉业, 王建军.弹性力学[M]. 北京: 清华大学出版社, 2007.

第**5**章

超声能场发生装置

超声能场发生装置主要由超声发生器、信号传输装置、超声振子三部分组成，而超声振子又包括换能器、变幅杆、加工工具。装置研发的关键在于变幅杆的设计、振动系统电容匹配、实际工作过程中各元件间的配合状态等。

超声发生器即超声功率源，是将工频电流转变为超声频的振荡电流。超声波发生器实际上是功率信号发生器，它产生正弦或者类似正弦的信号，再传导给超声波换能器，换能器再将超声发生器产生的电信号转化成为相同频率的弹性振动。为了确保超声波发生器工作的稳定性，一般都有反馈环节，它的主要作用是提供输出功率信号，实时调节功率放大器，使功率放大稳定。功率超声电源还配有频率自动跟踪电路和阻抗匹配电路，以保证超声振动组件工作时谐振频率稳定，系统可靠运行。

5.1 超声换能器

超声换能器是将超声波发生器发出的电能转化为机械能的工具，是功率超声产生的基础。目前常用的超声换能器有两种类型：一是高压流体或气体声源，此种类型的声源获得的声功率较大，结构简单，但效率一般在 10% 左右；另一种是传统的磁致伸缩换能器，由于其效率低，价格昂贵，目前已很少使用。

功率超声换能器一般基于压电效应，是一类能实现力学量与电学量相互转换的重要功能器件，在医学、工业、交通运输和军事等领域存在着极为广泛的应用。最早的超声换能器可以追溯到 1917 年，Langevin 设计并制造了以石英作为压电元件的超声换能器，开启了夹心式超声换能器的先河。经过多年的发展与探索，随着钛酸钡与锆钛酸铅压电陶瓷的横空出世，极大扩宽了超声换能器的应用范围。相较于其他压电材料，压电陶瓷制备成本低，易与电路匹配且压电性能较为优良，常作为核心元件应用于超声换能器。

超声振子是超声换能器的主要组成部分，主要包括：变幅杆、压电陶瓷片、后端盖以及预紧螺栓、铜片五部分组成，其结构如图 5.1 所示。

压电陶瓷是一类极为重要的特种功能陶瓷，具有自发极化能力。随着外加电场场强逐渐增大，陶瓷极化强度呈非线性逐渐增大；逐渐降低场强，极化强度下降，且具有一定的滞后性。另外，压电陶瓷的自发极化受到居里温度的限制，超过这个温度，其内部晶格结构将发生改变，原本晶格中不重合的正、负电荷中心将发生重合，自发极化消失，陶瓷丧失压电性能。

当激励电信号连接在两端电极上时，压电片会根据电压和频率的变化产生振动和相应的变形。基于不同的激励电频信号，压电陶瓷片（图 5.2）会产生不同的振型，来满足实际的不同需求。不过，在实际的设计研究中，如果压电陶瓷片直径大于声波波长的 1/4，就会产生径向的振动，造成能量的损耗。因此需要选择相对较小的直径进行设计。目前压电陶瓷片的主要材质为锆钛酸铅，主要包括 PZT-4、PZT-5、PZT-8 等几种主要的型号。通过对比三种型号的压电陶瓷片发现，PZT-8 具有较高的稳定性，但是造价高、成本贵，PZT-5 主要应用于低频的扬声器中，不适用于超声中，PZT-4 材料稳定性适中、造价较低，因此此处选择 PZT-4 作为应用。

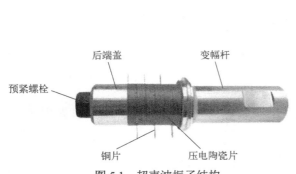

图 5.1　超声波振子结构

图 5.2　压电陶瓷片

超声变幅杆是超声振动系统的重要组成部分，安装变幅杆可以调整换能器与超声波工具头之间的负载匹配，降低谐振阻抗频率，提高换能器的电声转换效率，有效降低超声换能器热输出，提高超声换能器的使用寿命。变幅杆作为超声波发生器和被加工工件之间的纽带，对于提高振动加工的效率与质量具有重要意义。

压电换能器中压电片、端盖间有多个装配结合面。装配结合面，即通过一定的条件使两种物体相互接触而形成的面，一般是两种不同的材料，其物理、化学、力学特性都有所差别，而在零件在制造过程中，由于机床的振动，加工工艺的不同，零件表面的状态也会有所差别，使结合面具有强烈的非线性，故装配在一起的结构动态特性也会有不同。

超声换能器作为声学振动组件，其主要性能参数包括静态测试性能参数和动态测试性能参数。

（1）静态测试性能参数

① 谐振频率。声学振动组件产生机械共振的频率点，在设计时将其与超声电源的工作频率相等或接近。若声学振动组件的谐振频率点与超声电源所提供的工作频率偏差较大，则会导致超声电源不能很好地跟踪共振点甚至跟踪不到共振点，造成声学振动组件无法起振或振幅达不到要求。

② 阻抗特性。超声电源与声学振动组件阻抗特性匹配的关键因素，主要有自由电容和动态电阻。自由电容主要由压电材料振动而产生，当声学振动组件的换能器确定后，其自由电容值基本确定且变化量不大，故动态电阻是阻抗特性主要考虑的因素。

③ 品质因数。反映声学振动组件阻尼的一个标量，代表声学振动组件中能量损耗的大小，其值越大，能量损耗就越小，阻尼越小，声学振动组件中超声波传递的效率就越高。但是其值也不宜过高，过高的品质因数会使频率带宽变窄，声学振动组件的稳定性就会有所下

降。故声学振动组件的品质因数的取值要适中，取 1000～3000 即可。

④ 频率带宽。反映声学振动组件工作稳定性的物理量。声学振动组件的频带越宽，适应能力就越强，越稳定。频带越窄，适应能力就越弱，稳定性越差，对超声电源的跟踪能力要求就越高。不过，声学振动组件在实际工作中频率会发生变化，故声学振动组件的频率带宽不宜过小。

（2）动态测试性能参数

动态测试性能参数指声学振动组件在工况空载时，设计要求达到的工作性能指标。

① 振幅。振幅是超声加工应用中的重要参数，对于不同的应用场合需要有不同的设计振幅值，故振幅的测量至关重要。

② 频率漂移。声学振动组件在工作时频率会随工作时间的增加而降低，频率漂移过大会导致超声电源无法匹配。

③ 温度。声学振动组件中超声换能器在高频振动下温度会升高，温度的升高会使声学振动组件的性能参数发生改变，同等振幅下声学振动组件温度越小越好。

④ 功率。反映声学振动组件在工作时所需能量的大小，即相同工况下能量的利用率，同等振幅下功率越小越好。

5.2 变幅杆

20 世纪 40 年代，超声变幅杆最先由科学家 Maso 发明，超声变幅杆的出现扩展了超声波的应用范围，加速工业领域中超声加工的应用。50 年代，Mepxyob 提出了多级复合变幅杆，使变幅杆由单一截面杆扩展到了多级截面杆。60 年代，EEisner 设计出了大振幅的高斯形变幅杆，并提出了形状因数的概念。90 年代，Seah 等利用有限元法对变幅杆的弯曲振动的固有频率做了研究。随着功率超声的广泛应用，为提高工作效率，大振幅的变幅杆成为研究者追逐的热点。

在实际的工作状态中，当外激声波频率较小时，此时超声换能器的振幅仅有几微米（4～10μm），无法满足功率超声的需求。多数应用场合，均需要尽量扩大超声变幅杆的振幅，振幅越大，效果越好。因此需要采用变幅杆将振动的质点的位移以及振幅进行放大，并且将超声的能量汇聚在较小的面积上。

5.2.1 变幅杆的结构及设计

按变幅杆的母线形状分类，可分为阶梯形、指数形、悬链线形、圆锥形、高斯形、傅里叶形、余弦形等变幅杆，包括两种及两种以上的母线形状的变幅杆称为复合型变幅杆。按变幅杆波长分，又可分为四分之一波长和半波长变幅杆，其中四分之一波长变幅杆主要用于阻抗匹配，而半波长变幅杆主要用于能量传递。按变幅杆的振动种类分，可以将其分为纵振、弯振、扭振以及纵弯和纵扭五类。

（1）声学性能参数

超声波变幅杆的声学性能可以通过许多参数来描述，在实际应用中较重要的有：谐振频率、放大系数、形状因数以及位移节点等。

① 谐振频率。谐振频率是衡量超声波变幅杆动力学特征的重要指标。从机械振动理论可以得知，纵向振动变幅杆沿其轴向进行弹性振动，当变幅杆的形状和长度确定后其固有频

率也就确定，当外界激振力的频率和变幅杆的固有频率相等时，就会发生共振，这时变幅杆输出端的振幅和速度最大，这个频率就叫作谐振频率。变幅杆的材料和形状都会影响其谐振频率。

② 放大系数。放大系数是变幅杆做简谐振动时其输出端的质点位移与输入端质点位移的比值。变幅杆之所以能放大位移或速度，是因为通过其任意横截面的总能量是不变的，由于能量密度和振幅的平方成正比。所以，横截面小的地方，能量密度大，振幅就得到了放大。放大系数与超声波变幅杆的形状有关，在大小端直径一定的情况下，阶梯形变幅杆的放大系数最大，指数形和悬链线形次之，圆锥形的最小。

③ 形状因数。形状因数是用来衡量变幅杆最大振动速度的一个重要指标，其和变幅杆的最大振动速度成正比，而且只和变幅杆的几何形状有关。

④ 位移节点。半波长的变幅杆在振动过程中，其轴向各点的纵向振动位移幅值是按正弦波规律分布的，振幅从输入端的最大逐渐减小为零，然后再沿反向不断增大，并在输出端达到峰值，位移节点就是振动位移恒为零的坐标点。在超声切割加工中，超声振动系统需要固定在机架上，为避免影响超声振动系统的正常工作，应在变幅杆轴向位移为零处，即节点处固定。

（2）变幅杆的设计方法

变幅杆的类别众多，但其设计和分析步骤类似。目前，变幅杆的设计和分析方法主要有：

① 传统解析法。传统解析法的设计路径：将变幅杆各变截面段的面积函数代入变截面杆的纵向振动的波动方程，再利用变幅杆各段的边界条件求解出波动方程中的待定系数，从而得到变幅杆的频率方程以及变幅杆各性能参数的表达式。

② 四端网络法。四端网络法的设计路径：将边界条件代入变幅杆振动方程获得机械振动方程组，用变幅杆振动的四端网络和对应传输矩阵来表示该方程组，再进行后续计算。该方法是对传统解析法的改进，简化了变幅杆的设计和计算。

③ 等效电路法。等效电路法的设计路径：将变幅杆各变截面段的边界条件中的振速、力、力阻抗类比为电路中的电流、电压、电阻抗，从而建立机械四端网络的等效电路，求解变幅杆性能参数。

④ 有限元法。有限元法的设计路径：借助有限元软件对变幅杆的三维模型进行有限元分析，获取变幅杆的性能参数的数值解，并以此为依据修正变幅杆的设计。相比有限元法，传统解析法、四端网络法和等效电路法的局限性较为明显，它们只适用于对谐振状态的变幅杆进行分析，由于是基于变幅杆的简化数学模型进行分析，变幅杆性能参数都是以解析式的形式给出，计算和分析过程较为复杂。有限元法仅需导入变幅杆三维模型并完成初始设置，具体的计算过程由计算机完成，计算结果可以是数值形式输出，还可以通过图像的形式直观显示变幅杆的振动模态、应力分析以及位移分布等。有限元法不受变幅杆形状、边界条件、模态振型限制，可以求解变幅杆各阶模态以及非谐振状态下的响应，是更为理想的变幅杆设计分析方法。

纵振变幅杆一共有三种常见的形式如图 5.3 所示。

这三种形式的变幅杆长度相同时，圆锥型变幅杆通常放大倍数最小，放大效果差，增长其长度会增加设备的重量，所以暂不考虑使用。指数型变幅杆设计和制造的难度非常大，此种方法效果最好，但当放大倍数较大时，指数型变幅杆易断裂，需要使用较昂贵的材料设计，所以暂不考虑使用。阶梯型变幅杆则综合了这两种变幅杆的优点，放大倍数符合要求，设计简单且容易加工。

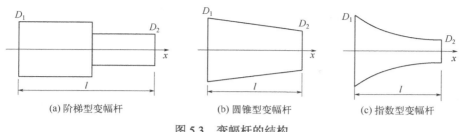

(a) 阶梯型变幅杆   (b) 圆锥型变幅杆   (c) 指数型变幅杆

图 5.3 变幅杆的结构

5.2.2 变幅杆的材料

变幅杆的使用寿命和性能很大程度上取决于材料特性，通常变幅杆材料的选择需要注意以下三点：

① 能够长时间在高频高压下工作。

② 易于机加工，成本低廉。

③ 工作时能量传递损耗小，声阻抗率小。

通常变幅杆的材料选择结构钢、铝合金以及钛合金等。铝合金的材料强度较低，不符合第一个条件。钛合金的加工难度大，成本高，不符合第二点。钢材料的变幅杆具有成本低、易加工、强度大的特点，通常选择 45 钢。见表 5.1。

表 5.1 变幅杆的材质特性

材质	弹性模量/GPa	泊松比	密度/kg·m^{-3}	纵波声速/m·s^{-1}
结构钢	20	0.30	7865	5100
铝材	7.1	0.33	2700	5200
钛合金	110	0.33	4940	5700

5.2.3 变幅杆的理论模型

图 5.4 所示对于变幅杆，取其中的一个界面，假设杆架材料均匀且各向同性，忽略过程中的机械损耗，超声波沿纵向传播，界面上的应力分布均匀。

根据牛顿第二定律可以推导出变幅杆的谐振方程：

$$\frac{\partial}{\partial x}\left[ES(x)\frac{\partial \xi}{\partial x}\right]\mathrm{d}x = \rho S(x)\mathrm{d}x\frac{\partial^2 \xi}{\partial t^2} \tag{5.1}$$

式中，$S(x)$ 表示任意截面面积函数；E 为弹性模量；$\partial \xi / \partial x$ 为应变；$\xi = \xi(x,t)$ 为质点的位移函数。

当变幅杆往复周期运动时，令 $\xi(x,t)=u(x)\mathrm{e}^{\mathrm{j}\omega t}$，由式（5.1）可得任意截面的波动方程：

$$\frac{\partial^2 u(x)}{\partial x^2} + \frac{1}{S(x)} \times \frac{\partial S(x)}{\partial x} \times \frac{\partial u(x)}{\partial x} + k^2 u(x) = 0 \tag{5.2}$$

式中，$k=\omega/c$，k 为波数，ω 为波频率，$c=\sqrt{E/\rho}$ 表示波在材料中的传播速度。

弹性振动理论模型如图 5.5 所示。

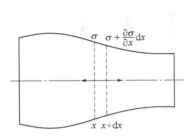

图 5.4 变截面杆的纵振模型

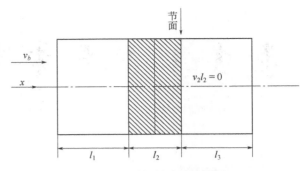

图 5.5 弹性振动理论模型

在谐振条件下阶梯型变幅杆的纵向振动方程为：

$$\frac{\partial^2 \varepsilon}{\partial x^2} + \frac{1}{S(x)} \times \frac{\partial S(x)}{\partial x} \times \frac{\partial \varepsilon}{\partial x} + k^2 \varepsilon = 0 \tag{5.3}$$

式中，k 为圆波数，$k = \dfrac{\omega}{c}$，ω 为圆频率，c 为纵波在圆棒中的传播速度，$c = \sqrt{E/\rho}$，E 为弹性模量，ρ 为材料密度。

换能器的部分振速方程为：

$$\frac{\partial^2 v_n}{\partial x_n^2} + \kappa_n^2 v_n = 0 \tag{5.4}$$

上述公式的通解为：

$$v_n(x_n) = A_n \sin(\kappa_n x_n) + B_n \cos(\kappa_n x_n)$$
$$F_n(x_n) = -jZ_n[A\cos(\kappa_n x_n) - B_n \sin(\kappa_n x_n)] \tag{5.5}$$

式中，$Z_n = \rho_n c_n S_n$ 为换能器各个部分的声阻抗特性，S 为换能器的各个节面的截面积。

在实际的工作环境中，换能器的后盖板直接位于空气中，因此压力条件为零，则其他的边界条件为：

$$\begin{cases} v_1(0) = v_b \\ v_1(l_1) = v_2(0) \\ v_2(l_2) = 0 \\ F_1(0) = 0 \\ F_2(0) = F_1(l_1) \end{cases} \tag{5.6}$$

式中，v_b 为换能器后端盖的振速。通过联立可以求解出换能器的各部分振速分布、应力分布以及频率方程。

其中振速方程为：

$$\begin{cases} v_1(x_1) = v_b \cos[k_1(l_1 - x_1)] \\ v_2(x_2) = v_b \dfrac{\cos(k_1 l_1)}{\sin(k_2 l_2)} \sin[k_2 x_2] \end{cases} \tag{5.7}$$

应力分布为：

$$\begin{cases} T_1(x_1) = j\rho_1 c_1 v_b \sin k_1(l_1 - x_1) \\ T_2(x_2) = j\rho_2 c_2 v_b \dfrac{\cos(k_1 l_1)}{\sin(k_2 l_2)} \cos[k_2 x_2] \end{cases} \tag{5.8}$$

频率方程为：

$$\tan(k_2 l_2)\tan(k_1 l_1) = Z_2 / Z_1 \tag{5.9}$$

前后振速比为：

$$\left|\frac{v_f}{v_b}\right| = \frac{Z_2}{Z_3} \times \frac{1}{\sin(k_2 l_2)\sqrt{1 + \left(\dfrac{Z_2}{Z_1}\right)^2 \cot^2(k_2 l_2)}} \tag{5.10}$$

式中，v_f 为换能器前端面振动速度。

振速节面在前的半波长超声换能器节面右侧的长度 $l_3 = \lambda/4$，λ 为超声波的波长。因此，对于材料均匀的变幅杆，采用 1/4 波长变幅杆进行设计，其中，1/4 波长变幅杆的质点位移节点有两个具体位置，分别位于变截面杆的大端与小端。当 1/4 波长变幅杆的一端位于波节点时，振动位移或速度为零。在理想状态下，无损耗的 1/4 波长变幅杆放大系数 M_p 为无限大，节点一端的输入阻抗 Z_i 也为无限大。在现实中，材料是有损耗的，杆的另一端也有载荷，因此 M_p 和 Z_i 是一个有限值。由于 1/4 波长变幅杆的 Z_i 和 M_p 值较大，因此在换能器设计中常将其用作阻抗匹配组合，来提高换能器的辐射效率。基于换能器的结构，将变幅杆的节点选择在直径较大的一段，建立的模型如图 5.6 所示，下面对阶梯型变幅杆进行设计分析。

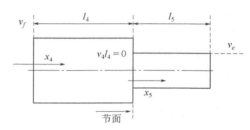

图 5.6 变幅杆设计模型

根据上述模型建立弹性均匀杆的连续性边界条件：

$$\begin{cases} v_4(0) = v_f \\ v_4(l_4) = 0 \\ v_5(l_5) = v_e \\ F_4(0) = 0 \\ F_4(l_4) = F_5(0) \\ F_5(l_5) = 0 \end{cases} \tag{5.11}$$

式中，v_f 为变幅杆的输入端的振速；v_e 为变幅杆的输出端的振速。

由于变幅杆整体都是暴露在空气中，边界条件如式（5.11）所示，联立上述公式求解变幅杆的振动速度为：

$$v_4(x_4) = v_e \frac{\cos(k_5 l_5)}{\sin(k_4 l_4)}\sin(k_4 x_4) \tag{5.12}$$

$$v_5(x_5) = v_e \cos[k_5(l_5 - x_5)] \tag{5.13}$$

变幅杆的应力分布为：

$$T_4(x_4) = -\mathrm{j}\rho_4 c_4 v_e \left[\frac{\cos(k_5 l_5)}{\sin(k_4 l_4)} \cos(k_4 l_4) \right] \qquad (5.14)$$

$$T_5(x_5) = -\mathrm{j}\rho_5 c_5 v_e \sin[k_5(l_5 - x_5)] \qquad (5.15)$$

纵向振动的频率方程为：

$$Z_4 \tan(k_4 l_4) + Z_5 \tan(k_5 l_5) = 0 \qquad (5.16)$$

振幅放大系数为：

$$\left| \frac{v_e}{v_f} \right| = \frac{Z_4}{Z_5} \frac{\sin(k_4 l_4)}{\sin(k_5 l_5)} \qquad (5.17)$$

变幅杆的放大比为：

$$M_p = D_1 / D_2 \qquad (5.18)$$

式中，D_1 为大端直径；D_2 为小端直径。

在设计变幅杆的长度时，需要直接将变幅杆与压电陶瓷片利用变幅杆的大端进行螺纹连接。同时，变幅杆的直径大小会影响输出端的放大比。本小节内容拟设计一款频率为 28kHz 的超声换能器，综合考虑后取变幅杆的大端的直径为 40mm，同时为保障足够的放大比，取小端的直径为 20mm，将小端长度与大端长度设计相等，即 $l_5 = l_4 = \lambda/2 = 21\text{mm}$。大端直径为 40mm，小端直径为 20mm，通过计算得到放大比为 $M_p = 2$。

在实际的变幅杆的设计过程中，由于材料的硬质属性以及阶梯型变幅杆容易产生应力集中导致材料损坏，为提高实际的谐振频率，使设计的变幅杆的实际频率与理论的频率误差降到最小，所以对变幅杆的设计要增加过渡圆弧。

最佳的过渡圆弧的半径 R 与 N 的计算公式为：

$$a = D_2 / l = 0.5 \qquad (5.19)$$

对上述的变幅杆参数利用建模进行零件图的绘制，绘制的过渡圆弧阶梯型变幅杆的结构如图 5.7。

超声换能器变幅杆的尺寸、结构基本确定，但是在实际的变幅杆的组装中，还需要考虑通过螺栓连接的压电陶瓷片、后端盖、工具头安装的整体性。对所设计变幅杆的结构进行了一定的改进，增加法兰盘的设计能够较好地降低阻抗效率，也能够很好地将最大振幅的位置置于工具头上，改良后的结构如图 5.8 所示。

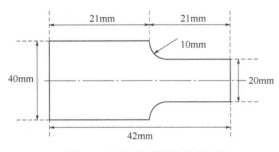

图 5.7　过渡圆弧阶梯型变幅杆

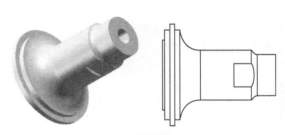

图 5.8　改良后的阶梯型变幅杆

（1）变幅杆尺寸

为了保证声波更有效地传递，变幅杆的大径等于换能器大径，取变幅杆大端直径40mm。对小径的选取要结合实际经验，太大会导致增大效果不好，太小又容易导致变幅杆强度降低，综合考虑，取小端的直径为20mm。

（2）谐振长度 l 及放大比 M_p

声波在45钢中的传播速度为 $C=5160$m/s，需要设计换能器的频率为 $f=20$kHz，谐振长度 $l=258$mm。

使用计算软件绘制放大比和变幅杆大小端长度的关系如图5.9所示。

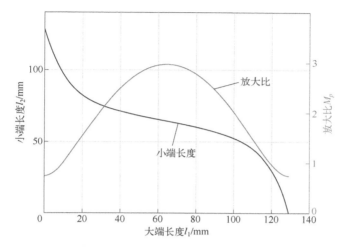

图5.9 阶梯型变幅杆放大比与变幅杆长度的关系

从图5.9中可以看出随着大端长度的增加，放大比先增大后减小，长度在60mm附近时达到最大，此时小端的长度也为60mm左右。因此，为了获得最大的放大比，需要将大端的长度和小端的长度设计成相等。当 $l_1=l_2=\lambda/4$ 时，放大系数达最大值，因此取 $l_1=l_2=\lambda/4$。此时 $l=l_1+l_2=\lambda/2=129$mm，放大比 $M_p=D_1^2/D_2^2=2.25$。

（3）轴向位移和应变理论

已知换能器的输出端振幅与变幅杆的输入端振幅相等，为6μm，可以得到变幅杆输入输出的位移及应变分布分别为：

$$\xi_a = 0.006 \times \cos[2.44 \times 10^{-2} \times (64.5+x)] \tag{5.20}$$

$$\xi_b = -0.024 \times \sin(2.44 \times 10^{-2} \times 64.5) \times \sin(2.44 \times 10^{-2} x) \tag{5.21}$$

$$\frac{\partial \xi_a}{\partial x} = -2.44 \times 10^{-4} \sin[2.44 \times 10^{-2} \times (64.5+x)] \tag{5.22}$$

$$\frac{\partial \xi_b}{\partial x} = -2.25 \times 2.44 \times 10^{-4} \sin(2.44 \times 10^{-2} \times 64.5) \times \cos(2.44 \times 10^{-2} x) \tag{5.23}$$

可得变幅杆的理论轴向各位置的位移分布曲线如图5.10所示。

由图5.10可知，输入端与输出端的位移比值为2.25，振幅为原来的2.25倍左右。变幅杆的轴向应变分布曲线如图5.11所示。

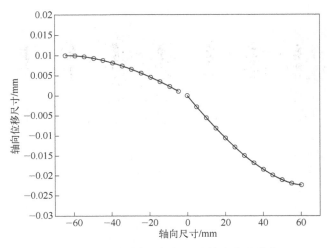

图 5.10　阶梯型变幅杆的理论轴向位移分布

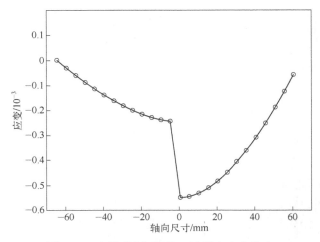

图 5.11　阶梯型变幅杆的理论轴向应变分布

由图 5.11 可知，应力在突变区域发生了巨大的变化，需要对此点进行过渡，提高变幅杆的寿命。

（4）过渡圆弧半径 R

阶梯型变幅杆在截面变化处存在应力集中，容易影响变幅杆的寿命，造成断裂，所以需要降低应力集中的现象，在阶梯变幅杆的截面变化位置引入圆弧过渡，参考阶梯变幅杆最佳过渡圆弧半径 R 与 N 的关系图 5.12 可得。

$$\alpha = D_1 / l = 60 / 129 = 0.45 \tag{5.24}$$

$$N = D_1 / D_2 = 1.5 \tag{5.25}$$

当 $\alpha = 0.45$ ，$N = 1.5$ 时，R / D_2 约为 0.425，可得 $R = D_2 \times 0.425 = 17\text{mm}$ 。

5.2.4　变幅杆的有限元分析

有限元分析方法近年来在计算机技术和数值分析方法的支持下飞速发展，能够高效率地

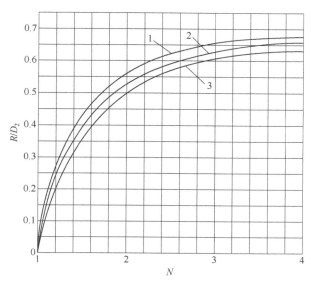

图 5.12　阶梯型变幅杆最佳过渡圆弧半径 R 与 N 的关系

1—α=0.45；2—α=0.25～0.45；3—α=0.25

求解复杂的问题，在工程上有着广泛的应用。尤其是在结构强度、温度、流体、电磁场等技术参数的分析计算中，涉及偏微分方程的问题通过解析求解非常困难，而采用有限元分析法能够避免这些复杂的问题。

有限元方法的基本思想是将连续体离散化，把需要求解的部分离散成很多个单元组成的集合，单元之间通过节点连接。离散化之后，之前的连续性偏微分方程可以转化为对方程组的求解。有限元分析法采用分块近似，将单元划分成形状和尺寸近似的网格，使得每段函数求解尽量简单，可以很好地求解复杂的几何形状。

为保证被加工零件的精度和加工效率，变幅杆必须具有良好的动态特性，故采用有限元软件对其进行模态分析和谐响应分析。软件具有以下特点：

① 具有优良的用户操作和开发环境，便于人机交互。

② 求解精度高、速度快。

③ 集多场分析于一体。

④ 智能网格生成器。

（1）有限元分析动力学理论

基本方程是弹性动力学分析的基础。当弹性体在体积力和表面力的作用下处于平衡状态时，其上任意一点的应力状态可由 σ_x、σ_y、σ_z、τ_{xy}、τ_{yz}、τ_{xz} 来表示。其在外载荷作用下的位移和应变可由位移向量 $\boldsymbol{u} = [u\ v\ w]^{\mathrm{T}}$ 和应变向量 $\boldsymbol{\varepsilon} = [\varepsilon_x\ \varepsilon_y\ \varepsilon_z\ \varepsilon_{xy}\ \varepsilon_{yz}\ \varepsilon_{xz}]$ 来表示。在三维模型的整个体积范围内，基本方程的矩阵形式如下。

平衡方程为：

$$A\boldsymbol{\sigma} + \boldsymbol{f} = \rho \ddot{\boldsymbol{u}} + \mu \dot{\boldsymbol{u}} \tag{5.26}$$

几何方程为：

$$\boldsymbol{\varepsilon} = A^{\mathrm{T}} \boldsymbol{u} \tag{5.27}$$

物理方程为：

$$\boldsymbol{\sigma} = \boldsymbol{D\varepsilon} \qquad (5.28)$$

边界条件为：

$$\begin{cases} \boldsymbol{u} = \bar{\boldsymbol{u}} & \text{在} S_u \text{边界上} \\ \boldsymbol{n\sigma} = \bar{\boldsymbol{T}} & \text{在} S_\sigma \text{边界上} \end{cases} \qquad (5.29)$$

初始条件为：

$$\begin{cases} \boldsymbol{u}_{(t=0)} = \boldsymbol{u}_0 \\ \dot{\boldsymbol{u}}_{(t=0)} = \dot{\boldsymbol{u}}_0 \end{cases} \qquad (5.30)$$

平衡方程中，$\boldsymbol{A}$ 为微分算子，可表示为 $\boldsymbol{A} = \begin{bmatrix} \dfrac{\partial}{\partial x} & 0 & 0 & \dfrac{\partial}{\partial y} & 0 & \dfrac{\partial}{\partial z} \\ 0 & \dfrac{\partial}{\partial y} & 0 & \dfrac{\partial}{\partial x} & \dfrac{\partial}{\partial z} & 0 \\ 0 & 0 & \dfrac{\partial}{\partial z} & 0 & \dfrac{\partial}{\partial y} & \dfrac{\partial}{\partial x} \end{bmatrix}$，$\boldsymbol{f}$、$\ddot{\boldsymbol{u}}$ 和 $\dot{\boldsymbol{u}}$ 为几

何体上任意一点的体积力、加速度和速度向量。ρ 是几何体的密度，u 是几何体上点的位移，$\rho\ddot{u}$ 是单位体积上的惯性力。物理方程中，$\boldsymbol{D}$ 为弹性参数矩阵，由材料的弹性模量 E 和泊松

比 ν 决定。边界条件中，$\boldsymbol{n}$ 为方向余弦矩阵，可表示为 $\boldsymbol{n} = \begin{bmatrix} n_x & 0 & 0 & n_y & 0 & n_z \\ 0 & n_y & 0 & n_x & n_z & 0 \\ 0 & 0 & n_z & 0 & n_y & n_x \end{bmatrix}$，$\bar{\boldsymbol{T}}$ 为边界

上单位面积上的内力向量。在动力学分析中，载荷、位移、应变、应力都是时间的函数，求解时需设置初始条件。

（2）阶梯型变幅杆的模态分析

① 模态分析理论。超声变幅杆在有限元软件中的模态分析过程如下：

a. 建立模型：包括定义文件名和标题、定义单元类型、定义材料性能参数、建立零部件的有限元模型。

b. 加载与求解：包括进入求解器、定义分析类型和分析选项、定义主自由度、在模型上施加载荷、指定载荷步选项、存储文件、开始求解计算、退出求解器。

c. 扩展模态：包括再次进入求解器、激活扩展处理和相关选项、指定载荷步选项、开始扩展处理、退出求解器。

d. 观察求解结果：通过后处理器模块来观察求解得到的结果。主要包括变幅杆的固有频率、振型，应力分布云图和位移曲线图等。

模态分析是求几何体固有频率和振型的过程，在进行模态分析时，弹性体的动力学方程可描述为：

$$\boldsymbol{M\ddot{u}} + \boldsymbol{C\dot{u}} + \boldsymbol{Ku} = \boldsymbol{F}(t) \qquad (5.31)$$

$$\boldsymbol{F}(t) = \sum_{n=1}^{n_0} \boldsymbol{F}_n(t) \qquad (5.32)$$

式中，$\boldsymbol{M}$ 是系统质量矩阵；$\boldsymbol{C}$ 是系统阻尼矩阵；$\boldsymbol{K}$ 是系统刚度矩阵；$\boldsymbol{u}$ 是位移向量；n 为网格划分后的单元体数量；$\boldsymbol{F}(t)$ 为单元体的负载向量相互作用产生的节点负载向量。

一般情况下，弹性体无外载荷约束，当忽略系统阻尼时，式（5.31）可化为：

$$M\ddot{u} + Ku = 0 \tag{5.33}$$

弹性体的自由振动可以分解为简谐振动的叠加，故在求解弹性体自由振动的固有频率和振型时，有：

$$u = u\sin(\omega t) \tag{5.34}$$

代入式（5.33），得：

$$(K - \omega^2 M)\ddot{u} = 0 \tag{5.35}$$

求解式（5.35）的过程是求解特征值的过程，ω^2 和 $\ddot{u}$ 分别为广义特征值和广义特征向量，求解的 ω 和 u 分别为固有频率和对应的位移向量。位移向量构成的矩阵 U 称为固有振型矩阵。通常情况下，U 为正交矩阵。

对于 n 自由度的简谐运动，引入模态坐标 q，对式（5.35）进行解耦得：

$$u_r = Uq \tag{5.36}$$

代入式（5.31），当无外载荷时，可得：

$$MU\ddot{q} + CU\dot{q} + KUq = 0 \tag{5.37}$$

左乘 U^{T}，得：

$$U^{\mathrm{T}}MU\ddot{q} + U^{\mathrm{T}}CU\dot{q} + U^{\mathrm{T}}KUq = 0 \tag{5.38}$$

M 和 K 是正定或半正定矩阵，具有正交性。

$$CM^{-1}K = KM^{-1}C \tag{5.39}$$

这样，$U^{\mathrm{T}}CU$ 便可进行对角化。

$$M_r\ddot{q} + C_r\dot{q} + K_rq = 0 \tag{5.40}$$

式中，$M_r = U^{\mathrm{T}}MU$ 为对角化的系统质量矩阵；$C_r = U^{\mathrm{T}}CU$ 为对角化的系统阻尼矩阵；$K_r = U^{\mathrm{T}}KU$ 为对角化的系统刚度矩阵。

这样，微分方程可被分解为相互独立的 n 个方程组，从而进行求解和分析。

② 模态提取方法。模态分析只能进行线性计算，如果是非线性单元，也要当成线性单元来处理。模态提取方法有如下几种：Block Lanczos、Subspace、Power Dynamics、Reduced、Unsymmetric、Damped。通常，Block Lanczos 的计算速度和精度比较高。

③ 模态分析。利用对阶梯型变幅杆进行模态分析，可获得变幅杆在各阶模态下的固有频率及对应的振型情况。根据前一小节对变幅杆的设计建立变幅杆的三维模型，为了使结果更加精确，采用多区域自适应网格划分的方法划分网格，得到的网格为六面体网格。通过划分，得到 24250 个单元节点和 5406 个网格，图 5.13 为网格划分后的模型。

变幅杆的固有频率是在无约束的自由状态下的模态频率。因此，模态分析过程不施加任何边界条件，模态搜索区间为 0～25kHz，后处理获得了变幅杆的 13 阶模态如图 5.14 所示。

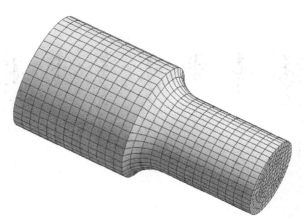

图 5.13　网格划分后的模型

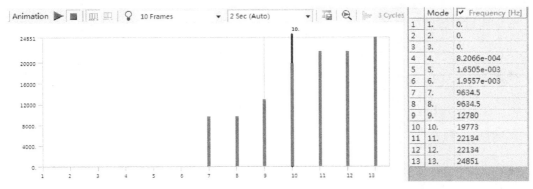

	Mode	☑ Frequency [Hz]
1	1.	0.
2	2.	0.
3	3.	0.
4	4.	8.2066e-004
5	5.	1.6505e-003
6	6.	1.9557e-003
7	7.	9634.5
8	8.	9634.5
9	9.	12780
10	10.	19773
11	11.	22134
12	12.	22134
13	13.	24851

图 5.14　变幅杆自由状态下各阶固有频率

可知变幅杆在第 10 阶模态下做轴向振动，且最接近换能器的谐振频率，因此取第 10 阶频率作为阶梯型变幅杆的固有频率，此时固有频率为 19773Hz。

此频率下的振动情况如图 5.15 所示。

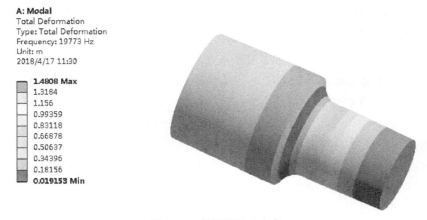

图 5.15　变幅杆振动应变

（3）阶梯型变幅杆的谐响应分析

谐响应分析称为频率响应分析，可以确定结构在正弦载荷作用下的稳态响应。其输入是频率和幅值已知的简谐载荷（压力、力或位移），或同一频率的多个载荷，输出是每个自由度的谐位移、应变和应力等。谐响应分析主要是计算结构在激励频率下的响应，并得到对应频率的响应值曲线。

谐响应分析所施加的载荷按照正弦规律变化，正弦函数包括幅值、相位角、强制频率范围或是已知频率的值。幅值是载荷的最大值，相位是时间的度量，它表示载荷相对于参考值是超前还是滞后，如图 5.16 所示，如果施加多组相位角不同的载荷时，则需要得出各自的相位角。

首先通过模态分析获得阶梯型变幅杆的谐振频率，但是由模态分析得到的位移云图只是有关质量矩阵或单位矩阵归一化的相对值。谐响应分析可计算出结构在特定频率下的实际响应值，即可计算出谐振频率处的实际应力应变。因此，若想获得阶梯型变幅杆在谐振频率处的实际响应值，便需对变幅杆进行谐响应分析。

谐响应分析主要有三种方法：Full 法、Reduced 法和 Mode Superposition 法，此处选择 Full 法对变幅杆进行谐响应分析。

在变幅杆大端面施加轴向 6μm 的位移约束，为了得到变幅杆的应力最大位置和应力分布情况，需要使谐振频率与固有频率相同，因此主要计算变幅杆频率为 19773Hz 时的位移、应力和应变响应。求解完成后进入后处理模块，得到变幅杆的谐振位移曲线图 5.17。

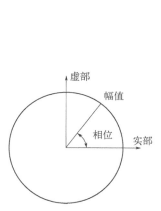

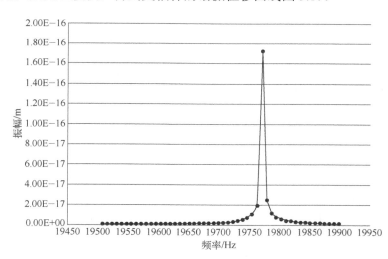

图 5.16 实部和虚部关系　　　　　　图 5.17 变幅杆的谐振位移曲线图

从图 5.17 中可以看出在频率接近 19773Hz 时，变幅杆的谐振位移达到峰值，这和变幅杆的固有频率相同。得到固有频率下的位移分布云图如图 5.18 所示。

从图 5.18 可知，变幅杆的小端面处输出振幅的绝对值最大，变幅杆输出端振幅为 13.2μm，可知放大系数为 2.2，与理论计算的放大系数基本吻合。变幅杆的应力分布云图如图 5.19 所示。

变幅杆的最大应力点位于阶梯处，由图 5.19 可知，最大应力为 81.7MPa，小于材料的许用安全应力 600MPa，故变幅杆结构可靠性很高。

表 5.2 是理论计算值与模拟值的比较，可知谐振频率和放大系数的模拟值与理论值相对误差较小，小于 5%，因此可认为变幅杆的设计是合理的。模拟值与理论值存在相对误差是因为阶梯型变幅杆在理论计算时采用了理想假设，此外模拟计算时网格划分会影响计算精度，在变截面处圆角的结构对结果会有一定的影响。

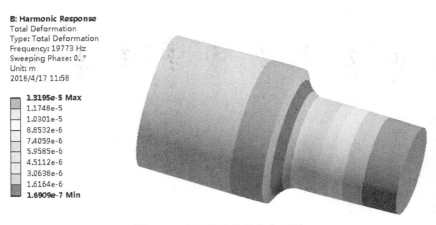

图 5.18　变幅杆的位移分布云图

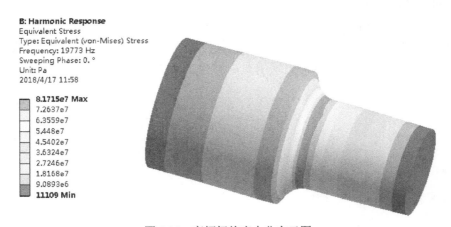

图 5.19　变幅杆的应力分布云图

表 5.2　理论计算值与模拟值的比较

参数	理论值	模拟值	差值	相对误差
谐振频率/kHz	20	19.773	0.227	1.14%
放大系数	2.25	2.2	0.05	2.22%

5.3　配件设计

5.3.1　后端盖

　　由于超声换能器是传递能量的装置，所以它的各个部分都必须是对能量传输有利的材料。对超声换能器各部分材料的选择，就需要考虑材料的一些性能，如经济性、可加工性等。超声换能器的后盖板一般为圆柱形，它的作用是实现无障板单向辐射，以保证能量在传递过程中在后盖板辐射得最少。考虑到材料的成本和加工的难易程度以及内部的机械损耗大小，通常后盖板选用 45 钢。

　　超声振子后端盖结构需要满足与压电陶瓷片以及预紧螺栓的安装。按上述换能器参数，此处压电陶瓷片的直径选择为 45mm，孔径为 15mm，在材质的选择上应该与变幅杆一致，所以后端盖的模型图如图 5.20 所示。

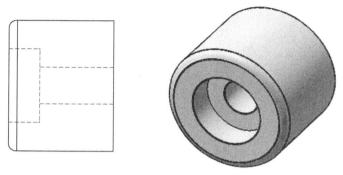

图 5.20　后端盖模型图

5.3.2　预应力螺栓

压电陶瓷材料的抗张强度较低 [一般为$(2\sim5)\times10^7N/m^2$]，而其抗压强度则较高，大概为其抗张强度的 10 倍左右。因此在大功率状态下，压电陶瓷易于振裂而损坏。为了避免这一现象发生，都采用加预应力的办法，而预应力的施加大部分是通过换能器中的预应力螺栓来实现的。对预应力螺栓的要求是既能产生一个很大的恒定预应力，又要有良好的弹性。预应力螺栓要用高强度的螺栓钢制成，比较常用的有 40 铬钢、工具钢以及钛合金等。

研究表明，预应力对换能器的性能影响很大，其大小应有一个较合适的范围，所加的预应力大小应调节到大于换能器工作过程中所遇到的最大伸张应力。如果预应力太小，换能器工作过程中产生的伸缩应力可能大于预应力，使换能器的各个接触面之间产生较大的能量损耗，降低换能器的机电转换效率，严重时可能导致压电陶瓷片破裂，而损坏换能器。另一方面，换能器的预应力又不能太大，因为太大的预应力可能会使压电陶瓷片的振动受到影响，有时可能也会导致压电陶瓷片破裂。

后端盖设计完成后，需要预紧螺栓进行预紧安装，整体的螺栓长度需要穿过两个压电陶瓷片，因此设计长度为 45mm，材质为 45 钢，模型图 5.21 所示。

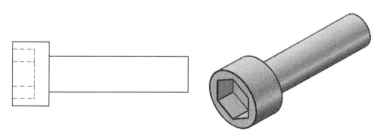

图 5.21　预紧螺栓模型图

最后就是对于铜片的选择，根据前面的论述，铜片的直径为 45mm，孔径为 15mm，如图 5.22 所示。

根据上述论述，超声波振子整体的结构如图 5.23 所示。

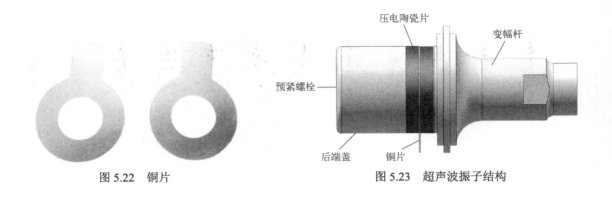

图 5.22　铜片　　　　　　　　　　图 5.23　超声波振子结构

5.4　工具头设计

超声工具头与变幅杆连接，是超声设备中与工件直接接触的最终载体。其设计的关键点在于不仅要使其结构满足加工要求，而且其尺寸、形状等因素要保证工具头与超声变幅杆等构成的超声系统沿纵向的振动频率要与超声波发生器外激频率保持一致，只有满足上述条件，才能引起超声工具头的共振。

工具头根据实际情况可设计成多种形状，数目可根据实际工作需要及振动系统的振动状态进行选择。振动工具的工作方式有两种，一种是非谐振式，另一种是谐振式。对于非谐振工具，为了保证系统的高效工作，必须对系统的尺寸等加以修正。对于谐振工具，必须使工具的共振频率等于振动系统的共振频率。此处介绍两种通用谐振式工具头：平面工具头和凹面工具头。

5.4.1　平面工具头

（1）平面工具头设计

平面工具头与外界接触方式为面接触，要求接触面积尽可能大。所以经过优化，工具头结构如图 5.24 所示。

工具头的输出端直径为 40mm，作用区域的直径为 100mm，经过计算可以得到工具头覆盖面积占管道总面积的 50% 左右，实际驻波场的覆盖面积能到近 80%。由于设计的工具头需要与超声波发生器的固有频率保持一致，所以需要对设计好的超声波工具头进行模态分析。

（2）工具头模态分析

利用对阶梯型变幅杆进行模态分析，可获得工具头在各阶模态下的固有频率及对应的振型情况。为了使结果更加精确，采用多区域自适应网格划分的方法划分网格，得到的网格为六面体网格。通过划分，得到 23552 个单元结点和 5247 个网格，图 5.25 为网格划分后的模型。

工具头的固有频率是在无约束的自由状态下的模态频率。因此，模态分析过程不施加任何边界条件，模态搜索区间为 0～30kHz，后处理获得了变幅杆的 13 阶模态如图 5.26 所示。

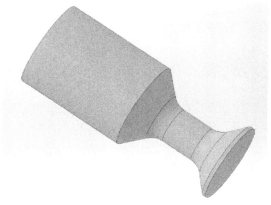

图 5.24　工具头结构

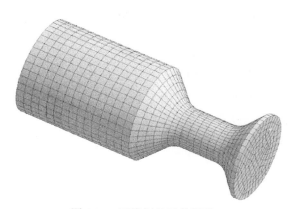

图 5.25　网格划分后的模型

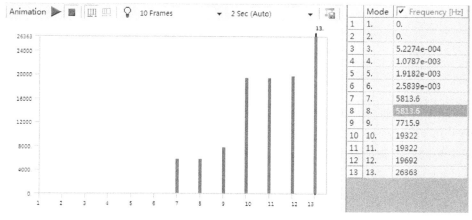

图 5.26　工具头自由状态下各阶固有频率

由图 5.26 可知工具头在第 12 阶模态下做轴向振动，且最接近工具头的谐振频率，因此取第 12 阶频率作为阶梯型变幅杆的固有频率，此时固有频率为 19692Hz。此频率下的振动情况如图 5.27 所示。

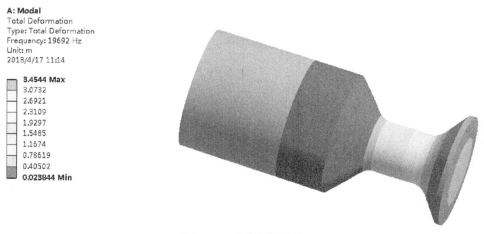

图 5.27　工具头振型图

（3）工具头谐响应分析

在工具头大端面施加轴向 13.2μm 的位移约束，为了得到工具头的应力最大位置和应力分布情况，需要使谐振频率与固有频率相同，因此主要计算变幅杆频率为 19692Hz 时的位移、应力和应变响应。求解完成后进入后处理模块，得到工具头的谐振位移曲线（图 5.28）。

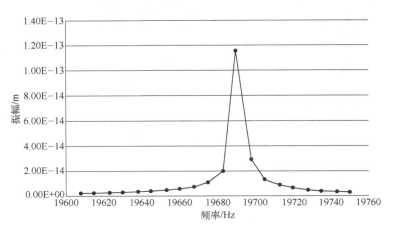

图 5.28　工具头的谐振位移曲线图

由图 5.28 可以看出，在频率接近 19692Hz 时，工具头的谐振位移达到峰值，这和工具头的固有频率相同。得到固有频率下的位移分布云图如图 5.29 所示。

图 5.29　工具头的位移分布云图

由图 5.29 可知，工具头的小端面处输出振幅的绝对值最大，变幅杆输出端振幅为 67.1μm，放大系数为 5.08，能够达到使用的要求。工具头的应力分布云图如图 5.30 所示。

工具头的最大应力点位于阶梯处，可知最大应力为 441MPa，小于材料的许用安全应力 600MPa，故工具头结构可靠性很高。

表 5.3 是变幅杆和工具头的参数比较，可知变幅杆和工具头的谐振频率相对误差很小，振动效果较好，因此可认为工具头的设计是合理的。

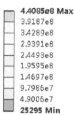
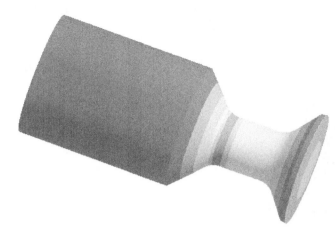

B: Harmonic Response
Equivalent Stress
Type: Equivalent (von-Mises) Stress
Frequency: 19692 Hz
Sweeping Phase: 0. °
Unit: Pa
2018/4/17 11:13

4.4085e8 Max
3.9187e8
3.4289e8
2.9391e8
2.4493e8
1.9595e8
1.4697e8
9.7986e7
4.9006e7
25295 Min

图 5.30　变幅杆的应力分布云图

表 5.3　变幅杆和工具头对比参数表

参数	变幅杆	工具头	差值	相对偏差
谐振频率/kHz	19.773	19.692	0.081	0.41%
放大系数	2.25	5.08	—	—

5.4.2　凹面工具头

凹面工具头常用于将超声能量集中，按形式分可以为线聚焦、点聚集等。此处介绍点聚焦的结构。

（1）聚焦球壳的设计

在对聚焦球壳设计时要考虑到聚焦球壳的谐振频率应与超声波振子的频率保持一致，最大的许可误差应该不超过 5%，这样才能实现聚焦球壳的弯曲谐振，最大地满足设计要求。由于声的速度为 340m/s，初步将球壳的厚度设计为超声在空气中传播波长的倍数，为 2.4mm。利用 SolidWorks 软件初步设计的球壳如图 5.31 所示。

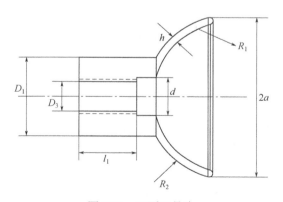

图 5.31　凹面工具头

球壳的开口直径为 $2a$，厚度为 h。当厚度比 $h/a < 1/5$ 时，根据线弹性理论和薄板的小挠度弯曲振动理论，小振幅轴对称弯曲振动位移为：

$$y(\rho,t) = [AJ_0(k_n\rho) + BI_0(k_n\rho)]\exp(j\omega t) \tag{5.41}$$

振动速度为：

$$u(\rho,t) = \frac{\partial y}{\partial t} = j\omega[AJ_0(k_n\rho) + BI_0(k_n\rho)]\exp(j\omega t) \tag{5.42}$$

振速幅值为：

$$y(\rho,t) = j\omega[AJ_0(k_n\rho) + BI_0(k_n\rho)] \tag{5.43}$$

振速幅值的共轭系数：

$$y(\rho,t) = -j\omega[AJ_0(k_n\rho) + BI_0(k_n\rho)] \tag{5.44}$$

式中，ρ 为开口半径质量；A、B 为待定好的常系数；$J_0(k_n\rho)$ 为零阶贝塞尔函数；$I_0(k_n\rho)$ 为零阶修正后贝塞尔函数 $k_n^4 = \dfrac{\rho_r h\omega^2}{D}$，$D = \dfrac{Eh^3}{12(1-\sigma^2)}$，$\rho_r$、$D$、$h$、$\omega$、$\sigma$ 分别为薄球壳密度、弯曲刚度常数、厚度、角频率、泊松比。

边界固定时，薄球壳的边界处横向位移振速为零，可得：

$$\begin{cases} -AJ_0(k_na) = BI_0(k_na) \\ AJ_1(k_na) = BI_1(k_na) \end{cases} \tag{5.45}$$

则弯曲振动球壳的频率方程为：

$$J_0(k_na)I_1(k_na) + I_0(k_na)J_1(k_na) = 0 \tag{5.46}$$

上述公式的根记为 $R(n)$，即 $R(n)=k_na$，其中，不同的 n 对应着不同的弯曲振型，其中 n 阶弯曲振动的频率为：

$$f_n = \frac{R^2(n)h}{2\pi a^2}\sqrt{\frac{E}{12\rho_r(1-\sigma^2)}} \qquad (n=1,2,3\cdots) \tag{5.47}$$

利用数值方法求得频率方程前四个根 $R(n)$ 及其对应波节圆半径与聚焦球壳开口半径 a 的比值。固定边界前 4 种振动模式频率方程的根及 r/a 值，如表 5.4 所示。

表 5.4　固定边界聚焦球壳前四种振型频率方程根及 r/a 值

振型阶数	R(n)		r/a			
n=1	3.192	1.0000	—	—		
n=2	6.3064	0.3790	1.0000	—		
n=3	9.4395	0.2548	0.5833	1.0000	—	
n=4	12.5711	0.1913	0.4392	0.6873	1.0000	

根据上述参考的固定边界聚焦球壳前四种振型频率方程根及 r/a 值，对凹球型聚焦球壳的选材用与变幅杆一样的材料硬铝 12。假定频率 $f = 28000$Hz，厚度取 2.5mm，根据上述表格的数据，球壳的半径取 $a=30$mm，因在实际的试验过程中要保证凹球型聚焦球壳与变幅杆的稳定连接，所以在聚焦球壳的尾部添加一个圆柱型的凸台，并设计外螺纹保证连接的稳定性，同时对凸台两侧进行切除以便安装，修改后如图 5.32 所示。

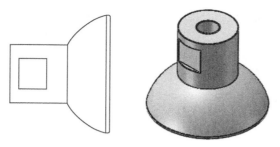

图 5.32　聚焦球壳零件图

（2）凹球型工具头的模态分析

依据上述有限元分析理论，建立实体凹球面工具头的模型，并利用软件进行模态分析。通过对模型进行网格划分得到 46985 个单元结点和 21950 个网格，图 5.33 为网格划分后的模型。

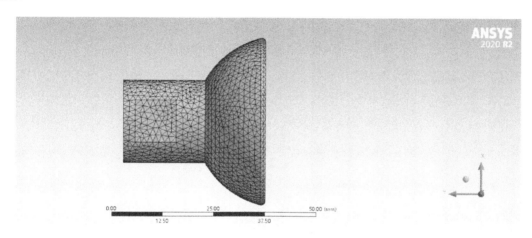

图 5.33　划分网格后的模型

同时，在模态分析过程中不施加任何边界条件，在频率的设置中选择 40 阶，不设置频率的幅值。对工具头自由模态下分析的频率结果，在理论值 28000Hz 附近内取值，选取 21240Hz、28156Hz、32232Hz、32233Hz 四个频率下的凹球型工具头的振型图，如图 5.34 所示。对比各阶模态振型的结果，当频率为 28156Hz 时，整体的振型较好，同时小于误差 5%，满足设计要求。

（3）凹球型工具头的谐响应分析

经过超声波振子的谐响应分析得到变幅杆的末端的最大位移为 13.42μm，在工具头的末端施加轴向的 13.42μm 位移约束后，计算变幅杆频率为 28156Hz 时的位移振幅与应力分布情况，如图 5.35、图 5.36 所示。

通过对凹球型工具头进行谐响应分析发现，当工作频率为 28200Hz 时，工具头能够达到最大的振幅，幅值为 36.02μm，放大系数约为 2.6，达到了聚焦的使用要求。对凹球型工具头进行应力分析后，工具头最大的应力为 138.96MPa，符合材料的许用要求。

表 5.5 是工具头的理论与仿真参数比较，可知工具头谐振频率相对误差很小，振动效果较好，因此可认为工具头的设计是合理的。

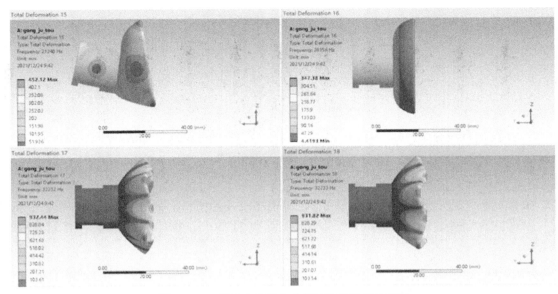

图 5.34　工具头自由模态分析下的各阶振动频率

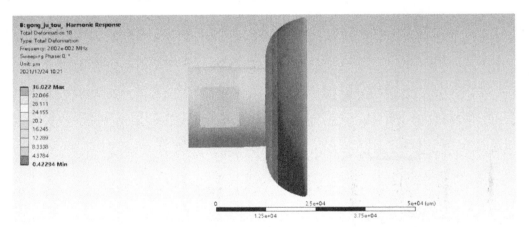

图 5.35　凹球型工具头位移分布云图

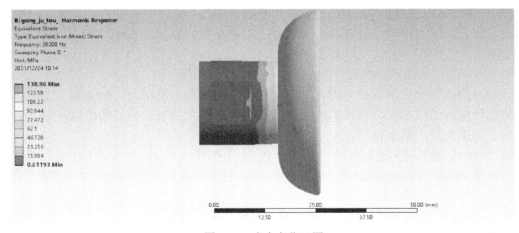

图 5.36　应力变化云图

表 5.5　理论计算值与仿真模拟值的比较

参数	理论值	模拟值	差值	相对误差
谐振频率/Hz	28000	28156	156	0.5%

通过对上述超声波振子与凹球型工具头的设计，总结如表 5.6，其中超声波振子与凹球面工具头设计值与理论值 28000Hz 之间的差值均小于 5% 的允许误差，可认为该超声换能器的振子与工具头的设计是合理的。

表 5.6　超声波振子与工具头对比参数表

参数	变幅杆	工具头	差值	相对偏差
谐振频率/Hz	28048	28156	108	0.3%

5.5　换能器有限元分析

超声换能器是由超声波振子与工具头两部分装配形成。不过，在实际中超声换能器和工具头的连接部分会相互产生影响，根据理想化模型设计的性能参数可能会不一致。因此，通过有限元分析方法，对理论设计的超声系统性能参数进行分析是必要的。此处重点以凹面换能器展开介绍。

如图 5.37 为整体的聚焦超声换能器的结构图，其中 1 为预紧螺栓、2 为后端盖、3 为 PZT-4 型压电陶瓷片、4 为变幅杆、5 为凹球型工具头。

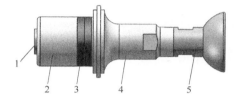

图 5.37　聚焦超声换能器结构图

5.5.1　模态及谐响应分析

依据有限元的分析理论，利用软件对整体的聚焦超声换能器进行模态分析，同样不施加任何约束进行求解计算。为了使结果更加精确，对接触处的网格进行加密处理。通过划分得到 310604 个单元结点和 197325 个网格，如图 5.38 为网格划分后的模型。

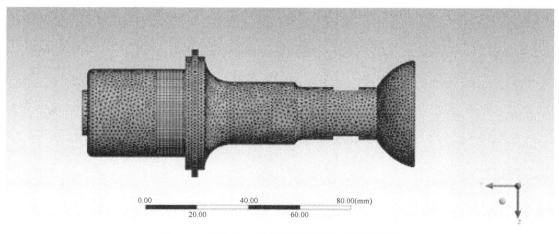

图 5.38　聚焦超声换能器划分网格后的模型图

在模态频率的设置中选择 40 阶，不设置频率的幅值。在设计的理论频率 28000Hz 附近内选取 27157Hz、27715Hz、29234Hz、29334Hz 等 4 个频率下的凹球型工具头的振型图。如图 5.39 所示。对比各阶模态的振型结果，当频率为 27157Hz 时整体的振型较好，同时满足设计的频率要求。

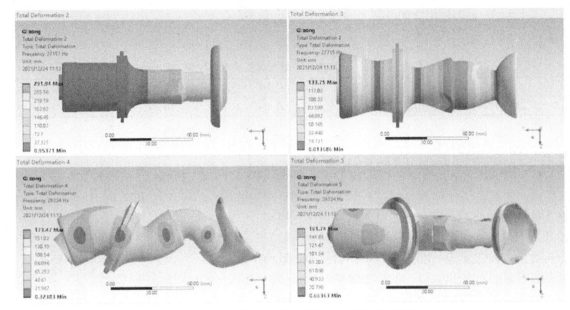

图 5.39　整体结构自由模态分析下的各阶振动频率

为保证整体结构设计的准确性，通过对变幅杆后端施加 6μm 位移约束，观察结构的位移分布、应力分布情况，如图 5.40 和图 5.41 所示。

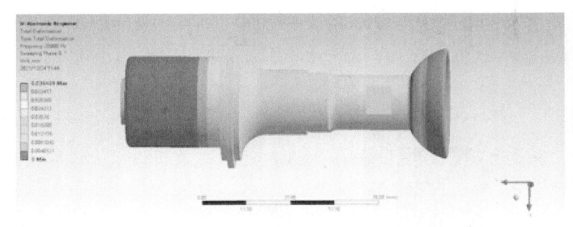

图 5.40　位移变化云图

通过对聚焦超声换能器进行谐响应分析发现，当工作频率为 28000Hz 时，工具头能够达到最大的幅值为 36.4μm，与工具头的末端幅值 36.04μm 误差为 0.36μm，满足使用要求。对超声系统进行应力分析后，工具头最大的应力为 256.79MPa，结构满足实验要求，对聚焦超声换能器进行参数对比，如表 5.7。

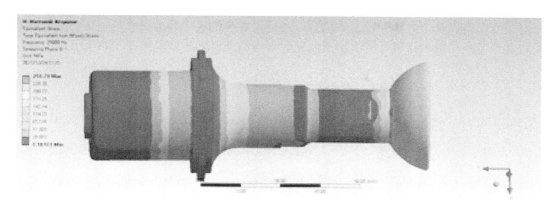

图 5.41　应力变化云图

表 5.7　聚焦超声系统整体参数对比

参数	理论值	模拟值	差值	相对误差
谐振频率/Hz	28000	27157	843	3%
振幅幅值	36.04	36.4	0.36	0.9%

5.5.2　超声声场特性仿真

对聚焦超声换能器进行模态分析、谐响应分析，发现整体的频率、振幅基本满足实验的使用要求，为进一步保证设计的完整性，需要利用有限元软件的声学模块软件对聚焦超声换能器的辐射声场进行声场状态分析。通过研究聚焦超声换能器辐射声场内声波的分布状态，可以很好地分析所设计的超声聚焦换能器是否具有良好的聚焦效果，同时以便找到最优的谐振频率，为后续购置超声波发生器以及设计实验台提供依据。

（1）聚焦换能器分析的前处理

在对聚焦超声换能器进行辐射声场分析时，根据上述多物理场求解步骤进行求解设置。由于软件具有建模软件的物理接口，直接将模型导入即可，同时选择压力声学边界元模式中的声-压电结构相互作用的物理场进行求解，同时对模型各个部分赋予材料属性，如图 5.42 所示，（a）为整体的物理场的设置，（b）为导入的模型。

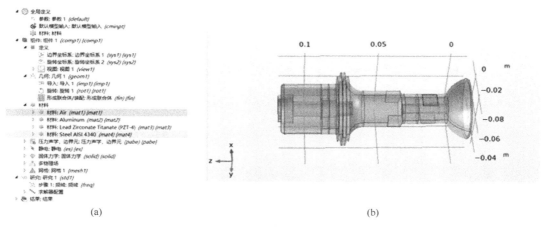

(a)　　　　　　　　　　　　　(b)

图 5.42　物理场与导入模型

对模型材料以及边界条件设置完成后，还需要对模型进行网格划分，特别要注意的是，需要对各个节点与接触点进行网格加密处理，得到的网格划分模型如图 5.43 所示。

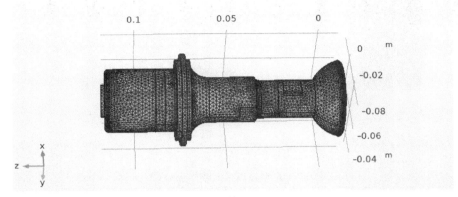

图 5.43　划分网格后的模型图

（2）聚焦超声换能器分析的后处理

后处理部分主要是对聚焦换能器的声压分布状态进行计算，为了使设计的聚焦超声换能器更加符合实际的试验需求，观察在频率为 24000Hz、28000Hz、32000Hz 下换能器前端辐射声场的状态分布，经过计算，在 24000Hz、28000Hz、32000Hz 频率下的声压分布状态如图 5.44 所示。

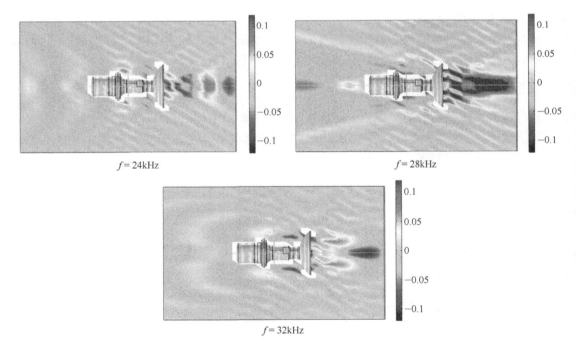

图 5.44　聚焦换能器辐射声场分布状态

通过对比上述不同频率下的聚焦换能器辐射声场的分布情况，在频率为 28kHz（针对上述参数）时是聚焦较好的聚焦效果，同时辐射声场中的能量也更加集中。

本章参考文献

[1] Zheng T, Wu J, Xiao D, et al. Recent development in lead-free perovskite piezoelectric bulk materials[J]. Progress in Materials Science, 2018, 98(4):552-624.

[2] 孟希敏, 刘心宇, 周昌荣. 无铅压电陶瓷的研究现状与发展趋势[J]. 电工材料, 2006(03):40-44.

[3] Wu D, Chen R, Zhou Q, et al. Lead-free KNLNT piezoelectric ceramics for highfrequency ultrasonic transducer application[J]. Ultrasonics, 2009, 49(3):395-398.

[4] 陈燕, 周丹, 林国豪, 等. 环形内窥镜超声换能器的研制[J]. 中国医疗器械信息, 2014(4):6-10.

[5] Rajurkar K P, Wang Z Y, KuPPattan A. Micro removal of ceramic material in the precision ultrasonic machining[J]. Precision Engineering, 1999, 23: 73-78.

[6] Mason W P. Energy losses of sound waves in metals due to scattering and diffusion[J]. J.Appl.Phys. 1948, 10(19): 940-946.

[7] Seah K H W, Wong Y S, Lee L C. Design of tool holders for ultrasonic machining using FEM[J]. Journal of Materials Processing Technology, 1993, 37 (3): 801～816.

[8] 刘泽祥. 基于有限元分析阶梯型复合变幅杆的设计[J]. 机械工程学报, 2015(8): 39-42.

[9] 黄霞春. 超声变幅杆的参数计算及有限元分析[D]. 湘潭: 湘潭大学, 2007.

[10] Zhang Y D, Huang Y H U, Lin J Q. Study of key technology for ultrasonic honing condensations system[J]. Journal of Vibration Engineering, 2007.

[11] 黄志新. ANSYS Workbench 16.0 超级学习手册[M]. 北京: 人民邮电出版社, 2016.

[12] Amin S G, Ahmed M H M, Youssef H A. Computer-aided design of acoustie horns for ultrasonic machining using finite element analysis[J]. Journal of materials Proeessing Technology, 1995, 55: 254-260.

[13] 宋洪侠, 孔志营, 孙伟志. 超声波齿面强化加工头的研究[J]. 计算机仿真, 2014, 31(2): 307-310.

[14] 孙维连, 魏凤兰. 工程材料[M]. 北京: 中国农业大学出版社, 2006.

[15] 林书玉. 功率超声振动系统的研究进展[J]. 应用声学, 2009, 28(1):10-19.

第**6**章

超声能场内颗粒凝聚及操控应用

去除或分离颗粒是净化除尘、萃取、过滤等方向最为关注的话题。传统方法包括筛分法（机械筛、过滤床或过滤膜）、重力驱动法（根据两相的密度差上浮或沉降分离）以及外场作用（离心力、电场、磁场等）来实现异相分离。然而，当颗粒物与环境场之间存在较大的相互作用力或颗粒很小时，上述方法的应用受到了限制。

近年来，超声能场技术对颗粒行为的调控研究日益活跃。在超声波驻波场下，颗粒会在声辐射力的作用下向声压节或声压腹运动，进而相互靠近从而发生碰撞，只要能提高颗粒的碰撞频率，就可以提升颗粒的凝聚效果。这为微小颗粒的过滤去除、富集、萃取提供了可能。

6.1 液体中的超声波凝聚及微粒操控

超声波在悬浮液中传播时，由于碰到障碍物会产生次级声波，此次级效应在该障碍物上产生声辐射力的作用。驻波场中，颗粒物相距越近，相互作用力越显著，最终使颗粒物在节平面或腹平面结成串或团。应用功率超声波进行液体中颗粒物的超声操作时，声波在液体传播过程中的能量衰减很小，可以忽略。

6.1.1 微粒操控装置

如图 6.1 所示，传输装置中凝聚腔对流体中微粒的凝聚作用是通过压电陶瓷的高频振动，在流体腔中激发超声驻波场来实现的，且微粒仅凝聚在一个层面上，即流体腔中只有一个波节面。该装置由盖板、腔体、底板和压电陶瓷构成。

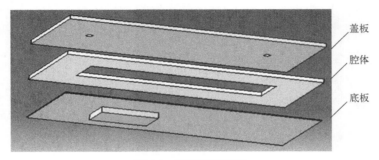

图 6.1 微粒凝聚装置

该器件的长宽尺寸为 36mm×16mm，盖板和腔体均采用有机玻璃材料，且厚度均为 0.66mm。底板则采用了两种材料三种尺寸，即材料为有机玻璃时，其厚度尺寸为 0.66mm，材料为二氧化硅时，其厚度尺寸分别为 1mm 和 0.16mm，压电陶瓷尺寸均为 8mm×5mm×1mm。盖板上的两个小孔为流体出入口。上述三种参数不同的器件实物如图 6.2 所示。

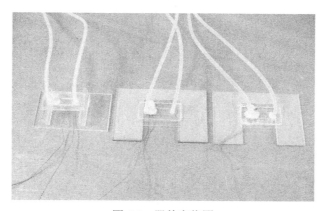

图 6.2　器件实物图

（左侧器件底板为有机玻璃，厚度为 0.66mm；中间器件底板为二氧化硅，厚度为 1mm；右侧器件底板为二氧化硅，厚度为 0.16mm）

实验表明，厚度太小时凝聚效果不佳，主要原因是有机玻璃的弹性太大，吸收了压电陶瓷产生的振动能量，致使无法在流体腔中激发驻波声场。采用刚性较好的二氧化硅材料代替有机玻璃，厚度分别为 1mm 和 0.16mm，能够实现对微粒的凝聚作用。

6.1.2　微粒操控实验系统

为了实现对微粒进行操作，设计了微粒操控实验系统，图 6.3 为该实验系统流程。

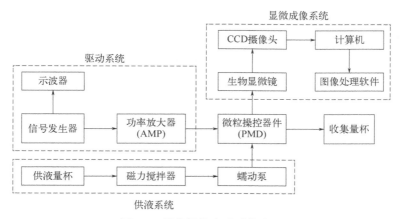

图 6.3　微粒操控实验系统流程

微粒操控实验系统流程如图 6.4 所示，系统主要由驱动系统、供液系统及显微成像系统等部分组成。驱动系统包括信号发生器、示波器和功率放大器。信号发生器产生函数信号，并通过示波器对该信号进行调试，最终经过功率放大器，将信号加载到微粒操作装置上。供液系统由磁力搅拌器、蠕动泵和供液量杯组成。在实验中，用磁力搅拌器对量杯中悬浮微粒溶液进行搅拌，使微粒尽可能均匀地分布在溶质中，并通过蠕动泵调节，实现对微粒操控装置的供给。显微成像系统是为了对微粒操控装置最后的实验结果进行观测和分析，包含生物显微镜、CCD 摄像头、计算机和图像处理软件。通过生物显微镜观测微粒操控装置中微粒的运动情况，并由 CCD 摄像头结合图像处理软件对其进行图像捕捉和拍摄，最后还可用专业处理软件对结果进行分析处理。微粒操控实验系统实物图如图 6.4 所示。

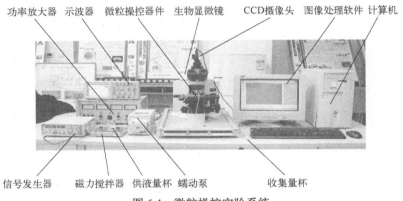

图 6.4　微粒操控实验系统

6.1.3　微粒操控实验

按照设计的微粒凝聚装置，流体腔深度为 0.66mm，为了使流体中的微粒仅凝聚在一层，则流体腔的深度应为 $\lambda / 2$，而声波在水中的传播速度约为 1500m/s，代入式（6.1），则可得压电陶瓷的驱动频率为：

$$f = \frac{c_f}{2t_f} = \frac{1.5 \times 10^6}{2 \times 0.66} = 1.136 \text{MHz} \tag{6.1}$$

在该实验中选取的驱动电压峰值为 20V。实验中所用的悬浮微粒是密度为 1.050g/cm^3、直径为 10μm 的聚苯乙烯小球，用蒸馏水作为媒质。

实验采用显微镜从器件的上端观察流体腔微粒的运动情况，而流体腔中形成的波节面是与底板平行的，这就给观察微粒带来问题。实验过程中采用了图 6.5 所示的观测方法，先将

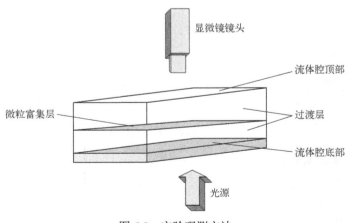

图 6.5　实验观测方法

显微镜观测面调至流体腔的底部，待器件加载电压后，从流体腔底部缓慢将显微镜的观测面向上调节，直至到达流体腔的顶部。利用这种观测方法，可以观察到流体腔内微粒的分层情况。

器件设计时，期望在流体腔中凝聚一层微粒，按上述观测方法，从流体腔底部到流体腔的顶部所得到的观测结果应该是先经历一个空白过渡层（无微粒凝聚现象），然后会观测到微粒凝聚层，接着又是一个过渡层。

底板为 1mm 二氧化硅的微粒凝聚装置，在实验中观测到的结果如图 6.6 所示。

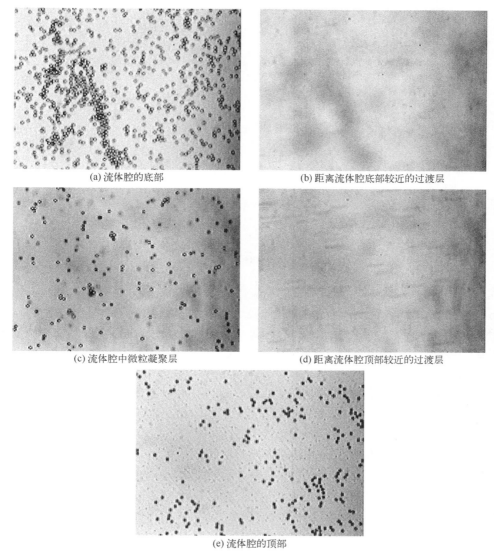

(a) 流体腔的底部　　　　　　　　　　(b) 距离流体腔底部较近的过渡层

(c) 流体腔中微粒凝聚层　　　　　　　(d) 距离流体腔顶部较近的过渡层

(e) 流体腔的顶部

图 6.6　底板为 1mm 二氧化硅的微粒凝聚装置观测结果

可以看出整个流体腔从底部到顶部共经历了两个过渡层（无微粒凝聚现象）和一个微粒凝聚层，与设计的观测方法预期的结果相同，说明该装置能够对聚苯乙烯小球实现凝聚作用。

底板为 0.16mm 二氧化硅的微粒凝聚装置，在实验中观测到的结果如图 6.7 所示。

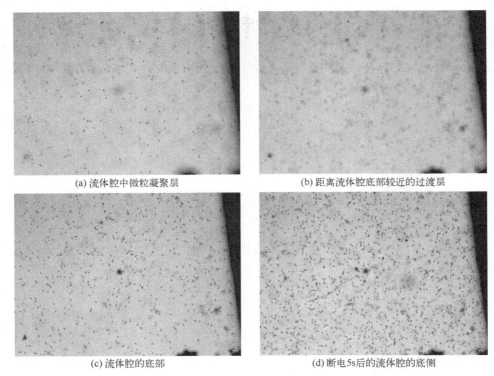

(a) 流体腔中微粒凝聚层　　　　　　　　(b) 距离流体腔底部较近的过渡层

(c) 流体腔的底部　　　　　　　　　　　(d) 断电 5s 后的流体腔的底侧

图 6.7　微粒凝聚装置观测结果（0.16mm 二氧化硅）

　　在这一装置的实验中，从微粒凝聚层到流体腔底层同样经历了一个过渡层（无微粒凝聚现象），并且在装置断电后，流体腔底部的微粒迅速增多，这是由于流体在声辐射力作用下凝聚的聚苯乙烯小球在断电后失去了外力的束缚，在重力作用下迅速下沉的结果。从上述的分析可以认为该器件也能够对聚苯乙烯小球实现凝聚操作。

　　上述两个实验结果中，在流体腔的底部和顶部都有许多微粒，且底部的微粒比顶层多很多，这是聚苯乙烯小球与流体腔的底部和顶部间的黏附力以及小球自身重力作用的结果。

　　为进一步提升凝聚效果，对原有装置进行了改进，如图 6.8 所示。新结构保留了压电陶瓷和振膜厚度相近的设计，采用了两个相对粘贴在流体腔两侧的压电陶瓷共同作用激发驻波声场的结构，这样还可以使波节面与流体腔底面相垂直，更加有利于观测流体腔内微粒的运动情况。

　　改进后的装置的腔体尺寸为 30mm×8mm×8mm，流体腔的尺寸为 10mm×6mm×8mm，两片压电陶瓷的尺寸为 8mm×5mm×1mm，粘有压电陶瓷的流体腔两壁厚度均为 1mm。上盖板采用有机玻璃材料，并在其上钻有一个小孔，以便注入流体，而下盖板则采用玻璃材料，用以保证光的透射性。其实物如图 6.9 所示。

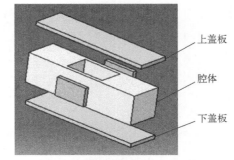

上盖板

腔体

下盖板

图 6.8　改进的微粒凝聚装置爆炸图

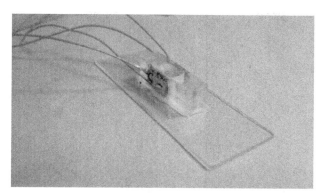

图 6.9　改进后微粒凝聚器件实物图

为了在流体腔中激发驻波声场，流体腔的宽度应是声波半波长的整数倍。在实验中，按流体腔中有三个波长的声波进行干涉（图 6.10）。由于流体腔的宽度为 6mm，则声波的波长应为 2mm，那么压电陶瓷的驱动频率应选择为：

$$f = \frac{c}{\lambda} = \frac{1.5 \times 10^6}{2} = 0.75 \text{MHz} \tag{6.2}$$

因此，当对改进后的微粒凝聚装置施加频率为 0.75MHz 的正弦波电压时，流体腔中的微粒应该排成六列。实验中，由信号发生器产生频率为 0.75MHz 的正弦信号，经功率放大器后，施加在器件上的电压为 20V，电流为 0.035A，即施加的功率为 0.7W。所用的悬浮微粒是密度为 1.050g/cm^3、直径为 10μm 的聚苯乙烯小球，用蒸馏水作为媒质，其实验结果如图 6.11 所示。

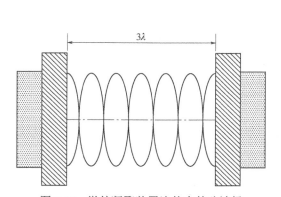

图 6.10　微粒凝聚装置流体中的驻波场

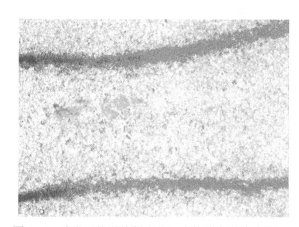

图 6.11　改进后的微粒凝聚装置流体腔中微粒的凝聚

从实验结果图中可以清楚地看到聚苯乙烯小球凝聚形成的两条线。在对整个流体腔的观测中，还可以看见另外四条与之相似的线。在观测中发现，装置加载电压后，小球迅速向距离其最近的波节处运动，几秒内就可形成图中的形态。

为了更加贴近实际应用，在该改进装置中，对 DNA 质粒进行凝聚操作。DNA 质粒放大 40 倍、100 倍和 200 倍后的结构如图 6.12 所示。

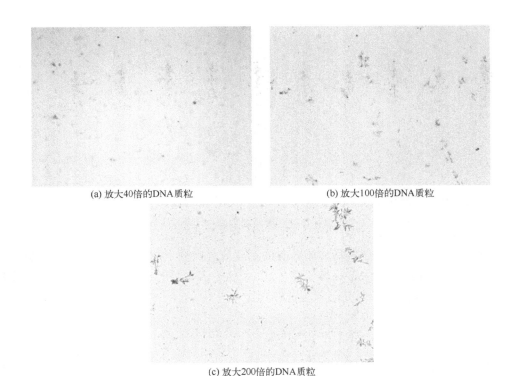

(a) 放大40倍的DNA质粒 (b) 放大100倍的DNA质粒

(c) 放大200倍的DNA质粒

图 6.12　DNA 质粒的放大图

为了更加明显地观察 DNA 质粒的凝聚情况，显微镜物镜选为对其放大 40 倍。在对 DNA 质粒进行稀释处理时，用 20mL 的 95%酒精稀释 10μg 的 DNA 质粒，并在 4℃保存。对器件施加频率为 310kHz、46V 的电压和 0.035A 的电流，即施加的功率为 1.6W，其实验结果如图 6.13 所示。

由于 DNA 质粒很小，其凝聚的时间较长，图 6.13 是 DNA 质粒在加载 10 分钟后呈现的凝聚情况。由于 DNA 质粒自身具有黏附性，去除电压后，仍会保持聚集状态。

在对 DNA 质粒进行凝聚实验中发现，声波在酒精中的传播速度约为 1200m/s，施加的信号频率为 310kHz，那么按式（6.2）可计算出波长为 4mm，而腔体宽度为 6mm，则在流体腔中 DNA 质粒应凝聚为 3 条线。然而此现象并不明显，而是在图 6.13 所示结果附近观测到成片的 DNA 质粒，如图 6.14 所示。

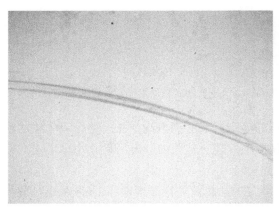

图 6.13　流体腔中 DNA 质粒的凝聚

图 6.14　相互黏结成片的 DNA 质粒

分析其主要原因是 DNA 质粒自身的黏附性，当装置施加高频电压时，在流体腔中激发驻波声场，DNA 质粒在声辐射力作用下向波节点处运动。当 DNA 质粒间的距离很近时，将产生黏附力。在声辐射力和黏附力的作用下，DNA 质粒凝聚的面积逐渐增大。由于声辐射力不足以克服黏附力作用，DNA 质粒便无法向声波节处聚集。

6.2 空气中平面驻波场的颗粒凝聚

目前对超声凝聚的研究多集中在固体微粒的研究，驻波场液体微粒凝聚的研究多集中在理论层，所以设计超声凝聚实验对液体凝聚原理进行验证是十分具有创新性的。

6.2.1 实验检测总体方案

为了验证超声凝聚理论对液体有效，使用实验室现有的设备（200 倍电子显微镜和塑料积液皿）对凝聚出口处的水雾进行检测，得到图像后，使用图像处理方法得到水雾微粒大小，检测仪器布局如图 6.15。

检测实验分两组，一组是不加入驻波声场，另一组加入驻波声场，保证积液皿的位置、气源和凝聚时间不变。经过若干组实验，使用电子显微镜观察出口处的塑料积液皿，得到了水雾的凝聚效果图 6.16。

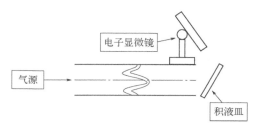

图 6.15　检测仪器布局图

(a) 积液皿图片

(b) 显微镜图片

图 6.16　水雾凝聚效果

发现了如下问题：

① 水雾微粒在塑料积液皿上的积液效果并不理想；

② 出口处水雾量比较少，实验时间很长；

③ 由于光照环境复杂，在使用电子显微镜检测时无法得到粒子的图像；

④ 在无驻波场时水雾粒径较小，电子显微镜拍出的粒径的大小若使用图像处理难度很大，处理的准确率不高，如图 6.16（b）；

⑤ 在加入驻波场时，由于驻波场的压力很大，会导致部分水雾无法通过管道到达出口；

⑥ 粒径的分布只能说明凝聚是否产生，得不到凝聚效率，也没有判断无超声场时粒径的分布和凝聚效果等。

针对这些问题，优化实验的总体方案，得到了实验的总体思路，实验检测总体方案布局图如图 6.17。实验系统如图 6.18 所示。

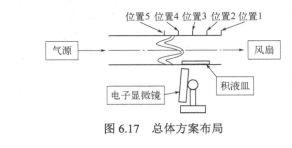

图 6.17　总体方案布局

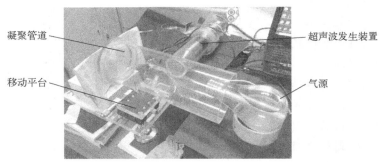

图 6.18　实验系统

实验方案进行了以下优化：

① 检测的位置在管道的内部下端，从声源开始到出口分为五段，分别为图 6.17 中的位置 1 到位置 5，对每段进行检测；

② 选择玻璃积液皿进行检测；

③ 实验台背景选择黑色，光源选择电子显微镜自带光源，同时应避免直射引起反光；

④ 选择更高倍数的电子显微镜对玻璃积液皿进行检测；

⑤ 在出口处加入风扇，在低压区帮助水雾通过管道；

⑥ 加入三种实验条件进行对比，分别为无超声场、普通声场和驻波场三种情况进行凝聚；

⑦ 对五个位置和出口的凝聚质量进行检测，得到凝聚效率。

6.2.2　检测装置

本实验需要对粒径分布进行检测，对水雾质量进行检测。选择 1600 倍的高精度电子显微镜如图 6.19 所示。

为了提高称量的精度，保证质量检测和效率检测的准确度，选用称量精度为 0.001g 的电子秤（图 6.20），为了避免超声场压力过大使水雾逆流的问题，在出口处加入排风装置，控制流速。

图 6.19　高精度电子显微镜

图 6.20　高精度电子秤

6.2.3　凝聚效果及机理分析

（1）驻波场的鉴定

调整移动平台至接近半波长整数倍的位置，如图 6.21 所示，打开气源，对移动平台进行微调，观测凝聚位置气流的变化情况，当气流情况如图 6.22 所示时，说明驻波场已经形成，保持移动平台的位置不变并进行试验。

图 6.21　移动平台调整位置

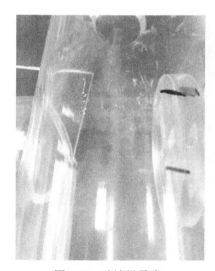

图 6.22　驻波场雾流

（2）微粒粒径的检测

为了得到超声凝聚各个位置粒径的分布情况，需要对粒径进行测量，目前使用的检测方式是用粒径检测仪，但由于粒径检测仪器价格非常昂贵，所以需要采用其他方式进行测量。此处采用间接测量的方法对粒径进行了测量。

如图 6.23 所示，在凝聚管道底部加入一个积液皿，使用高精度摄像头在底部对积液皿表面进行检测。首先，使用显微镜专用测微校正尺对微粒进行测定，得到微粒之间为0.1mm的距离，图像像素为 640×480 ppi。使用 Photoshop 软件绘制直径为0.1mm的微粒，作为检测的标准样本。

随后进行实验，实验一共检测五个位置，得到该位置粒子撞击积液皿的粒径大小。根据实验的经验，取 5s 作为检测的时间间隔，共截取 10 个时间点的照片作为图片样品，如图 6.23 所示。

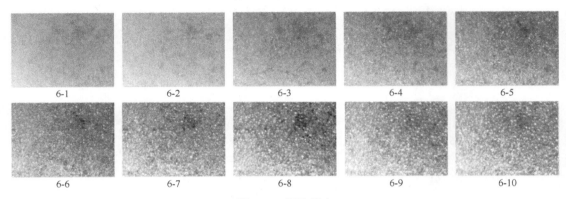

图 6.23　图片样本

之后使用计算软件编写识别程序对该图像粒子数量进行测量，样本原图如图 6.24 所示。

由于图片拍摄的位置不同，背景各不相同，所以先对图片背景进行识别，在统计粒径时去掉。得到图 6.25。

图 6.24　样本原图

图 6.25　背景提取图

图 6.26 为背景图像的三维示意图。

对背景进行去除，对图像进行二值化，如图 6.27。

最后，绘制图像的粒径分布直方图，如图 6.28。

由图可以看出，整体粒径偏小，粒径数量为 8394 个，平均像素值为 10.34。平均像素值 D 和粒径大小 d 的关系公式为：

$$\sqrt{\frac{200}{D}} = \frac{100}{d} \tag{6.3}$$

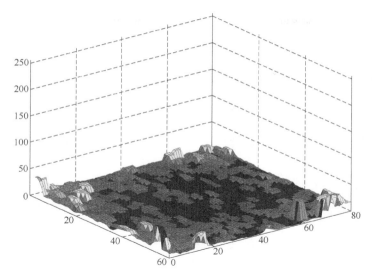

图 6.26　背景三维示意

图 6.27　二值化图

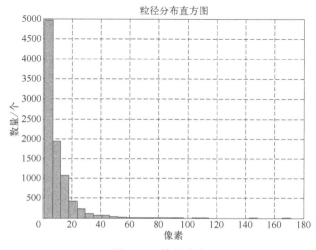

图 6.28　粒径分布

使用上式可以得到粒子的数量和大小，对所有实验得到的图像进行处理。大小平均为200个像素点，可以推算出该图中微粒的平均粒径大小为32μm。

（3）凝聚效率的检测

为了得到凝聚的效率，减少实验的误差，设置实验的时间为 10min，首先对气源的总质量进行测量，对需要布置在出口处的吸水海绵质量进行测量，对出口处的水雾进行吸收，如图 6.29。

使用高精度电子秤对气源进行测量，测量量为 y_1，对出口处的海绵质量进行测量，测量量为 x_1。实验结束后对海绵质量进行测量，测量量为 x_2，气源测量量为 y_2。由于在实验过程中，同时存在蒸发作用，所以需要对蒸发作用失去的水分进行测量，将称量结束后的海绵继续置于出口相同的位置，关闭气源，放置相同

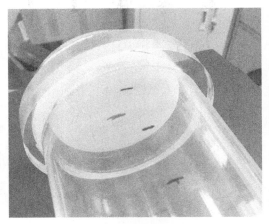

图 6.29　微粒凝聚效率检测布局

的时间后再次进行质量检测，测量量为 x_3，将检测的变化量对之前的检测结果进行补偿，最终得到凝聚效率 α 为：

$$\alpha = \frac{2x_2 - x_1 - x_3}{y_2 - y_1} \tag{6.4}$$

（4）实验结果与讨论

取 5 次的均值作为最终的实验结果，得到数据并绘制曲线，无超声场的平均粒径曲线如图 6.30，普通声场的平均粒径曲线如图 6.31，驻波场的平均粒径曲线如图 6.32。

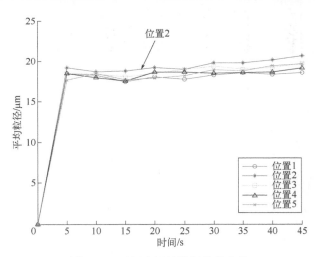

图 6.30　无超声场的粒径均值曲线

可以看出，在无超声场的情况下，微粒的粒径在前 5s 内变化较大，当时间超过 5s 后，粒径的整体变化不大，各个位置的区别也不是很明显，可以得出位置 2 为无超声场情况下的均值最大位置。

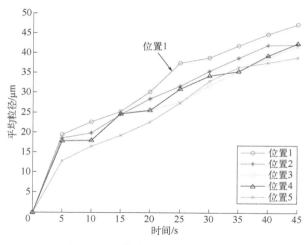

图 6.31　普通声场粒径均值曲线

可以看出，在普通声场的情况下，微粒的粒径在整个过程中增大的趋势比较明显，各个位置之间的粒径分布大小差异也比较明显，根据曲线图选择位置 1 为普通声场情况下的均值最大位置。

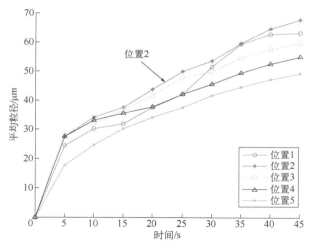

图 6.32　驻波场粒径均值曲线

可以看出，在驻波场的情况下，微粒的粒径在整个过程中增大的趋势比较明显，各个位置之间的粒径分布大小差异也比较明显，根据曲线图选择位置 2 为驻波场情况下的均值最大位置。

在实际实验过程中，由于实验的时间较长，水雾会在一定的时间重复掉落在相同的位置从而影响实验的准确性，为了避免这个问题，在检测粒径时，同时对粒子数量进行了采集，根据数量的变化可以观测到粒子的粒径饱和位置，从而确定粒子粒径饱和的时间，得到该时间的凝聚粒径分布。

使用计算软件对无超声场条件下的液滴粒径均值和数量绘制曲线（图 6.33）。

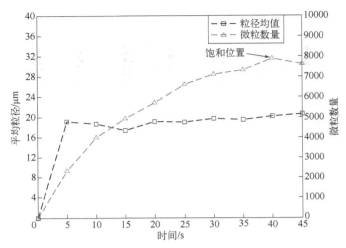

图 6.33　无超声场条件最优微粒均值和数量曲线

如图 6.33 所示，微粒的数量从 40s 左右开始变小，在其附近变化也不明显，说明该点为粒径凝聚的饱和点，此时粒径均值为19.38μm，微粒数量为7885。

普通声场条件下的液滴粒径均值和数量曲线如图 6.34 所示。

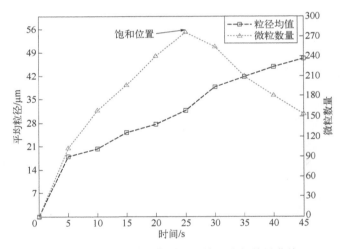

图 6.34　普通声场条件最优微粒均值与数量曲线

如图 6.34 所示，微粒的数量从 25s 左右开始变小，说明该点为粒径凝聚的饱和点，此时粒径均值为30.35μm，微粒数量为276。

驻波场条件下的液滴粒径均值和数量曲线如图 6.35 所示。

如图 6.35 所示，微粒的数量从 20s 左右开始变小，说明该点为粒径凝聚的饱和点，此时粒径均值为39.46μm，微粒数量为141。

绘制这三种情况下的粒径分布直方图如图 6.36～图 6.38 所示。

由图 6.36 可以看出，无超声场的粒子分布最均匀，数量大，但整体粒径偏小。

由图 6.37 可以看出，普通声场情况下粒子的分布不是很均匀，出现了比较大的微粒，数量也有所降低。说明在这种情况下，由于气源存在粒径大小的差异，所以凝聚的主要方式为同向凝聚，分布图说明了这种条件下的凝聚情况。

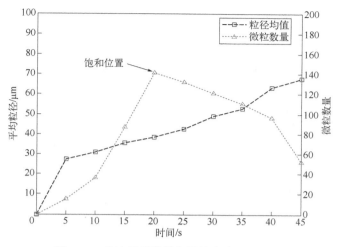

图 6.35　驻波场条件最优微粒均值数量曲线

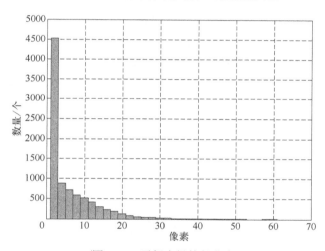

图 6.36　无超声场粒径分布

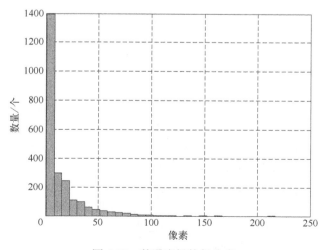

图 6.37　普通声场粒径分布

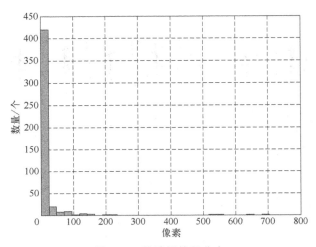

图 6.38　驻波场粒径分布

由图 6.38 可知驻波场的粒径均值最大，数量最少，说明在这种情况下，无论是同向凝聚还是流体力学凝聚都是存在的，凝聚的效果比只有同向凝聚时更好，说明驻波场的流体力学作用在很大程度上促进了凝聚的效果，与驻波场的凝聚理论分析相符。

对这三种情况绘制粒径对比曲线图 6.39 和微粒数量对比曲线图 6.40。

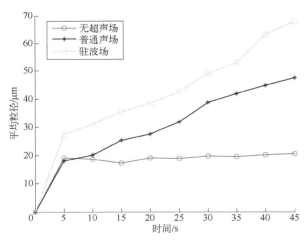

图 6.39　粒径均值对比曲线

由图 6.39 可以看出，在驻波场时微粒的增大速度最快，均值最大；普通声场则无论从速度还是均值都小于驻波场；无超声场时增大效果并不明显。

由图 6.40 可以看出，微粒在无超声场时的数量最大，驻波场时的数量最小。

对所有的位置进行粒径饱和点的提取，将这些点进行绘制，得到位置和粒径均值的关系图 6.41。

由图 6.41 可以看出，驻波场的平均粒径最大，无超声场的平均粒径最小，普通声场的情况下，在位置 1 和驻波场的粒径均值接近，在位置 5 和无超声场的粒径接近，普通声场的凝聚效果介于无声场和驻波场之间。为了进一步验证凝聚的效果，对各个位置进行 10 分钟的凝聚，凝聚结束后对各个位置的质量进行采集，得到了质量位置分布图 6.42。

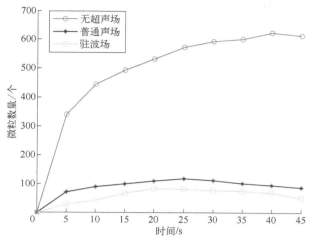

图 6.40　粒径数量对比曲线

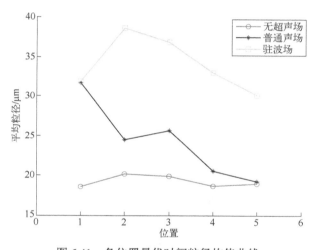

图 6.41　各位置最优时间粒径均值曲线

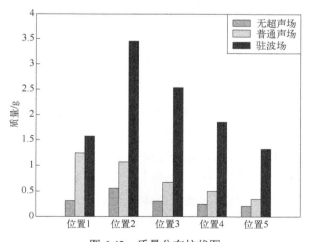

图 6.42　质量分布柱状图

图 6.41 和图 6.42 进行对比可以得出各种情况下的分布趋势均相同，说明实验的可靠性很高，下面将通过质量对凝聚效率进行计算。实验结果和仿真结果相符合。

使用海绵对出口处的水雾进行收集，使用前述方法进行校准，最终得到无超声场情况下的平均凝聚效率为 8.33%，普通声场情况下的凝聚效率为 37.8%，驻波场情况下的凝聚效率为 71.2%，该结果和仿真的情况相近，基本达到了最佳的凝聚状态。

6.3 空气中凹面驻波场的颗粒凝聚

目前国内外大部分关于聚焦换能器的研究主要集中在医学领域以及零件加工领域，对空气中颗粒在聚焦超声场内产生凝聚的研究较少。本节将设计凹球面聚焦超声换能器，并应用于液体微粒的凝聚中。

6.3.1 实验台设计

采用的实验原理图如图 6.43 所示。实验系统主要由超声波发生器、显示器、积液皿、凹球面聚焦超声换能器、电子显微镜、反射板与实验台组成。

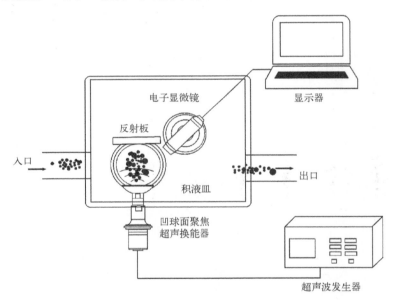

图 6.43　水雾微粒聚焦实验原理图

在进行聚焦超声凝聚实验中，需要考虑整个实验台空间的密封性、水雾的流通性以及电子显微镜、积液皿、反射板等材料的放置，综上考虑采用箱体结构进行设计。对聚焦超声换能器的发射端，利用在箱体上开圆孔进行放置，水雾的出入口设置在箱体的两侧以保证雾气的流通性。对整个箱体进行设计时，为方便观察聚焦超声换能器对颗粒物的聚焦效果，采用透明质的有机玻璃材质对整体进行加工。在成本上考虑将箱体结构设置为厚度 5mm，同时保证整个箱体的密封性，采用盖板设计将箱体进行密封，箱体的整体结构如图 6.44 所示。

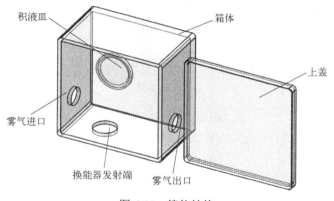

图 6.44　箱体结构

6.3.2　实验装置

（1）聚焦超声换能器

根据前面章节论述的聚焦超声换能器,对聚焦超声换能器进行加工,零件加工图如图 6.45（a）所示,实物图为图 6.45（b）。

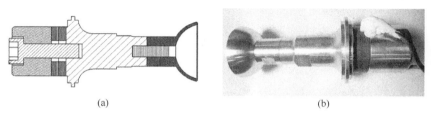

(a)   (b)

图 6.45　聚焦超声换能器

（2）超声波发生器

超声波发生器主要功能是可以将市电（220V 或 380V,50Hz 或 60Hz）转换成与超声换能器相匹配的高频交流电信号。超声波发生器电源虽然外形小巧,但它却具有行业中高的功率体积输出比,同时它还配备了领先的闭环振幅控制,这些特征确保了能有效提供高质量的超声波。超声波发生器可以手动设置追踪频率,频率追踪范围为 20～40kHz。

（3）超声雾化器

超声雾化器的原理是通过超声薄板的高频振动破坏液滴的表面张力,使液滴转化成气溶胶颗粒,其振动频率与产生的颗粒直径成反比,也就是说,振动频率越低,产生的液体颗粒直径越大,反之亦然。振动的强度决定了生成的雾化颗粒的密度,振动强度越大,产生的颗粒越密集。此处选择超声雾化器产生的气溶胶颗粒的大小在 3～7μm 之间。

（4）电子显微镜

根据电子光学原理,用电子束和电子透镜代替光束和光学透镜,使物质的细微结构可以在很高的放大倍数下成像,这就是电子显微镜的工作原理。选择电子显微镜是由于超声雾化器产生的粒子粒径较小,能更好地观察实验现象。

（5）高精度电子秤

高精度电子秤的工作原理是利用力传感器,在电子秤圆盘上放置物体后造成的压力使传感器表面发生形变而引发了内置电阻的形状变化，电阻值改变后，通过集成电路的运行改变内部电流，产生相应的电信号，不同压力对应不同的电流大小，这个电信号经过处理后就成了重量可视数字。选择高精度电子秤测试雾粒质量。

6.3.3　实验的方法与过程

在进行凝聚实验的过程中，采用两种方案进行实验来提高实验的准确度以及实验的精度。其一是利用海绵块对超声凝聚处的水雾进行吸收测量，从而观察凝聚效果，其二是将电子秤放置在积液皿下方观察电子秤的数值变化，从而将凝聚效果进行定量分析。在两种凝聚实验中均采用超声场与无声场进行对比，从而对凹球面聚焦理论的效果进行验证。

（1）超声凝聚实验海绵块

整体实验过程为全程持续放雾，将海绵块置于凝聚声场中，采用超声场与无超声场两种情况进行对比，持续时间为 80s、90s、100s、110s。其中，需要测量海绵块初始质量与实验结束后海绵块的质量，整体结构如图 6.46 所示。

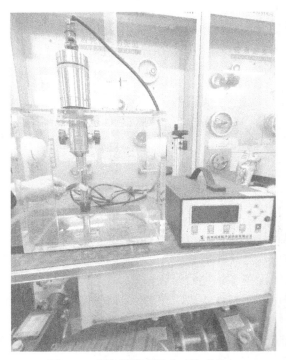

图 6.46　超声凝聚实验台（海绵块）

对实验结果进行统计，对无超声场不发生凝聚的情况与超声场发生凝聚的情况进行对比，结果如表 6.1～表 6.4 所示。

表 6.1　放雾时间为 80s 的测量值

凝聚	海绵块初始质量	实验结束后海绵块质量	差值
	0.024g	0.042g	0.018g
不凝聚	海绵块初始质量	实验结束后海绵块质量	差值
	0.024g	0.036g	0.012g

表 6.2 放雾时间为 90s 的测量值

凝聚	海绵块初始质量	实验结束后海绵块质量	差值
	0.062g	0.088g	0.026g
不凝聚	海绵块初始质量	实验结束后海绵块质量	差值
	0.062g	0.073g	0.011g

表 6.3 放雾时间为 100s 的测量值

凝聚	海绵块初始质量	实验结束后海绵块质量	差值
	0.062g	0.099g	0.037g
不凝聚	海绵块初始质量	实验结束后海绵块质量	差值
	0.062g	0.088g	0.026g

表 6.4 放雾时间为 110s 的测量值

凝聚	海绵块初始质量	实验结束后海绵块质量	差值
	0.064g	0.104g	0.040g
不凝聚	海绵块初始质量	实验结束后海绵块质量	差值
	0.064g	0.090g	0.026g

本次实验采用两种凝聚状态，对聚焦超声场的凝聚效果进行验证，同时以时间为变量进行分析。在实验中发现无声场下海绵块的质量增加较小，而超声场下海绵块的质量增加较大，进而证实了凹球面超声凝聚的有效性。为进一步验证凹球面超声对水雾微粒凝聚效果的有效性，又采用电子秤对声场凝聚的水雾质量进行实时测量。

（2）超声凝聚实验电子秤

为进一步验证凹球面聚焦的有效性，采用高精度电子秤对凝聚的水雾质量进行测量。同样，本实验采用超声场与无声场进行实验，对实验结果进行处理汇总，整体结构如图 6.47 所示。

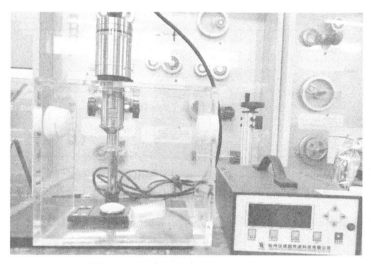

图 6.47 超声凝聚实验台（电子秤）

（3）第一次实验

① 加超声，全程持续放雾。第 35s 添加超声，第 35~55s 为调整超声凝聚现象的时间，

第55s暂停超声，用5s的时间记录数值，第60～65s添加超声；第65s暂停超声，用5s的时间记录数值。依此类推，记录电子秤数值的时间间隔为10s，共测量13次数据。其中凹面镜的初始值为28.101g实验数据见表6.5。

表6.5　第一次实验数据（加超声）

凝聚	时间/s	55	65	75	85	95	105	115	125	135	145	155	165	175
	测量值/g	28.101	28.102	28.102	28.103	28.104	28.105	28.108	28.111	28.115	28.117	28.120	28.123	28.126

② 不加超声，全程持续放雾。从第55s开始记录，记录的时间间隔为10s，即55-65-75-85-95-105-115-125-135-145-155-165-175，共测量13次数据。其中凹面镜的初始值为28.101g，实验数据见表6.6。

表6.6　第一次实验数据（不加超声）

不凝聚	时间/s	55	65	75	85	95	105	115	125	135	145	155	165	175
	测量值/g	28.101	28.099	28.101	28.101	28.101	28.102	28.100	28.102	28.104	28.104	28.102	28.106	28.107

（4）第二次实验

① 加超声，全程放雾。第35s添加超声，第35～55s为调整超声凝聚现象的时间，第55s暂停超声，用5s的时间记录数值，第60～65s添加超声；第65s暂停超声，用5s的时间记录数值。依此类推，记录电子秤数值的时间间隔为10s，共测量19次数据。其中凹面镜的初始值为28.100g，实验数据见表6.7。

表6.7　第二次实验数据（加超声）

凝聚	时间/s	55	65	75	85	95	105	115	125	135	145
	测量值/g	28.100	28.101	28.101	28.103	28.103	28.107	28.107	28.107	28.108	28.110
凝聚	时间/s	155	165	175	185	195	205	215	225	235	
	测量值/g	28.112	28.115	28.117	28.119	28.122	28.122	28.126	28.128	28.130	

② 不加超声，全程放雾。从第55s开始记录，记录的时间间隔为10s，共测量19次数据。其中凹面镜的初始值为28.093g。电子秤2分钟会熄灭，中途需要干扰一下，实验数据见表6.8。

表6.8　第二次实验数据（不加超声）

不凝聚	时间/s	55	65	75	85	95	105	115	125	135	145
	测量值/g	28.093	28.092	28.093	28.094	28.093	28.093	28.095	28.096	28.096	28.096
不凝聚	时间/s	155	165	175	185	195	205	215	225	235	
	测量值/g	28.096	28.097	28.098	28.098	28.098	28.099	28.099	28.101	28.101	

（5）凝聚现象分析

本实验所设计的超声换能器的谐振频率为28kHz，当发生器频率为24kHz与32kHz时，无法正常工作，为增加实验的可信度，采用无声场情况与声波频率为28kHz时两种实验进行对比，规定在1min后再观察积液皿上的液滴分布结果，对积液皿的表面上的雾滴凝聚现象用高倍数电子显微镜进行拍摄，将软件HiView与电子显微镜连接，处理拍摄的图片，截取同样大小的图片作为图片样本，像素值为640×480ppi，结果如图6.48所示。

(a) 无声场情况下60s后积液皿上的液滴分布　　　　　　(b) 频率为28kHz下60s后积液皿上的液滴分布

图6.48　液滴分布结果

凹球面超声换能器在最优的谐振频率下，因其良好的聚焦特性，对液体微粒具有较好的聚焦效果，同时液滴分布的规律与声强、声压场的分布趋势一致。

6.3.4　凝聚效用及分析

（1）粒径质量分析

根据表6.5～表6.8统计的在超声场与无超声场两种情况下的凝聚质量差别，利用计算软件进行分析，如图6.49所示。

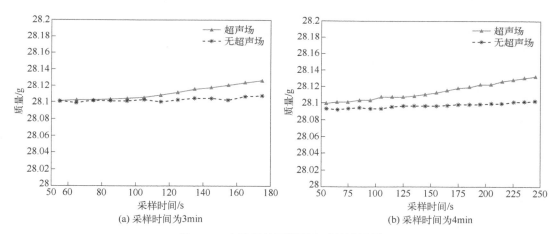

(a) 采样时间为3min　　　　　　　　　　　　　(b) 采样时间为4min

图6.49　电子秤粒子凝聚实验统计结果

如图6.49所示，其中（a）为表6.5、表6.6统计的数据，（b）为表6.7、表6.8统计的数据，计算两者之间的平均差值，在3min时为0.0056g，在4min时两者之间的误差为0.026g。可以明显地看出，随着时间的推移，颗粒物具有更好的凝聚效果，不加超声与加超声之间的误差逐渐变大，可以说明所设计的凹球面超声换能器具有较好的凝聚效果。

（2）粒径大小与数量分析

为进一步证实凹球面超声换能器具有良好的凝聚效果，利用高精度的电子显微镜对积液皿上凝聚成雾滴的现象进行分析，像素值为640×480ppi，利用计算软件对图像进行灰度与二值化处理得到图6.50。

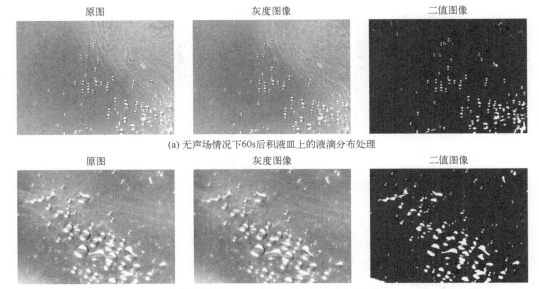

(a) 无声场情况下60s后积液皿上的液滴分布处理

(b) 频率为28kHz下60s后积液皿上的液滴分布处理

图 6.50 图像处理结果

可以明显地看出，水雾微粒在无声场条件凝聚下，粒子的数量较多，粒径较小，凝聚现象并不明显；但是在凹球面超声场下，粒子的数量相对减少，但是粒径的均值较大，凝聚现象较为明显，且整个粒径分布的区间主要集中在声场的聚焦区域，与仿真的结果具有较大的相似性。

在对图像进行二值化处理后，图 6.51（a）所示二值化图的微粒数量为 126，图 6.51（b）所示的二值化图微粒的数量为 68。绘制图像的粒径分布直方图如图 6.51。

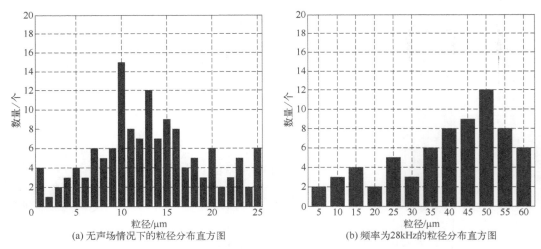

(a) 无声场情况下的粒径分布直方图

(b) 频率为28kHz的粒径分布直方图

图 6.51 粒径分布直方图

可以明显地看出在无超声场的条件下，粒径分布较为密集，粒径均值大约在 $10\sim15\mu m$，粒径均值较小；在超声场的条件下，粒径分布较为分散，粒径均值主要集中在 $35\sim55\mu m$，对比无超声场的条件，其具有较好的凝聚效果，且声场中微粒的分布情况基本与理论相似。进一步证实了凹球面超声换能器具有较好的凝聚效果，结论与假设基本相似。

本章参考文献

[1] 庄驰. 压电驱动微粒操作器件的研究[D]. 北京：北京航空航天大学,2007.

[2] 俞径舟. 水雾超声凝聚过程仿真与实验研究[D]. 北京：北京交通大学, 2019.

[3] 李海洋. 液体颗粒超声凝聚过程仿真与试验研究[D]. 北京：北京信息科技大学, 2022.

[4] Kobayashi N, Wu Y, Nomura M, et al. Precision treatment of silicon wafer edge utilizing ultrasonically assisted polishing technique[J]. Journal of Materials Processing Technology,2008,201(1-3): 531-535.

[5] Neild1 A, Hutchins D A. The radiated fields of focus sing air-coupled ultrasonic phased arrays[J]. Ultrasonics,2011,51(8): 911-920.

[6] Barba A A, Dalmoro A, d'Amore M, et al. Liposoluble vitamin encapsulation in shell-core microparticles produced by ultrasonic atomization and microwave stabilization[J]. LWT-Food Science and Technology,2015,64(1): 149-156.

[7] Hu B, Yi Y, Zhou L, et al. Experimental and DFT studies of PM2.5 removal by chemical agglomeration. Fuel 2018,212: 27-33.

第 **7** 章

超声能场加工应用

7.1 聚晶金刚石超声加工

本节将研究超声能场在实际加工中的应用，并探讨工艺参数对加工效率和表面质量的影响。由前文可知，在超声加工中，影响加工效果的因素有磨料粒度、磨料浓度、工件转速、超声频率和超声振幅等。超声频率和超声振幅的影响较小，不是主要因素。因此本节只考虑磨料粒度、磨料浓度和工件转速三个主要影响因素，研究聚晶金刚石的超声加工工艺规律，为其广泛应用提供基础。

7.1.1 实验系统及材料

实验采用的是精密数字集成化超声波加工装置，如图7.1所示。超声波频率可自动跟踪，电源采用表面贴片式高保真数字音响集成电路，超声波电路置于通用型电源模块中。

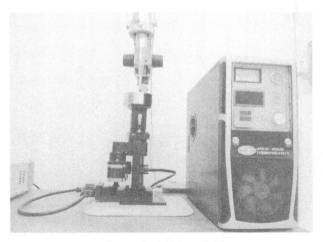

图7.1 超声波加工装置

（1）超声波发生器主要技术参数
● 超声波频率：17.0kHz；

- 超声功率：0～500W；
- 电源电压：AC 220V/50Hz；
- 总耗电功率：<600W；
- 定时时间：1s～99min59s（可预置）；
- 直流保险丝规格：5A；
- 外形尺寸：200mm×430mm×480mm。

（2）超声工具头

为方便加工大面积聚晶金刚石，设计了如图7.2所示的长方形工具针，材料为钛合金TC4，采用螺纹连接，拆卸方便。

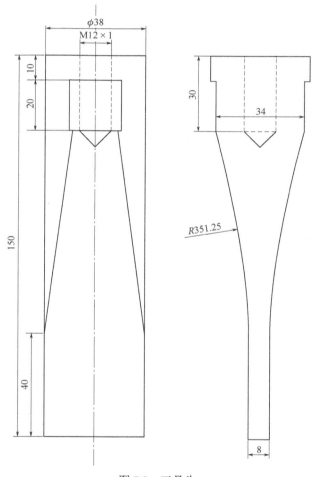

图7.2　工具头

（3）工作台

工作台采用平移台和旋转台的组合，三维造型如图7.3所示。电动旋转台实现绕轴转动，采用精密轴系，同步带传动；电动平移台实现左右移动，采用精密交叉滚柱导轨作为支撑，精密研磨丝杠传动，平行度高，运行平稳；配以两轴运动控制器，可实现旋转台和平移台同时运行。在旋转台360°无限旋转、速度可调的情况下，平移台可沿着直线往返运行。在垂直方向工具和工件间的接触力可调,以保证工具和工件适当地接触。为放置和装夹聚晶金刚石工件,并保证加工表面平整,防止超声加工时磨料溶液溢出,设计了一个不锈钢容器。

工件材料为聚晶金刚石复合片,直径为 48mm,总厚度为 3.2mm。实验过程考察的主要指标是聚晶金刚石超声加工的材料去除率和表面粗糙度。

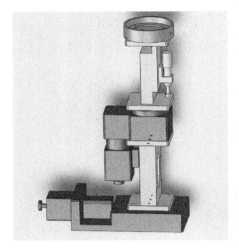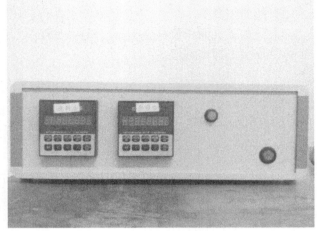

图 7.3　工作台及运动控制器

7.1.2　正交实验设计

实验主要考虑磨料粒度、磨料浓度和工件转速三个工艺参数。为此,设计了三因素三水平正交实验,并假定各因素之间没有交互作用。实验加工参数的水平安排如表 7.1 所示。共进行 9 次实验,每次实验时间均为 5min,工具和工件间的静压力为 9N(通过弹簧测力计测得)。

表 7.1　超声加工实验参数水平安排表

因　素		水　平		
序号	参数	1	2	3
A	磨料粒度/μm	10	50	100
B	磨料浓度/g·mL^{-1}	0.5	0.7	0.9
C	工件转速/r·min^{-1}	19	37	53

材料去除率可以用单位时间内加工前后材料的质量变化来表示,单位为 mg/min。采用电子天平测量聚晶金刚石的质量,分辨率为 1mg。采用表面粗糙度测量仪测量聚晶金刚石的表面粗糙度值。

根据表 7.1 的各因素水平安排,结合正交实验表,进行了正交实验。表 7.2 是正交实验安排和工艺参数的数理统计结果分析。其中,K_{ij} 为第 i 列因素 j 水平所对应的实验指标和;k_{ij} 为 K_{ij} 的平均值,其大小可以判断为第 i 列因素的优水平和优组合;R_i 为第 i 列因素的极差,反映了第 i 列因素水平波动时,实验指标的变动幅度。R_i 越大,说明该因素对实验指标的影响越大。根据 R_i 的大小,可以判断因素的主次顺序。

表 7.2 超声加工正交试验安排表

试验号		因素			试验结果	
		A	B	C	材料去除率 /mg·min^{-1}	表面粗糙度/μm
1		1	1	1	1.4	0.253
2		1	2	2	1.8	0.304
3		1	3	3	2	0.351
4		2	1	2	2.4	0.405
5		2	2	3	2.6	0.323
6		2	3	1	2.4	0.303
7		3	1	3	2.8	0.451
8		3	2	1	3	0.503
9		3	3	2	3.2	0.479
材料去除率	K_1	5.2	6.6	6.8		
	K_2	7.4	7.4	7.4		
	K_3	9	7.6	7.6		
	k_1	1.74	2.2	2.26		
	k_2	2.46	2.46	2.46		
	k_3	3	2.54	2.54		
	R	1.26	0.34	0.28		
主次顺序		A>B>C				
优水平		A_3	B_3	C_3		
优组合		$A_3B_3C_3$				
表面粗糙度	K_1	0.908	1.160	1.133		
	K_2	1.031	1.130	1.125		
	K_3	1.433	1.059	1.109		
	k_1	0.303	0.386	0.378		
	k_2	0.343	0.376	0.375		
	k_3	0.477	0.353	0.369		
	R	0.174	0.033	0.009		
主次顺序		A>B>C				
优水平		A_1	B_3	C_3		
优组合		$A_1B_3C_3$				

可以得出，在对材料去除率的影响中，磨料粒度的影响作用最大，其余两因素次之，磨料浓度比工件转速影响略大。此外，从表中还可以得出获得最大材料去除率的最佳工艺参数组合为 $A_3B_3C_3$。而在对表面质量的影响中，磨料粒度的影响作用是最大的，其次是磨料浓度，最后是工件转速。其中，获得高表面质量的工艺参数组合为 $A_1B_3C_3$。由此得出磨料粒度的作用是不同的，在加工中这两个指标在一定程度上是矛盾的，要想得到较高的材料去除率，则表面质量就会有所下降，因此可以结合实际加工情况选择该因素。不过，磨料浓度和工件转速对这两项指标的影响是一致的。

7.1.3 加工参数对材料去除率的影响

从上述正交实验结果可知，磨料粒度的影响作用最大。为进一步研究，开展单一参数变化对材料去除率影响规律的实验。实验加工参数的水平安排如表 7.3～表 7.5 所示，加工时间均为 5min，工具和工件间的静压力为 9N（通过弹簧测力计测得）。

（1）磨料粒度对材料去除率的影响

实验条件：工件转速为53r/min，磨料浓度为0.5g/mL、0.7g/mL、0.9g/mL。

表7.3 加工实验表（1）

实验编号	1	2	3	4	5	6	7	8	9
磨料浓度/g·mL^{-1}		0.5			0.7			0.9	
磨料粒度/μm	10	50	100	10	50	100	10	50	100
材料去除率/mg·min^{-1}	1.1	2.1	3.4	2	3.5	4.8	2.6	4.1	5.6

由以上数据绘制成柱状图，如图7.4所示。由此可以看出，在三种不同磨料浓度的情况下，磨料粒度对材料去除率的影响大体上均呈现上升趋势，也就是说随着磨料粒度的增大，材料去除率也不断变大，而且影响作用很大。

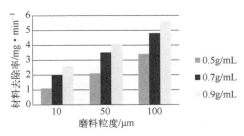

图7.4 不同浓度下磨料粒度对材料去除率的影响

（2）磨料浓度对材料去除率的影响

实验条件：磨料粒度为100μm，工件转速为19r/min、37r/min、53r/min。

表7.4 加工实验表（2）

实验编号	10	11	12	13	14	15	16	17	18
工件转速/r·min^{-1}		19			37			53	
磨料浓度/g·mL^{-1}	0.5	0.7	0.9	0.5	0.7	0.9	0.5	0.7	0.9
材料去除率/mg·min^{-1}	1.4	2	2.4	1.8	2.6	3	2	2.8	3.3

由以上数据绘制成柱状图，如图7.5所示。由此可以看出，在三种不同工件转速的情况下，磨料浓度对材料去除率的影响大体上均呈现上升趋势，也就是说随着磨料浓度的增大，材料去除率也在不断变大。

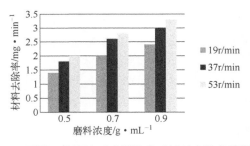

图7.5 不同工件转速下磨料浓度对材料去除率的影响

（3）工件转速对材料去除率的影响

实验条件：磨料浓度为0.9g/mL，磨料粒度为10μm、50μm、100μm。

表 7.5　加工试验表（3）

实验编号	19	20	21	22	23	24	25	26	27
磨料粒度/μm	10			50			100		
工件转速/r·min⁻¹	19	37	53	19	37	53	19	37	53
材料去除率/mg·min⁻¹	1.4	1.7	1.9	1.8	2.2	2.4	2.4	3	3.3

由以上数据绘制成柱状图，如图 7.6 所示。由此可以看出，在三种不同磨料粒度的情况下，工件转速对材料去除率的影响大体上均呈现上升趋势，也就是说随着工件转速的增大，材料去除率也随之变大。

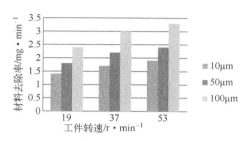

图 7.6　不同粒度下工件转速对材料去除率的影响

综上所述，材料去除率随着磨料粒度、磨料浓度和工件转速的增大而增大。

7.1.4　材料去除率模型

将以上 27 组实验中的工艺参数代入去除率模型，得到理论 MRR，并与相同工况的实验值 MRR_e 对照分析。根据超声波加工机的说明书可知超声频率 f 为 17kHz，超声振幅 A 为 0.005mm。工具和工件间的静压力为 9N。每次实验时磨料浓度 c 和磨料粒度 r 已知，金刚石磨料密度 ρ 为 3510g/mm³，工具直径为 38mm，其面积 s 可求，因而磨料数目 $n=6cs/\rho\pi r^2$。得到的 MRR 及 MRR_e 如表 7.6 所示。

表 7.6　MRR 计算值

序号	MRR_e/mg·min⁻¹	MRR/mg·min⁻¹	序号	MRR_e/mg·min⁻¹	MRR/mg·min⁻¹
1	1.1	1.010	15	3	2.725
2	2.1	1.638	16	2	2.197
3	3.4	2.771	17	2.8	2.572
4	2	1.511	18	3.3	3.043
5	3.5	2.978	19	1.4	1.309
6	4.8	4.015	20	1.7	1.596
7	2.6	2.396	21	1.9	1.734
8	4.1	3.781	22	1.8	1.656
9	5.6	4.761	23	2.2	2.048
10	1.4	1.312	24	2.4	2.293
11	2	1.996	25	2.4	2.317
12	2.4	2.297	26	3	2.797
13	1.8	1.673	27	3.3	3.042
14	2.6	2.387			

以 MRR 为横坐标，MRR_e 为纵坐标，将 27 组实验标注在图 7.7 中。由该图可以看出 MRR 与 MRR_e 具有很好的相关性。

进一步利用 Matlab 将 MRR_e 和相对应的 MRR 进行线性回归，得到回归方程为 $y=1.1098x-0.10078$，F 值为 163.38。而 $F_{1-0.01}(1,25)=7.77<F$，且 F 越大，回归方程越显著。由此可知，二者存在高度的线性相关性，回归线性关系如图 7.7 所示。

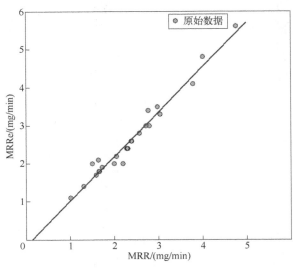

图 7.7　数据分布

为此，对 MRR 进行如下修正：

$$MRR'=1.1098MRR-0.10078 \tag{7.1}$$

式中，MRR' 为修正后的材料去除率。因此：

$$MRR' = 1.1098nf\pi[\pi\omega d(\Delta t)+120r](r-h/3)h^2/(120r)-0.10078 \tag{7.2}$$

利用正交实验的实验结果对修正模型进行验证。在相同的工况条件下，将 9 组参数代入 MRR'、MRR 公式，并分别计算与实验值 MRR_e 的相对误差，计算结果见表 7.7。

表 7.7　相对误差

序号	$MRR_e/\text{mg} \cdot \text{min}^{-1}$	$MRR'/\text{mg} \cdot \text{min}^{-1}$	相对误差	$MRR/\text{mg} \cdot \text{min}^{-1}$	相对误差
1	1.4	1.288	8.0%	1.251	10.6%
2	1.8	1.602	11.0%	1.534	14.8%
3	2	1.814	9.3%	1.725	13.7%
4	2.4	2.327	3.0%	2.188	8.8%
5	2.6	2.482	4.5%	2.327	10.5%
6	2.4	2.228	7.1%	2.098	12.6%
7	2.8	2.711	3.2%	2.534	9.5%
8	3	2.769	7.7%	2.586	13.8%
9	3.2	3.067	4.2%	2.854	10.8%

由表 7.7 中数据可知，修正后 MRR' 的相对误差减小，说明修正后的模型比修正前的模型更贴近实际实验。

7.1.5　工件表面粗糙度

从前述正交实验结果可知，磨料粒度对表面粗糙度的影响作用是最大的。为了得到在超声加工过程中，在某个参数变化而其余参数不变的情况下，工件表面粗糙度的变化规律，进行了以下实验。实验加工参数的水平安排如表 7.8～表 7.10 所示，加工时间为 5min，工具和工件间的静压力为 9N（通过弹簧测力计测得），在实验完成后采用 TR200 型表面粗糙度测量仪测量聚晶金刚石的表面粗糙度，然后通过 Bruker 原子力显微镜采用 Contact 模式观测聚晶金刚石表面的三维形貌图。

（1）磨料粒度对表面粗糙度的影响

实验条件：工件转速为 53r/min，磨料浓度为 0.5g/mL、0.7g/mL、0.9g/mL。

表 7.8　加工实验表（1）

实验编号	1	2	3	4	5	6	7	8	9
磨料浓度/g·mL^{-1}	0.5			0.7			0.9		
磨料粒度/μm	10	50	100	10	50	100	10	50	100
表面粗糙度/μm	0.541	0.704	0.930	0.480	0.573	0.825	0.404	0.502	0.699

然后采用原子力显微镜观测各加工条件下的三维形貌图，见图 7.8，并将其所测的表面粗糙度绘制成柱状图，如图 7.9（a）所示。再将表 7.8 测得的数据绘制成柱状图，如图 7.9（b）所示。由此可以看出，虽然不同的测量方法测得的值有所不同，但是它们在趋势的变化上是一致的。在三种不同磨料浓度的情况下，随着磨料粒度的减小，表面粗糙度也随之变小，而且影响作用很大。

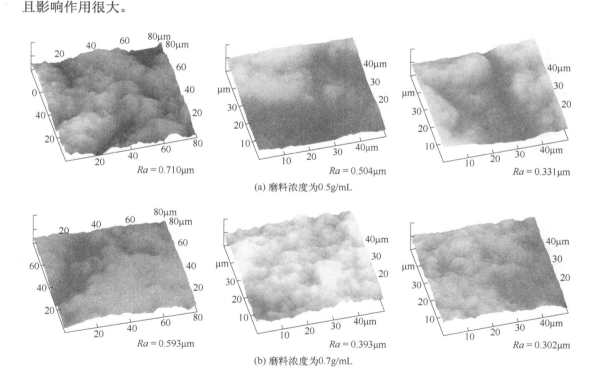

(a) 磨料浓度为0.5g/mL

(b) 磨料浓度为0.7g/mL

图 7.8

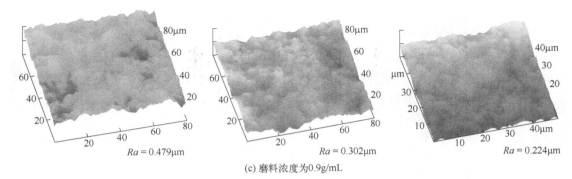

(c) 磨料浓度为0.9g/mL

图 7.8　不同粒度下的三维形貌

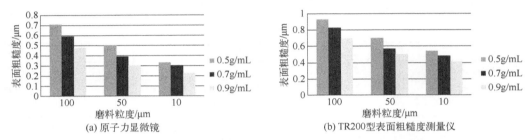

(a) 原子力显微镜　　　　　　　　　　(b) TR200型表面粗糙度测量仪

图 7.9　不同浓度下磨料粒度对表面粗糙度的影响

（2）磨料浓度对表面粗糙度的影响

实验条件：磨料粒度为 100μm，工件转速为 19r/min、37r/min、53r/min。

表 7.9　加工实验表（2）

实验编号	10	11	12	13	14	15	16	17	18
工件转速/r·min^{-1}	19			37			53		
磨料浓度/μm	0.5	0.7	0.9	0.5	0.7	0.9	0.5	0.7	0.9
表面粗糙度/μm	0.760	0.608	0.588	0.710	0.498	0.483	0.657	0.428	0.384

然后采用原子力显微镜观测各加工条件下的三维形貌图，见图 7.10，并将其所测的表面粗糙度绘制成柱状图，如图 7.11（a）所示。再将表 7.9 测得的数据绘制成柱状图，如图 7.11（b）所示。由此可以看出，虽然不同的测量方法所测得的值有所不同，但是它们在趋势的变化上是一致的。在三种不同工件转速的情况下，随着磨料浓度的增大，表面粗糙度在不断减小。

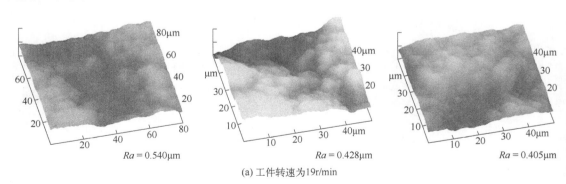

(a) 工件转速为19r/min

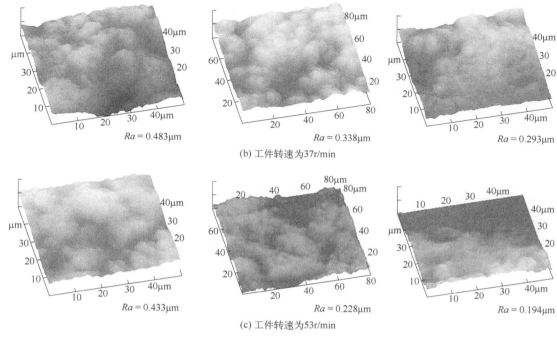

Ra = 0.483μm　　　(b) 工件转速为37r/min　　　*Ra* = 0.293μm

Ra = 0.433μm　　　(c) 工件转速为53r/min　　　*Ra* = 0.194μm

图 7.10　不同浓度下的三维形貌

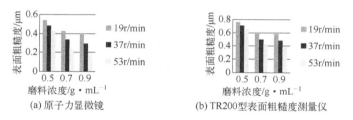

(a) 原子力显微镜　　　　　　(b) TR200型表面粗糙度测量仪

图 7.11　不同工件转速下磨料浓度对表面粗糙度的影响

（3）工件转速对表面粗糙度的影响

实验条件：磨料浓度为 0.9g/mL，磨料粒度为 10μm、50μm、100μm。

表 7.10　加工实验表（3）

实验编号	19	20	21	22	23	24	25	26	27
磨料粒度/μm	10			50			100		
工件转速/r·min⁻¹	19	37	53	19	37	53	19	37	53
表面粗糙度/μm	0.524	0.490	0.475	0.616	0.565	0.515	0.762	0.708	0.638

　　然后采用原子力显微镜观测各加工条件下的三维形貌图，见图 7.12，并将其所测的表面粗糙度绘制成柱状图，如图 7.13（a）所示。再将表 7.10 测得的数据绘制成柱状图，如图 7.13（b）所示。由此可以看出，虽然不同的测量方法测得的值有所不同，但是它们在趋势的变化上是一致的。在三种不同磨料粒度的情况下，随着工件转速的增大，表面粗糙度在不断减小。

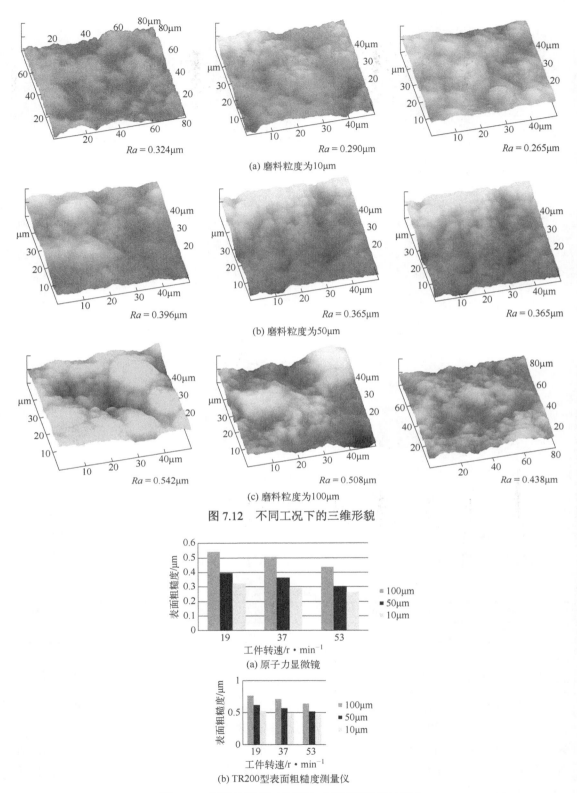

$Ra = 0.324\mu m$

$Ra = 0.290\mu m$

$Ra = 0.265\mu m$

(a) 磨料粒度为10μm

$Ra = 0.396\mu m$

$Ra = 0.365\mu m$

$Ra = 0.365\mu m$

(b) 磨料粒度为50μm

$Ra = 0.542\mu m$

$Ra = 0.508\mu m$

$Ra = 0.438\mu m$

(c) 磨料粒度为100μm

图 7.12　不同工况下的三维形貌

(a) 原子力显微镜

(b) TR200型表面粗糙度测量仪

图 7.13　不同粒度下工件转速对表面粗糙度的影响

综上所述，表面粗糙度随着磨料粒度的减小而减小，这是因为细粒度金刚石磨料的颗粒较小，加工时相应的摩擦因数也较小，磨料与 PCD 表面的金刚石撞击产生的脉冲力较小且柔和，故工件的表面质量较好。而表面粗糙度随着磨料浓度和工件转速的增大而减小，这是因为在相同的加工时间内，磨料浓度和工件转速增大，有效接触的磨料数目增加，交替持续地锤击工件表面，减小了磨料浓度低时磨料冲击工件表面的离散性，使得表面粗糙度 Ra 减小，表面质量有所提高。

7.2 超声能场辅助切削钛合金

7.2.1 实验系统

钛合金具有硬度高、重量轻、耐磨性强与防锈性好等优点，已广泛应用于航天、航空、国防、化工、造船等领域，并且越来越受到人们的重视。钛合金是难加工材料之一，其切削加工性很差。难切削的主要原因是切削温度高，与刀具材料的化学亲和力大、弹性模量小。

超声波振动切削是，使超声频激振刀具按一定方向和振幅振动，以改善切削效能的特种切削加工方法。其主要特点是切削温度低，切削力小，消耗功率小，生产效率高，刀具耐用度高，可使加工零件的表面质量与加工精度得到相当大的提高，为难加工材料的精密加工开拓了一条新的途径。

利用研制的超声微润滑装置，开展了钛合金材料的车削实验，主要目的在于验证装置及工艺的可行性。如图 7.14 所示，在小型车床上开展实验。工件选用钛合金棒料，并固定夹装在卡盘内。超声振动由压电振子提供，并经变幅放大传递至刀尖。

图 7.14　切削实验

润滑油为连续流体形式，使用无阀微泵控制流量，其振动薄膜所需的振动能量来自系统的超声振动，实验证实微泵的背压为 300Pa，如图 7.15 所示。

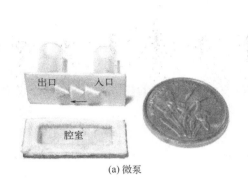

(a) 微泵　　　　　　　　　　(b) 背压测试

图 7.15　润滑装置

　　如图 7.16 所示，通过显微镜观测，微量润滑油可以充分覆盖刀具和工件的接触面，大大节省了润滑油的使用量，并改变了雾状供给的模式，使切削区域清洁无污染。

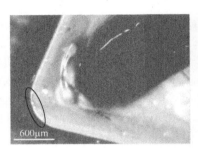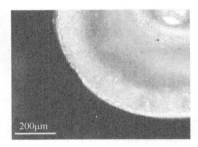

图 7.16　刀具的浸润效果

　　实验的相关参数如表 7.11 所示。

表 7.11　实验参数

工件参数	Ti6Al4V（棒料） 直径：20mm；长度：200mm
刀柄	直径：20mm；材料：40Cr 型号：S20R
刀片	材料：硬质合金 型号：Keencutter(WNMG) 刀尖半径：0.4mm；前角：0°；后角：5°
力传感器	三维力传感器
超声振动参数	压电陶瓷片；振动方向：纵向 频率：28kHz；振幅：10μm（放大后）
润滑	材料：植物油；密度：0.92g/cm^3 黏度：45mm^2/s；流量：5mL/h
加工参数	切削速度（线速度）：17.6,35.2,52.8,70.4m/min 切削深度：0.75mm；进给量：0.15mm/r

7.2.2　钛合金切削效果及分析

　　超声振动使传统的连续切削变为间断切削，为润滑油渗透提供了通道，使润滑更为充分。

超声辅助切削中，高压油膜作用在工件和刀具上，切削液流动和动压的表现为：前刀面和切屑之间，后刀面和已加工表面之间的接触界面均发生变化，切屑和工件表面应力状态发生变化。油膜压力的作用可以使切屑产生压缩和弹性变形。这个弹性变形起到了刀具进入切削时的预挤压作用。另外，动压油膜有大幅减小刀具和工件间摩擦力的效果。因此，实验结果表明，超声微润滑切削实现了大幅降低切削力的作用。此外，从切削力曲线来看，尽管切削速度提升，超声微量润滑依然可以有效降低切削力，如图 7.17 所示。

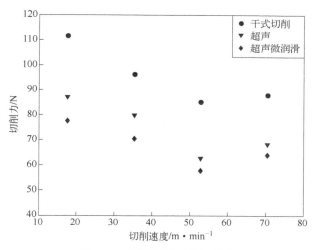

图 7.17　不同环境下的切削力

图 7.18 表示了刀具磨损曲线，曲线均显示了三个阶段，初级磨损、稳定期磨损及加剧磨损段。超声环境的加入可以有效控制刀具磨损进程，而超声附加微量润滑环境则得到了最长的刀具寿命。对比不同切削速度下的刀具磨损，可以明显看出，刀具磨损随切削速度的提高而显著加剧。不过，超声微量润滑技术同样显示出了优势。

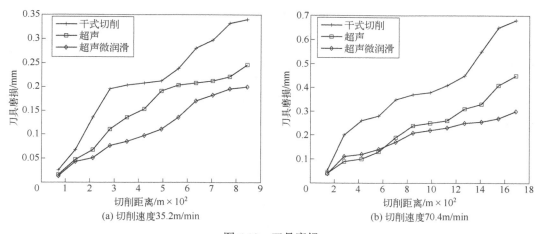

(a) 切削速度35.2m/min　　　　　(b) 切削速度70.4m/min

图 7.18　刀具磨损

图 7.19 及图 7.20 显示了切削 20min 后，不同切削速度下的刀具磨损图像。明显看出，所有情况下刀具均出现了明显的磨损，包括微崩刃和沟槽磨损。干式切削时，钛合金的热导

率较低，热量积聚在切削区域，此时容易出现化学反应及磨损。干式切削和超声情况下，刀具后刀面粘接（焊接）了工件材料。当超声环境附加微量润滑时，润滑油可通过毛细效应进入切削区实施润滑，从而降低磨损及粘接。当切削速度较高时（图7.20），同样的切削时间内，材料去除量大，切削热较高。因此刀具磨损更为明显。

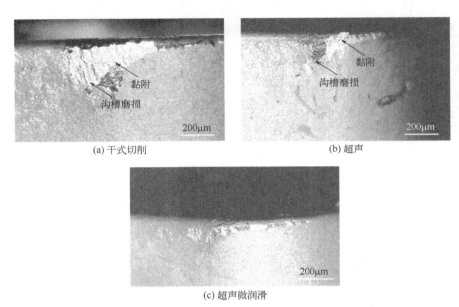

图7.19 后刀面磨损图像（35.2m/min）

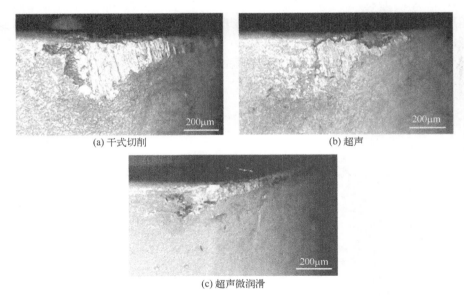

图7.20 后刀面磨损图像（70.4m/min）

表面粗糙度是零件加工最为关注的参数之一，不同环境下粗糙度值及表面形貌如图7.21及图7.22所示。可以明显看出，因后刀面的磨损，又因钛合金的黏结特性，导致表面粗糙度值普遍较高。加入超声环境后，对已加工表面有"压峰填谷"的效果，因此显著降低了粗糙度值。

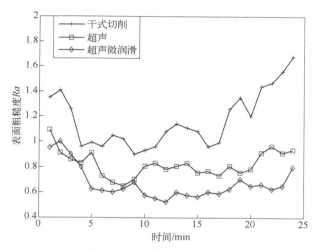

图 7.21　表面粗糙度（*Ra*）

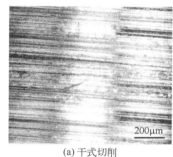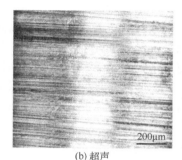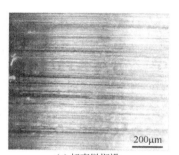

(a) 干式切削　　　　　　　　(b) 超声　　　　　　　　(c) 超声微润滑

图 7.22　表面形貌

从表面形貌（图 7.22）可以看出，干式切削时，工件表面凹凸不平，刀纹杂乱无章，刀痕较深，撕裂严重，加工表面粗糙度大。普通切削，特别是低速时，由于积屑瘤、鳞刺的产生与消失，使切削过程处于不稳定状态。振动切削时，由于给刀具附加了超声波振动，破坏了切屑底层与前刀面紧密连续的滑动接触，破坏了积屑瘤与鳞刺产生的条件，从而使切削过程处于稳定状态，即使在最低的速度下，也不产生积屑瘤与鳞刺，加工表面光滑，车削的刀纹清晰，分布均匀，无撕裂与拉沟现象。加上超声振动对变形区域的物理作用，使加工表面粗糙度得以明显减小。

7.3　超声能场辅助切割碳化硅（SiC）材料

7.3.1　实验系统

碳化硅（SiC）是宽禁带半导体材料（图 7.23），相比 Si 而言具有更大的禁带宽度，更高的临界击穿场强和热导率等优异的材料特性。因此在相同条件下，SiC 电力电子器件具有更高的阻断电压、更大的输出功率、更高的工作频率以及更好的温度特性等优势。碳化硅的熔点高、热胀系数低、耐磨性好、硬度高。因此碳化硅多孔陶瓷也具有热导率低、密度低、比强度高、抗热震性高、化学稳定性好、流体渗透性高、耐腐蚀性好等独特性能。由于其优越的性能，它们在熔融金属过滤器、柴油颗粒过滤器、气体扩散器、水净化膜、热气体过滤器、绝热绝缘体、催化剂支架和轻型结构部件等方面具有很大的应用潜力。

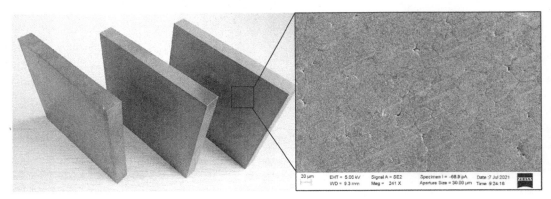

图 7.23　SiC 材料

目前工业生产中线锯切割（图 7.24）主要有两种：游离磨料线锯切割技术与固结磨料线锯切割技术。游离磨料线锯切割技术是线锯在切割过程中，带动浆料中的磨料在工件表面滚压、划擦并产生微裂纹，进而完成切割。固结磨料线锯切割技术是通过树脂结合剂粘接法、电镀法等方式将金刚石磨粒固定在金属丝线上，通过丝线运动来达到切割的目的。相比于游离磨料线锯切割技术，固结磨料线锯切割技术具有加工效率高、切片表面精度高、切缝损失小、更为环保等优势。

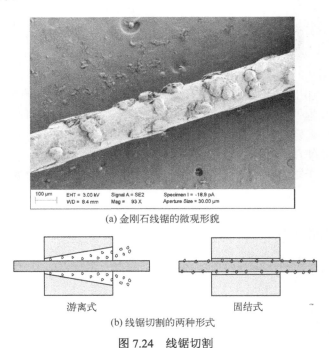

(a) 金刚石线锯的微观形貌

游离式　　　　　　　　　　固结式

(b) 线锯切割的两种形式

图 7.24　线锯切割

超声辅助的金刚石线锯切割是使用超声波发生器给线锯施加超声波振动，从而让线锯在某一方向上产生受迫振动的切割方法。根据超声装置添加位置的不同，超声振动激励辅助金刚石线锯切割技术具体可分为纵向与横向两种超声振动激励。此处设计了一种三维超声振动激励线锯，各振动方向成正交布置，通过柔性关节连接（图 7.25）。结构的一阶固有频率在 31.7kHz，该样机已应用于 SiC 等硬脆材料切割过程（图 7.26），实验参数见表 7.12。

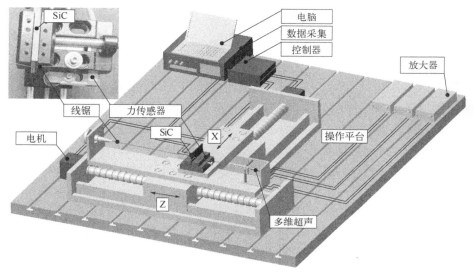

图 7.25　三维超声激励切割系统

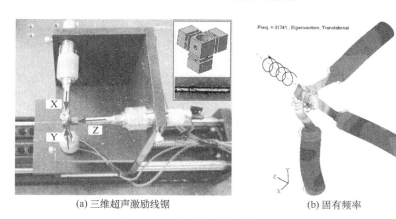

(a) 三维超声激励线锯　　　　　　　　　(b) 固有频率

图 7.26　三维超声激励线锯实验系统

表 7.12　超声辅助切割 SiC 材料实验参数

工件	SiC 弹性模量 450GPa 泊松比 0.18
换能器	PZT：ϕ12mm×1mm 换能器直径：ϕ12mm 高度：76mm 驱动信号类型：正弦

线锯参数	磨料类型：金刚石 线锯平均外径：80μm 磨料平均直径：40μm 磨料平均尺寸：30～60μm 磨料排布：140abrasive/mm² 线锯预紧力：18N
切割参数	切割速度：0,0.5m/s；1m/s；1.5m/s；2m/s；2.5m/s；3m/s；3.5m/s；4m/s 进给速度：0.6mm/min；1.2mm/min；1.8mm/min；2.4mm/min；3.0mm/min；3.6mm/min 无冷却

7.3.2 效果及分析

试验过程中测试了三向切割力，如图 7.27 所示（进给速度为 1.2mm/min，切割速度为 1.5m/s）。可以看出，切向力和法向力均高于 Y 方向力，其主要原因在于法向力归因于磨料嵌入试验件中的反力；切向力则是材料去除中摩擦力、刮擦力等力的反力；Y 方向力主要是因为磨料的横向振动。从数值而言，虽然 SiC 的硬度很高，但线锯的进给量低，且排布了大量金刚石颗粒，因此切割力并不大。

当加入超声振动后，切割力的峰值显著降低。根据相关研究，切割力的降低主要源于三方面原因：一是间隔性地接触缩短了磨料和工件的接触；二是振动导致磨料的撞击能变大；三是瞬时速度的提高导致同一时间更多磨料参与到切割过程，因此每个颗粒磨削量降低。

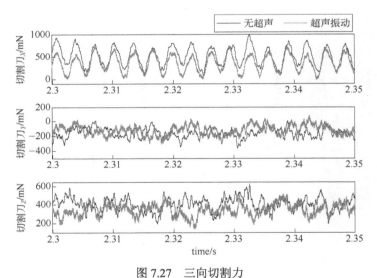

图 7.27　三向切割力

图 7.28 显示了切割速度对切割力的影响，可以看出两向力均随着切削速度的提高而降低。同时，超声振动的加入导致切割力明显下降。不过，对于高速段，二者差距逐渐趋于平缓，主要是因为切削速度接近临界值，弱化了磨料和工件间断式隔离的特性。进给速度对切割力的影响如图 7.29 所示，因为进给速度的增加，材料去除率提高，切割力显著提升。不过对于超声环境而言，其降低切割力的作用同样明显。

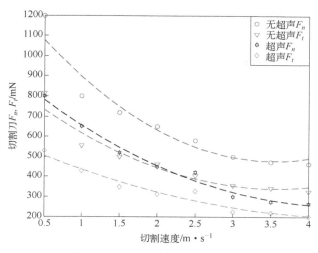

图 7.28　切割速度对切割力的影响

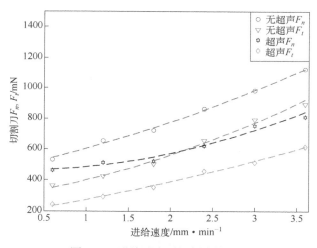

图 7.29　进给速度对切割力的影响

　　超声振动辅助切割过程中，表面形貌的形成机理如图 7.30 所示。振动颗粒在单个周期内为椭圆运动，去除效果为表面形成椭球型的凹坑，但随着金刚丝的进给，会在相邻部位继续椭球型去除，在如此进给的情况下，底部逐渐被切除平整。不过，对于边界还是可以看出振动引起的周期性去除形貌，如图 7.30（b）和（c）所示。

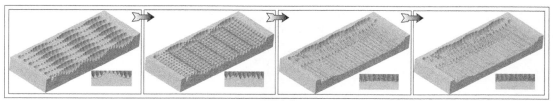

(a) 表面形貌的形成

图 7.30

 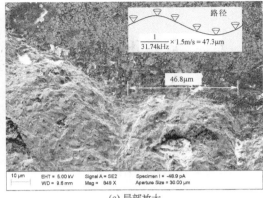

(b) 显微镜图片　　　　　　　　　　　(c) 局部放大

图 7.30　超声振动切割过程中表面形貌

　　材料的去除过程中存在临界切削深度，即塑性转脆性的临界值。当最大切削深度小于临界切削深度，硬脆材料处于塑性域切削状态，易形成光滑镜面状规整表面，即加工质量高；当最大切削深度大于临界切削深度时，则硬脆材料处于脆性切削状态，表面易形成裂纹及崩碎凹坑。

　　一般认为脆性材料加工过程分为弹性变形、塑性变形、脆性断裂。在弹性变形阶段，加工材料在刀具移动后恢复原状。塑性变形分为耕犁和切削，在耕犁模式下，加工过程无切屑产生，在切削痕迹的两侧出现不同程度的材料堆积；在切削模式下，加工过程产生切屑。所以切屑的形成与否是脆性材料加工处于耕犁或切削阶段的标志。由于刀具的圆弧效应，塑性和脆性阶段之间存在塑脆共存状态，在脆性阶段，材料以脆性断裂方式去除。

　　图 7.31 显示了超声振动对脆性材料去除的影响机理，在振动切削条件下，在每个振动循环内，瞬时切削深度沿着刀具前刀面从零非线性地增大，当切削深度小于临界切深可实现塑性切削。在线锯切割过程中，超声振动提升塑性去除能力的原因：一是线锯刚性弱，切割力大时会被动弯曲，降低切削深度；二是在振动情况下，切削深度呈周期性变化，一旦最大切深也小于临界切深，则全过程均为塑性去除。

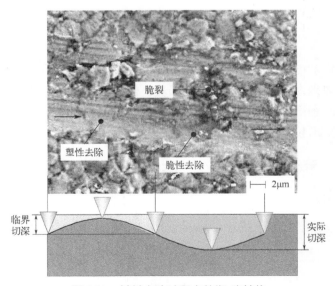

图 7.31　材料去除过程中的塑-脆转换

裂纹产生及生长判据可根据裂纹扩展理论，当裂纹系统中裂纹尖端所承受的应力场强度大于临界应力场强度，裂纹将产生并发生扩展，直至裂纹尖端应力场强度等于临界应力场强度，停止生长，达到平衡。超声振动作用下，磨料嵌入材料内部，深度增加，垂向应力增大，当应力大于临界最大断裂拉应力时，中位裂纹就会产生。传统切割时，材料在前刀面堆积，横向裂纹向侧向扩展，同时产生中位裂纹，侧向裂纹逐渐向材料表面扩展，最终导致材料脆性去除，表面的中位裂纹取决于堆积产生的挤压应力。当刀具磨损时，形成刮擦力，材料去除后在工件表面留下凹坑和微裂纹。如图 7.32 所示。

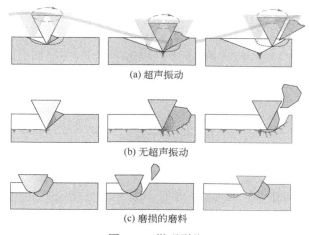

(a) 超声振动

(b) 无超声振动

(c) 磨损的磨料

图 7.32　微观裂纹

　　基于上述分析发现，三维振动作用下线锯的轨迹为椭圆螺旋线，而且在材料去除过程中延性去除所占比例明显提高，进而改善了表面及亚表面裂纹的扩展，降低了损伤程度，提高了表面质量，如图 7.33 所示。

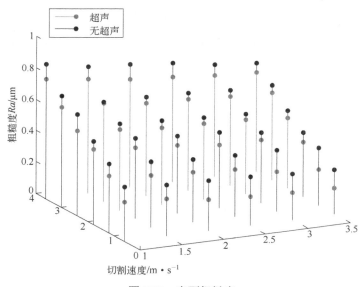

图 7.33　表面粗糙度

7.4 超声能场在切割复合材料中

7.4.1 实验系统

C/C 复合材料即碳纤维增强碳基复合材料是具有特殊性能的新型工程材料，具有密度小、模量高、比强度高、热膨胀系数低、耐高温、耐热冲击、耐腐蚀、吸振性好和摩擦性能好等一系列优点，尤其是它的优异的抗烧蚀性能、摩擦性能和高温性能，使其在航天、航空及军工等高科技工业方面受到极大关注。然而，材料中的纤维表层都比较光滑，与各种树脂基体材料的结合性能受到一定限制，所以复合材料的层间强度较低。普通刀具切割加工复合材料，经常发生层间分层、边缘部位粗糙、工作场所的切屑飞扬等情况，这对航空、航天产品的质量难以保证。为获得高质量的复合材料零件，开展了复合材料的超声锯切实验。

选择化学气相沉积（CVD）制作的 C/C 复合材料作为研究对象，采用三向针织工艺制作而成。如图 7.34 所示，工件为圆柱形，每层为 90°正交铺设，层间为树脂粘接。工件材料的密度为 $1.58g/cm^3$，圆柱的内外径直径分别为 10mm 及 20mm。

实验系统如图 7.35 所示，换能器通过夹具与线锯连接，沿线锯的纵向施加超声振动。系统采用三维测力仪采集动态切割力，采用工具显微镜和扫描电镜测试切割面的形貌。测力仪、换能器及线锯均固定在滑轨上，以提供进给量。表 7.13 是实验工况。

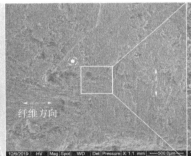

图 7.34　复合材料工件

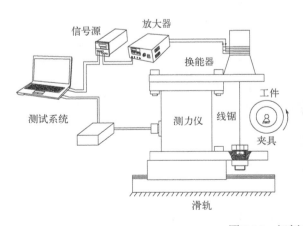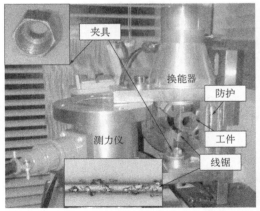

图 7.35　切割实验系统

表 7.13

旋转速度	600r/min，1000r/min，1200r/min，1500r/min，1800r/min，2100r/min，2400r/min
进给量	2 mm/min
磨料	金刚石
超声频率	20kHz
PZT	ϕ36mm×3mm
换能器	直径ϕ46mm；高度 76mm
线锯	平均直径 0.1mm；磨料大小：40～60μm；长度 120mm
线锯预紧力	10N
驱动信号类型	正弦

7.4.2 复合材料切割效果及分析

文献证实，脆性材料超精密切削加工时，如果切削深度小于临界切削深度，可以实现脆性材料的塑性切削。实验表明，金刚石刀具切削脆性材料时，超声波振动能增大临界切削深度，这是由于超声波直线振动中，刀具前刀面与切屑之间的分离特性和刀具前刀面与切屑之间的摩擦力方向反转导致的，如图 7.36 所示。

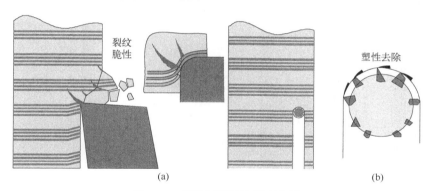

图 7.36 塑脆切削转换机理分析

金刚石磨料的单向连续往复式切割转变成高频接触-分离振动式切割，切屑及碎颗粒被及时排出，有效保护了已加工表面。此外，刀具对工件不停地撞击与刮擦，既提高了切削效率，又避免磨料与工件长时间接触，达到了降低磨损的效果，如图 7.37 所示。

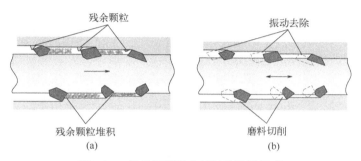

图 7.37 超声切割复合材料的除屑机理

实验表明，传统金刚丝切割后切口端面上有较多外露短纤维，需花费大量时间进行手工修整，其切割效果不够理想。然而，使用超声线切割后，切口端面平整光滑，切割效果甚佳，如图 7.38 所示。

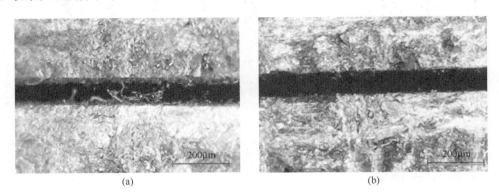

图 7.38　零件边界

该现象的具体机理如图 7.39 所示。线锯切割时在进给方向存在压力，线锯带动磨料与纤维接触，挤压并产生断裂。不过，因碳纤维具有弹性，在线锯进给至较深处后，纤维回弹，形成毛刺。超声使得锯丝连续不断地高频振动，有利于刀具与工件间的相对运动，也强化了刀具的往复切割效果，因此复合材料零件的边界整齐，毛刺少，精度高。

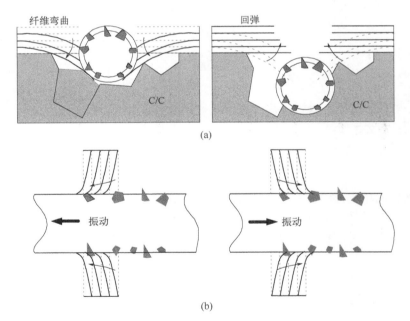

图 7.39　超声线锯切割机理

与普通切割加工相比，采用超声复合切割可以有效地减小切割力。这主要是由于超声切割加工是断续切割过程，分离特性改变了刀具与工件的接触条件，缩短了刀具和工件之间的摩擦时间。超声切割中刀具与工件发生周期性接触和分离，每次短暂性接触，刀刃都会对工件带来瞬时巨大冲击。由此引发沿刃口方向的高速剪切和挤压，会引起材料内部产生微观裂纹。相对于裂纹来说，复合材料的受力平面可以看作无限大平板，因此可以应用断裂动力学中的无限大正交的有关原理对复合材料的断裂进行分析。

在断裂临界时刻，微裂纹内部应力已经达到材料的强度极限，材料开始出现断裂，但刀刃的走刀位移还远远未到达微裂纹顶端。此时，刀刃只在刀面上承受材料裂纹回弹的挤压力，刀尖部分因没有接触材料也就没有受力。这就是采用超声切割复合材料比无超声的普通切割所需切削力更小的原因。

综上，各向异性纤维复合材料板的振动切割过程中，刀具对工件产生瞬时高速冲击力作用，改变了材料性能，使得复合材料易于切割，从而减小材料被切断时所需的切割力。然而，随着切削时间的增加，刀具磨损量逐渐增加，切屑接触长度增加，摩擦因数维持在较大数值，最终导致摩擦力不再变化，如图 7.40 所示。

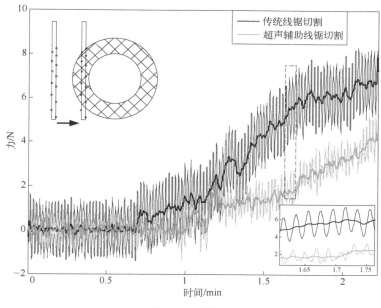

图 7.40 摩擦力

采用金刚石线锯超声振动有效提高了加工精度，从而达到所需要的尺寸要求和表面精度要求。同时，磨料的切削表面与工件接触的区域随时间变化而变化，使得磨料的耐磨性提高，金刚石线锯的使用寿命延长。而且，在一定程度上提高了线锯磨料切削刃的锋锐性，减少了平均锯切力，从而提高了加工表面质量。

7.5 相关机理分析

7.5.1 渗流润滑机理

微量润滑技术与振动辅助切削的结合不仅可以弥补各自局限，还展现出特殊优势。一方面，传统切削区内刀具与工件（切屑）始终接触，而振动切削产生周期性分离，润滑油可在毛细力作用下渗透至切削区，如图 7.41 所示。

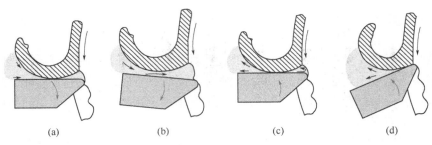

(a)   (b)   (c)   (d)

图 7.41　润滑油渗透

润滑过程主要包括润滑油的渗透、油膜成形、摩擦磨损过程等。振动辅助切削中，固液表面处于高频振动状态，使润滑油的渗透变得更为复杂，也引发了许多新问题。一方面，振动界面向流体提供的运动能影响了流体的自由能，进而改变了流体表面的存在形式。研究表明，处于超声振动界面的流体，随着振动频率及振动幅值的提高，固液接触角明显降低，也使流体的浸润性增强。然而，实际切削过程中，固液接触面形貌实时变化，且存在较大的温度梯度，该综合环境下流体的浸润性需进一步探讨。另一方面，振动使刀具和工件产生周期性分离，形成微尺寸间隙，为流体的流动提供了途径。当流体在微通道内运动时，除受到毛细力的作用，还将受到高频振动引起的空化作用，流体正是在毛细力和空化压力的共同作用下进入切削区。毛细现象是一种常见的物理现象，其本质是微尺寸效应下液体的表面张力、黏性力及压力的平衡。传统毛细流动的研究中，微通道为固定参数，而振动切削形成的微通道尺寸时刻变化，即振动切削润滑为时变微通道毛细流动。另外，超声空化是存在于液体中的微气核在超声波的作用下振动，当声压达到一定值时发生的生长和崩溃的动力学过程。空化作用对微流体运动的影响也值得深入探讨。

如图 7.42 所示，当流体渗透至切削区后，振动切削过程中的固-液表面、固-固表面间的摩擦行为发生了改变。在切削区分离阶段，润滑油形成连续油膜，此时为流体润滑模式。在切削区闭合阶段，因金属表面的不光滑"微凸体"，润滑模式转变为边界润滑。可见，振动切削实现了流体润滑和边界润滑的交替综合作用，这也改变了传统切削区单一的边界润滑模式。

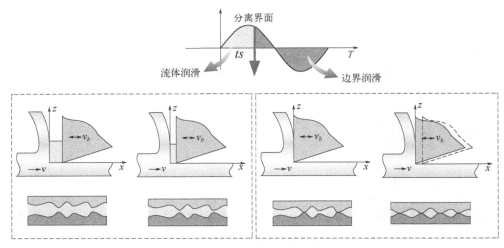

图 7.42　交替润滑机制

考虑流体的连续性，结合微通道数学模型、流体物质性质、受力平衡，及振动参数（振动幅值、频率、相位等）、刀具几何参数、切削参数（切削深度、切削宽度、进给速度、切削速度等）构建微通道动态尺寸的数学模型，建立流体运动方程；结合数值计算，获得流体运动及渗透距离的解析解。以此为基础，分析不同参数对流体运动的影响，强化渗透能力，并通过动态界面摩擦实验验证。微通道模型如图 7.43 所示。

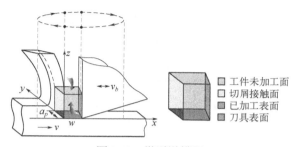

图 7.43　微通道模型

振动过程中刀具位移及速度可表述为：

$$x = A_0 \sin(2\pi ft)$$
$$v_b = 2\pi f A_0 \cos(2\pi ft)$$

（7.3）

式中，A_0 为振幅；f 为振动频率；t 为时间。

毛细通道的参数：

$$w = \begin{cases} x + A_s, & [nT, t_s] \cup [t_e, (n+1)T] \\ 0, & [t_s, t_e] \end{cases}$$

（7.4）

振动切削过程刀具位移与时间的关系如图 7.44 所示。

考虑尺寸效应的影响，分析微流体所受空化压力、惯性力、毛细压力、黏性力和重力，建立微流体在时变微通道内的运动学方程：

$$z\ddot{z} + \dot{z}^2 = \frac{2\sigma \cos\theta(w + a_p)}{\rho w a_p}$$

（7.5）

式中，σ 为表面张力；θ 为流体和固体的接触角；ρ 为密度。

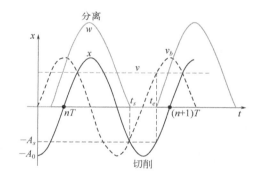

图 7.44　振动切削过程

结合式（7.4），式（7.5）可转换为：

$$\frac{\mathrm{d}(z\dot{z})}{\mathrm{d}t} = \frac{2\sigma \cos\theta}{\rho a_p}\left(1 + \frac{a_p}{A_0 \sin(2\pi ft) + A_s}\right)$$

（7.6）

根据超声切削的临界定义，A_0 和 A_s 满足：

$$A_0{}^2 > A_s{}^2$$

（7.7）

因此：

$$\int \frac{a_p}{A_0 \sin(2\pi ft) + A_s} = \frac{a_p}{2\pi f \sqrt{A_0{}^2 - A_s{}^2}} \ln|n| + C \qquad (7.8)$$

式中，C 为常数；n 可表述为：

$$n = \frac{A_0 + A_s \tan(\pi ft) - \sqrt{A_0{}^2 - A_s{}^2}}{A_0 + A_s \tan(\pi ft) + \sqrt{A_0{}^2 - A_s{}^2}} \qquad (7.9)$$

结合数学算法中的微积分理论、数值分析理论，通过解算，研究微流体的运动过程及渗透距离，并分析振动参数、刀具参数、润滑剂参数的影响。

$$z = 2\sqrt{\frac{\sigma \cos\theta}{\rho a_p}\left[\frac{1}{2}t^2 + C_1 t + C_2 + \frac{a_p}{2\pi f \sqrt{A_0{}^2 - A_s{}^2}}\int \ln|n|\,\mathrm{d}t\right]} \qquad (7.10)$$

边界条件为：

$$z(0) = 0$$
$$z(0)\dot{z}(0) = 0 \qquad (7.11)$$

结合上述公式，选择液体密度为 $0.912\mathrm{g/cm^3}$、黏度为 $44\mathrm{mPa \cdot s}$、表面张力 $0.018\mathrm{mN/m}$、接触角为 $20°$，计算不同参数对毛细上升高度的影响，如图 7.45～图 7.47 所示。

如图 7.45 所示，随着频率的增加，毛细上升高度逐渐下降，而且出现了部分断点，如对于振幅 5μm，断点对应频率为 6.4kHz、8kHz、10kHz、16kHz 和 20kHz，具体原因可以从式（7.9）和式（7.10）解释，当 $n=0$，对数项导致奇异（无穷），另外，从公式（7.9）可以解出：

$$\tan(\pi ft) = \frac{\sqrt{A_0{}^2 - A_s{}^2} - A_0}{A_s} \qquad (7.12)$$

可以看出，断点对应频率由频率、时间、振幅决定。

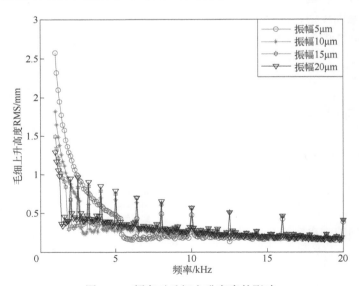

图 7.45 频率对毛细上升高度的影响

如图 7.46 所示，毛细渗透高度随切削速度的提高而降低，这主要因为切削速度的提高导致刀-屑接触率的提升。据此可以推断，切削速度提高后，流体对切削区的润滑能力减弱。此外，不同振幅对渗透能力的影响不大。

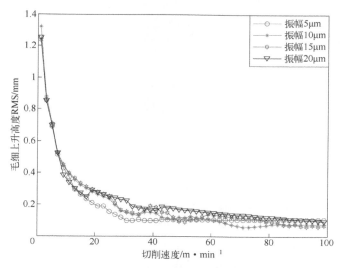

图 7.46　切削速度对毛细上升高度的影响

如图 7.47 所示，毛细渗透高度随接触角的减小而迅速提高。该结果可以通过公式（7.10）予以解释，接触角减小，余弦值增加。

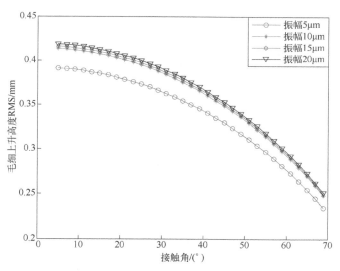

图 7.47　接触角对毛细上升高度的影响

7.5.2　复合材料摩擦机理

碳/碳复合材料是由碳黏合剂作为基体和碳纤维作为"增强剂"所组成的聚合物碳多相复合体系，如图 7.48 所示。它具有很高的升华温度、高的烧蚀热、在升高温度时强度增加、抗热振性能好、尺寸稳定性好、抗裂纹传播性能较好（具有"假弹性-塑性变形"行为）、密度小、抗辐射性能好及化学惰性等特征。复合材料在摩擦盘、密封环、防护层等领域的应用表明对复合材料摩擦性能的研究至关重要。

图 7.48 碳/碳复合材料

超声波减摩技术则是利用超声振动对客体的各种作用减小摩擦表面的摩擦磨损，这一现象已经在很多实验中被证实并获得应用。此外，关于超声波和润滑介质的共同作用效果，有关文献也已证明超声振动可以提高低黏度润滑油润滑的减摩抗磨性能。因此，展开了超声波振动环境下，钛合金和复合材料结合界面的摩擦性能研究。

处于超声振动状态的物体表面具有减小摩擦磨损的特性，从质点微观振动和声悬浮力学角度两方面进行分析得出：超声振动改变了接触面间的摩擦状态；超声振动减小了接触面的有效接触面积；振动力和辐射压减小了正压力。如图 7.49 所示，实验表明振幅为 10μm 时，摩擦力降低为无振动状态时的 25% 左右。

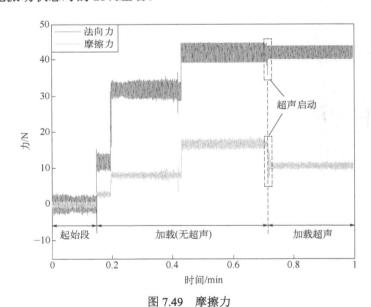

图 7.49 摩擦力

图 7.50 为主摩擦界面的图像，可以明显看出，在施加法向载荷后，经过一段时间的摩擦，接触面磨损严重，且摩擦区域趋于平滑。此外，摩擦区域附近可以看到明显的颗粒，放大图如图 7.51 所示。无超声的情况下，颗粒普遍较大，其主要原因在于较大的摩擦力导致复合材料纤维断裂或崩裂。在施加超声后，颗粒明显变小，具体原因为连续性的接触改变为间隔接触，即法向力周期性地作用在接触区域。这种小颗粒容易嵌入到接触区，降低摩擦力。

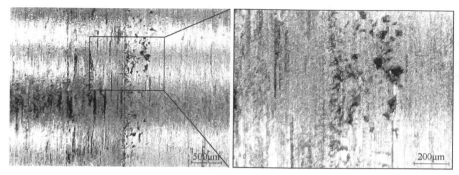

图 7.50　摩擦界面

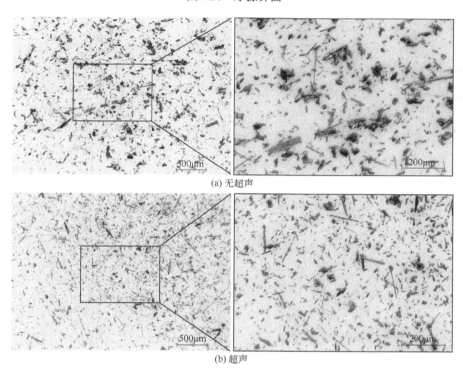

(a) 无超声

(b) 超声

图 7.51　摩擦区域颗粒

　　如图 7.52 所示，超声振动下复合材料的颗粒更细小，说明超声振动的冲击作用导致高的静态剪应力，利于切屑碎化，而细小的颗粒更容易被挤压至摩擦界面，形成润滑膜。润滑膜的生成一方面降低了摩擦力，另一方面更好地保护了摩擦界面，可有效提高零件的使用寿命。

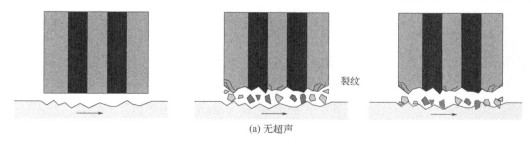

(a) 无超声

图 7.52

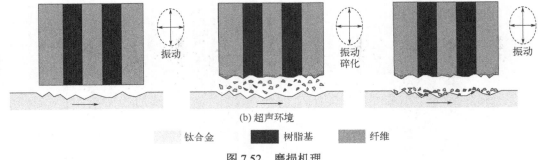

(b) 超声环境

▢ 钛合金　■ 树脂基　▨ 纤维

图 7.52　磨损机理

7.5.3　切屑碎化机理

刀具-切屑之间的接触区特性对切削过程中的切削力、切削热及刀具磨损等均有较大影响。精加工时，切屑排除不利有可能划伤工件的已加工表面，影响已加工表面的质量。此外，排屑过程直接影响操作者与观察者的安全。因此，研究切屑的成形机理具有重要意义。

首先，基于断裂力学理论建立超声辅助加工区域内的应力传播模型，如图 7.53 所示，并分析切削过程中振动的冲击作用引起的动态应力强度因子的变化。

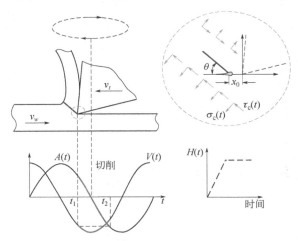

图 7.53　动态断裂模型

$$\sigma\left(x_0,t\right)=\sigma_0\begin{cases}\displaystyle\int_0^{t/T}\phi\left[\frac{t_1}{ax_0}\left(\frac{t}{t_1}-y\right)\right]\mathrm{d}y,\ \ 0<t<t_1\\[4mm]\displaystyle\int_0^1\phi\left[\frac{t_1}{ax_0}\left(\frac{t}{t_1}-y\right)\right]\mathrm{d}y,\ \ t\geq t_1\end{cases}\tag{7.13}$$

式中，T 为振动周期；t_1 为一个周期内的初始切削时间；σ_0 为工件所受的最大挤压力。其中：

$$\sigma_0=\sigma_c\cos^2\theta-\tau_c\sin\theta\cos\theta\tag{7.14}$$

$$\phi(z)=\int_0^{\sqrt{z-1}}\psi(r)\mathrm{d}rH(z-1)\tag{7.15}$$

式中，H 表示阶跃函数；ψ 表示为：

$$\psi(r) = \frac{\sqrt{2(1-2\upsilon)}}{\pi(1-\upsilon)}\left[\left(1-\frac{c}{a}\right)+r^2\right]\frac{\eta[-a(1+r)]}{1+r^2} \tag{7.16}$$

式中，υ 为泊松比；$a = 1/c_l$，$b = 1/c_s$，c_l、c_s 为径向及切向应力波速度：

$$c_l = \sqrt{(\lambda+2\mu)/\rho}, \quad c_s = \sqrt{\mu/\rho} \tag{7.17}$$

式中，ρ 为材料密度；μ 可表示为：

$$\mu = \frac{E}{2(1+\upsilon)} \tag{7.18}$$

式中，E 为弹性模量；

$$\lambda = \frac{\upsilon E}{(1+\upsilon)(1-2\upsilon)} \tag{7.19}$$

函数 η 定义为：

$$\eta(n) = \exp\left\{-\frac{1}{\pi}\int_a^b \cot\left[\frac{4n^2\sqrt{(n^2-a^2)(b^2-n^2)}}{(b^2-2n^2)^2}\right]\frac{\mathrm{d}n}{n+\eta}\right\} \tag{7.20}$$

选择铝材为切削材料，代入切削参数后可计算得到不同剪切角及位置的应力传播过程曲线（图 7.54）。可以明显看出，当应力波沿剪切界面传播时，速度最快；距离刀尖位置越近，应力增速越快。而超声情况下，每一个加工周期内，切削力都是周期性变化，即实现了剪切角的周期变化，更容易接近应力波方向，提高应力的增加速度，也更利于切屑的断裂。

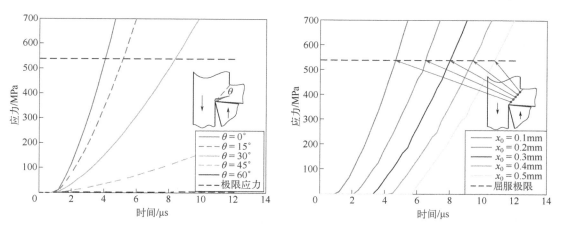

图 7.54 不同剪切角及位置的应力传播

为验证模型的准确性，从而揭示超声碎化的机理，组织开展了铝合金的超声铣削实验，并测试了铣削力、切屑形貌、表面粗糙度等。由图 7.55 可以看出，与超声振动铣削切屑相比，普通铣削产生的切屑具有尺寸大、弯曲程度高的特点。超声加工得到的切屑的长度尺寸降低率超过 50%，切屑的宽度尺寸也有明显的降低。因此，可以说明超声加工过程中的断续加工特征具有明显的断屑作用。在加工过程中，大尺寸的切屑需要较大的材料去除能量，会产生较大的切削力、较高的切削温度、快速的刀具磨损以及再生颤振。因此，普通加工中产生的较大尺寸切屑不利于提高加工表面质量和延长刀具寿命。

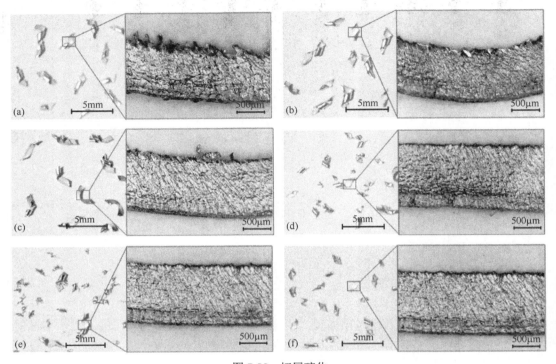

图 7.55　切屑碎化

本章参考文献

[1] Zhang R H, Zhang L J, Hu X Q, et al. Experimental study on flow characteristics of valve-less piezoelectric pump with triangular prism bluff bodies[J]. J Vib Meas Diag, 2016,36(3): 580-585.

[2] Gajrani K K, Ram D, Sankar M R. Biodegradation and hard machining performance comparison of eco-friendly cutting fluid and mineral oil using flood cooling and minimum quantity cutting fluid techniques[J]. J Clean Prod, 2017,165: 1420-1435.

[3] Da S R, Machado A R, Ezugwu E O, et al. Tool life and wear mechanisms in high speed machining of Ti–6Al–4V alloy with PCD tools under various coolant pressures[J]. J Mater Process Technol ,2013, 213(8): 1459-1464.

[4] Lotfi M, Amini S. Experimental and numerical study of ultrasonically-assisted drilling[J]. Ultrasonics, 2017,75: 185-193.

[5] Ulutan D, Ozel T. Machining induced surface integrity in titanium and nickel alloys: a review[J]. Int J Mach Tools Manuf, 2011, 51(3):250-280.

[6] Zhang C, Yun S. Design and kinematic analysis of a novel decoupled 3D ultrasonic elliptical vibration assisted cutting mechanism[J]. Ultrasonics , 2019,95: 79-94.

[7] Chen J B, Fang Q H, Wang C C, et al. Theoretical study on brittle–ductile transition behavior in elliptical ultrasonic assisted grinding of hard brittle materials[J]. Precis Eng , 2016,46:104-117.

[8] Xiao H P, Wang H R, Yu N, et al. Evaluation of fixed abrasive diamond wire sawing induced subsurface damage of solar silicon wafers[J]. J Mater Process Technol, 2019, 273: 116267.

[9] Zhu D H, Yan S J, Li B Z. Single-grit modeling and simulation of crack initiation and propagation in SiC grinding using maximum undeformed chip thickness[J]. Comput Mater Sci, 2014, 92:13-21.

[10] Wu H, Melkote S N. Modeling and analysis of ductile-to-brittle transition in diamond scribing of silicon: application to wire sawing of silicon wafers[J]. J Eng Mater Technol ASME Trans, 2012, 134:041011.

[11] Wang H, Ning F D, Hu Y B, et al. Surface grinding of carbon fiber–reinforced plastic composites using rotary ultrasonic machining: effects of tool variables[J]. Adv Mech Eng, 2016, 8: 1-14.

[12] Costa E C, Xavier F A, Knoblauch R K, et al. Effect of cutting parameters on surface integrity of monocrystalline silicon sawn with an endless diamond wire saw[J]. Sol Energy, 2020, 207:640-650.

[13] Wang L Y, Gao Y F, Li X Y, et al. Analytical prediction of subsurface microcrack damage depth in diamond wire sawing silicon crystal[J]. Mater Sci Semicond Process, 2020, 112:105015.

[14] Knoblauch R, Boing D, Weingaertner W L, et al. Investigation of the progressive wear of individual diamond grains in wire used to cut monocrystalline silicon[J]. Wear, 2018,414-415:50-58.

[15] Agarwal S. Optimizing machining parameters to combine high productivity with high surface integrity in grinding silicon carbide ceramics[J]. Ceram Int, 2016, 42:6244-6262.

[16] 杨小庆. 聚晶金刚石超声加工技术及机理研究[D]. 北京: 北京交通大学, 2023.

[17] 谨亚辉. 超声波变幅杆优化设计及加工机理试验研究[D]. 太原: 太原理工大学, 2010.

[18] Mitrofanov A V, Babitsky V I, Silberschmidt V V. Finite element simulations of ultrasonically assisted turning[J]. Comp Mater Sci, 2003, 28: 645-653.

[19] Reinert L, Green I, Gimmler S, et al. Tribological behavior of self-lubricating carbon nanoparticle reinforced metal matrix composites[J]. Wear, 2018, 408-409: 72-85.

[20] Wang P, Zhang H B, Yin J, et al. Wear and friction behaviours of copper mesh and flaky graphite modified carbon/carbon composite for sliding contact material under electric current[J]. Wear, 2017, 380-381: 59-65.

[21] Karatas M A, Gokkaya H. A review on machinability of carbon fiber reinforced polymer (CFRP) and glass fiber reinforced polymer (GFRP) composite materials[J]. Defence Technol, 2018, 14: 318-326.

[22] Nor K M K, Che H C H, Jaharah A G, et al. Effect of chilled air on tool wear and workpiece quality during milling of carbon fibre-reinforced plastic[J]. Wear 2013, 302:1113-1123.

[23] Liu Q, Huang G Q, Xu X P, et al. A study on the surface grinding of 2D C/SiC composites [J]. Int J Adv Manuf Technol, 2017, 93: 1-9.

[24] Zho W B, Su H H, Dai J B, et al. Numerical investigation on the influence of cutting-edge radius and grinding wheel speed on chip

formation in SiC grinding[J]. Ceram Int, 2018, (44): 21451-21460.

[25] Seeholzer L, Voss R, Grossenbacher F, et al. Fundamental analysis of the cutting edge micro-geometry in orthogonal machining of unidirectional Carbon Fibre Reinforced Plastics (CFRP) [J]. Procedia CIRP, 2018 ,(77): 379-382.

[26] Clark W I, Shih A J, Hardin C W, et al. Fixed abrasive diamond wire machining—part I: process monitoring and wire tension force[J]. Int J Mach Tool Manuf, 2003,43 : 523-532.

[27] Huang H, Zhang Y X, Xu X P. Experimental investigation on the machining characteristics of single-crystal SiC sawing with the fixed diamond wire[J]. Int J Adv Manuf Technol, 2015,8: 955-965.

[28] Nath C, Rahman M. Effect of machining parameters in ultrasonic vibration cutting[J]. Int J Mach Tool Manuf, 2008,48: 965-974.

[29] Zhang L F, Ren C Z, Ji C H, et al. Effect of fiber orientations on surface grinding process of unidirectional C/SiC composites[J]. Appl Surf Sci, 2016,366: 424-431.

[30] Chen G, Ren C Z, Zou Y H, et al. Mechanism for material removal in ultrasonic vibration helical milling of Ti-6Al-4V alloy[J]. Int J Mach Tool Manuf ,2019,138:1-13.

[31] Liu C, Knauss W G, Rosakis A J. Loading rates and the dynamic initiation toughness brittle solids[J]. Int J Fracure, 1998, 90:103-118.

[32] Atkins A G. Modelling metal cutting using modern ductile fracture mechanics: quantitative explanations for some longstanding problems[J]. Int J Mech Sci ,2003, 45: 373-396.

[33] Ning L, Veldhuis S C, Yamamoto K. Investigation of wear behavior and chip formation for cutting tools with nano-multilayered TiAlCrN/NbN PVD coating[J]. Int J Mach Tool Manuf,2008, 48: 656-665.

[34] Dhale K, Banerjee N, Singh R K, et al. Investigation on chip formation and surface morphology in orthogonal machining of Zr-based bulk metallic glass[J]. Manuf Lett, 2019,19: 25-28.

第**8**章

超声能场表面强化技术应用

超声振动挤压同常规挤压一样，其工艺参数对振动挤压工艺效果的影响很大。超声挤压强化加工参数包括挤压力、转速、进给量、工具头顶部球面半径，工具头振动频率与振幅等。对强化效果影响程度各不相同，各工艺参数之间又相互联系相互制约，情况比较复杂。

挤压力是挤压强化过程中最重要的工艺参数，它是挤压工具头对工件施加的作用力。实际上，在振动挤压过程中，起决定作用的并不是挤压力的总值，而是挤压工具头与工件之间的瞬时接触应力的大小，即单位面积上的挤压力。由于挤压强化加工是基于金属的冷塑性滑移变形原理，因而其接触应力必须大于工件材料的屈服极限。振动挤压过程中，工具头对工件施加的挤压力是周期性变化的。以此动态挤压力作为工艺参数，在实际生产应用中，显然是很不方便的。它既不容易测量，又不易控制。因此，推荐采用预加静态挤压力作为工艺参数。所谓静态挤压力，即挤压强化开始之前工具头对工件施加的作用力，它基本上等于振动挤压过程中的动态挤压力的平均值。若不特殊指明，下文中提及的挤压力，一律指静态挤压力。但是挤压力作为最重要的工艺参数，在实际挤压强化过程中是不便于测量控制的，所以用挤压量来代替这个挤压力。

在挤压力作用下，工件表面会出现微小变形，变形量的大小对振动挤压的脉冲性有着至关重要的影响。变形量小于工具头振幅时，工具头在挤压强化过程中有机会离开工件表面。而当变形量大于工具头振幅时，工具头就不再离开工件表面了，而是像常规挤压一样始终在工件上，振动的脉冲性就不存在了。这时，超声振动挤压强化工艺效果几乎与常规挤压一样，所以，在实际强化中，应当选取合适的挤压力。

8.1 齿轮齿面超声挤压强化

8.1.1 齿轮齿面超声挤压强化装置设计

目前在齿轮行业中应用最多的就是渐开线齿轮，而渐开线的形状比较特殊，要实现对整个齿面进行超声挤压强化，必须让工具头沿着合理的路线运动，这就需要专门的设备实现。本小节主要根据超声挤压强化技术的原理以及渐开线的形成方式，设计用于齿轮齿面超声强化的装置，使工具头在产生超声振动的同时沿着齿轮轮齿的渐开线形状进行运动，从而实现对整个齿轮齿面的强化。

（1）齿轮齿面超声挤压强化总体设计

齿轮渐开线的形成原理如图 8.1 所示，当直线 *BK* 沿一个圆周做纯滚动时，直线上任意点 *K* 的轨迹 *AK* 就是渐开线轨迹，该圆称为渐开线的基圆，直线 *BK* 称为渐开线的发生线。齿轮齿面超声挤压强化装置是基于渐开线的形成原理，如图 8.2 所示。在齿轮支撑轴上设置一个圆盘，该圆盘直径与齿轮基圆直径相等，在超声移动台上安装导尺（类似于发生线 *BK*）与基圆盘接触并做纯滚动，导尺和圆盘的相对运动轨迹是渐开线形状。工具头与导尺保持相对静止，工具头与齿轮的接触点和圆盘与导尺的接触点在竖直方向上重合，从而保证工具头和齿轮的相对运动轨迹是一个标准的渐开线形状。

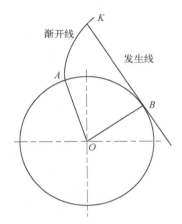

图 8.1　齿轮渐开线的形成

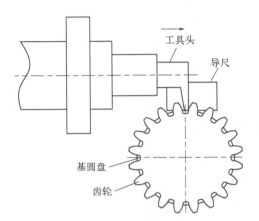

图 8.2　齿轮齿面超声挤压强化加工原理

超声强化装置主要包括：超声波发生器、换能器、变幅杆、工具头等组成的超声波模块；弹簧、移动滑块、固定滑块、换能器夹具等组成的静压力调节装置；强化齿轮、轴、压紧螺母、基圆盘、轴承等组成的齿轮支撑模块；丝杠、导轨、滑块、顶板等组成的齿轮移动台和超声移动台。齿轮齿面超声挤压强化装置具体结构如图 8.3 所示。

图 8.3　齿轮齿面超声挤压强化装置

（2）组件设计

① 超声强化系统。在超声强化系统中，超声波发生器为换能器传递高频交流电信号，换能器通过逆压电效应将电信号转化为稳定的超声振动，经过变幅杆的振幅放大作用将振动传递给工具头，使工具头可以输出高频高振幅的往复振动。

a．超声波发生器：超声波发生器的主要作用是产生和超声波换能器相匹配的高频电信号，其工作原理如图 8.4 所示。通电后，首先由信号发生器产生高频信号，经过功率放大器以及阻抗匹配，使电信号加载到换能器，从而激励换能器发生逆压电效应，使换能器产生输出位移。

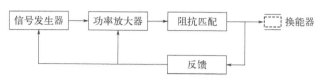

图 8.4　超声波发生器工作原理

超声振动系统的好坏与超声波电源的性能有着密切的关系，为了使换能器能够高效地工作，超声波电源除了需要提供足够的功率之外，其输出电信号的频率也应当与换能器的固有频率保持一致，使换能器工作在谐振状态。然而，在实际工作中，换能器的谐振频率会由于温度、湿度、磨损以及自身负载的变化等原因而发生改变，如果超声波发出的电信号频率不随之发生相应的变化，换能器就会偏离谐振状态，使振动幅度大大减弱，甚至消失，不能达到强化效果，这就要求超声波电源具有频率自动跟踪功能。

所使用的宽频数字集成化超声波电源，如图 8.5 所示。此超声电源在工作过程中能够自动跟踪换能器的谐振频率，使换能器处于谐振状态。电源输出功率可以实现连续调节，方便控制变幅杆输出振幅，可应用于各种超声加工中，如超声焊接、超声清洗、超声切削、超声强化、超声磨削、超声粉碎等。超声波发生器的各项技术参数如表 8.1 所示。

图 8.5　超声波发生器

表 8.1　超声波发生器主要技术参数

参数名称	参数值	参数名称	参数值
电源电压	AC 220V/50Hz	超声波频率	15～80kHz
超声功率	0～500W	总耗电功率	<600W

b．超声波换能器：超声波换能器作为超声振动系统的核心部件之一，可将超声波发生器产生的高频电磁振荡转换为机械振动。在超声加工领域，常采用压电换能器和磁致伸缩换能器。相比于磁致伸缩换能器，压电换能器具有成本低、转换效率高、发热小和尺寸小的优势，是目前应用最广泛的换能器。

选用夹心式压电换能器，其原理是基于压电材料的逆压电效应，即当晶体处于交变电场中时会发生机械形变，结构如图 8.6 所示。夹心式压电换能器主要由金属前盖板、后盖板、压电陶瓷片和电极等组成。压电陶瓷片通过螺栓连接起来，螺栓提供的预紧力使得在工作状态下压电陶瓷可以处于压缩状态，避免其在振动时发生破裂。此外，采用夹心式结构可以将产生的热量及时散发出去。

c．超声变幅杆：超声变幅杆又称为超声波调幅器，与换能器配合使用，在超声振动系统中可将各个质点的位移或速度放大，并将能量传递到超声工具头上，实现聚能作用。其设计与分析过程已经在前文中介绍过。

d. 超声工具头：超声工具头与变幅杆连接，是超声挤压强化设备中与工件直接接触的最终载体。设计的关键点在于不仅要使其结构满足超声强化的加工要求，且其尺寸、形状等要素要保证工具头与超声变幅杆等构成的超声系统沿纵向的振动频率要与超声波发生器外激频率保持一致，只有满足上述条件，才能引起超声工具头的共振。工具头结构如图8.7所示，与工件的接触方式为线接触，工具头的材料选择轴承钢，轴承钢具有较高的硬度，可以极大程度地减小工具头自身的磨损，与齿轮接触部分的表面粗糙度小于 $0.2\mu m$。

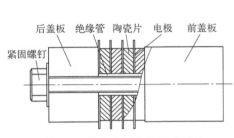

图 8.6 夹心式压电换能器结构   图 8.7 工具头结构

e. 静压力调节装置：静压力调节装置用来给工具头提供一个恒定的静压力，使工具头能够压紧在齿轮齿面上。超声波在传播过程中，介质中各质点在其平衡位置做高频率往复振动。假定超声振动在均匀介质中沿 x 方向传播，其传播规律方程为：

$$s_1 = A\sin\left[2\pi\left(ft - \frac{x}{\lambda}\right)\right] \tag{8.1}$$

式中，s_1 为 t 时刻的振幅；A 为超声振幅。

超声振动在介质中传播的规律如图8.8所示，超声波实质上是一种正弦波。

超声波 s_1 在向前传播的过程中若遇到另一种介质 s_2（如超声波在钢制零件中传播时，到达零件端部，然后进入空气），就会在分界面上发生反射。反射波的规律为：

$$s_2 = A\sin\left[2\pi\left(ft + \frac{x}{\lambda}\right)\right] \tag{8.2}$$

反射波和入射波传播方向相反，因此 s_1 与 s_2 发生叠加：

$$s = s_1 + s_2 = A\sin\left[2\pi\left(ft - \frac{x}{\lambda}\right)\right] + A\sin\left[2\pi\left(ft + \frac{x}{\lambda}\right)\right] = 2A\cos\frac{2\pi x}{\lambda}\sin(2\pi ft) \tag{8.3}$$

由式（8.3）可知，介质质点振动的速度为：

$$v = \frac{\partial s}{\partial t} = 4\pi fA\cos\frac{2\pi x}{\lambda}\cos(2\pi ft) \tag{8.4}$$

由式（8.4）可知，介质质点振动的加速度为：

$$a = \frac{\partial^2 s}{\partial t^2} = -8\pi^2 f^2 A\cos\frac{2\pi x}{\lambda}\sin(2\pi ft) \tag{8.5}$$

由式（8.5）可知，质点的加速度幅值是$8\pi^2 f^2 A$，它与超声波频率的平方成正比关系。假设频率$f=20\mathrm{kHz}$，振幅$A=10\mu\mathrm{m}$，那么质点加速度的幅值绝对值为：$8\pi^2 f^2 A=3.16\times10^5\,\mathrm{m/s^2}$。

可知在挤压过程中，工具头移动很小的位移就能够产生很大的瞬时速度、加速度，由牛顿第二定律，挤压工具头对齿面的挤压力为$F=ma$，故相应的挤压力非常大。因此，在超声振动挤压强化中，静压力调节装置不需要施加很大的静压力，从而避免了因挤压力过大造成的表面损伤。

静压力调节装置结构如图 8.9 所示。主要由换能器底座、挡板、换能器夹具、弹簧、移动滑块、固定滑块、导轨和螺钉组成。其中，固定滑块固定在换能器底座上，换能器底座固定在超声移动台上，调节固定滑块上的螺钉会改变移动滑块的位置，从而改变弹簧的压缩量，通过换能器夹具传递到齿面上，从而实现静压力的调节。

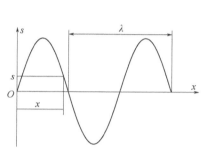

图 8.8　超声振动在介质中的传播

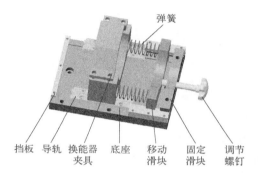

图 8.9　静压力调节装置

② 齿轮支撑模块

a．被强化齿轮：钢材的韧性好，耐冲击，选用 45 钢作为齿轮的材料，其化学成分如表 8.2 所示，力学性能如表 8.3 所示。

表 8.2　45 钢化学成分（质量分数）

化学成分	质量分数
C	0.42～0.50
Si	0.17～0.37
Mn	0.50～0.80
P	≤0.035
S	≤0.035
Cr	≤0.025
Ni	≤0.025
Cu	≤0.025

表 8.3　45 钢的力学性能参数

性能指标	性能参数
抗拉强度 R_n/MPa	≥650
断面收缩率	≥45%
断后伸长率	≥16%
硬度/HRC	20～30

b. 装配方案：齿轮的装配如图 8.10 所示，由轴、压紧螺母、齿轮、基圆盘、轴承、轴承座、轴承内盖和轴承外盖组成。齿轮安装在轴的上端，两端面通过螺母压紧，基圆盘安装在轴的中部，齿轮和基圆盘上安装顶丝与竖直轴锁紧，防止其轴向窜动以及在周向出现相对运动。基圆盘与导尺的接触面进行毛化处理，防止导尺带动基圆盘运动时发生打滑。轴的下端通过滚动轴承装配在齿轮移动台的顶板上，并用轴承内盖和外盖对轴承的内外圈进行定位。轴承座与齿轮移动台配合，对轴起固定、支撑作用。

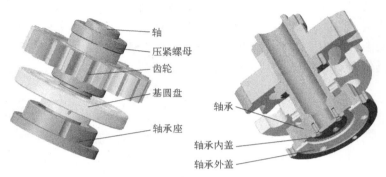

图 8.10　齿轮装配

③ 齿轮移动台。齿轮移动台用于承载齿轮支撑模块，此外还可以用来调节齿轮和工具头啮合点的位置，结构如图 8.11 所示。齿轮移动台由可折叠手轮、丝杠支撑、导轨、丝杠、锁紧手柄、顶板和滑块组成。强化过程开始前，调节齿轮和工具头啮合位置，使其在竖直方向上与基圆盘和导尺的接触点重合，转动可折叠手轮，使齿轮支撑模块上的基圆盘与超声移动台上的导尺相互接触挤压，并用滑块上的锁紧手柄锁紧以保证摩擦力的恒定，然后可对齿面进行超声强化。完成一个齿面强化后，转动可折叠手轮，使齿轮移动台回退，调节齿轮位置完成其余面的强化。

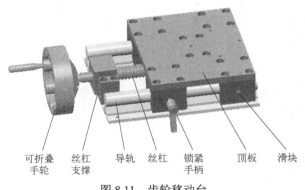

图 8.11　齿轮移动台

④ 超声移动台。超声移动台上安装导尺带动基圆盘转动，用来支撑超声波模块，结构如图 8.12 所示。超声移动台由可折叠手轮、减速齿轮、电机支架、电机、导尺、导轨、丝杠、顶板和丝杠支撑组成。可通过手轮或者电机控制超声波模块的移动。超声强化开始前，通过手轮调节工具头和齿轮的相对位置；强化过程中，通过电机控制超声波模块的移动，可以使强化效果更加均匀。

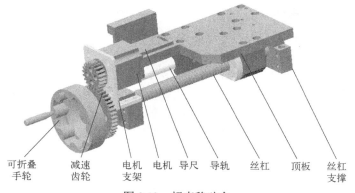

图 8.12　超声移动台

可折叠手轮　减速齿轮　电机支架　电机　导尺　导轨　丝杠　顶板　丝杠支撑

⑤ 超声强化过程。强化过程开始前，调节齿轮和工具头的位置，使二者能够接触，转动齿轮移动台上的可折叠手轮，使基圆盘能够压紧超声移动台上的导尺。然后，调整固定滑块上的螺钉，推动移动滑块和弹簧，在夹具的带动下，使工具头能够压紧齿轮齿面并保持一定的静压力。强化过程中，工具头在电机的带动下做直线运动，安装在超声移动台上的导尺通过摩擦力带动基圆盘与被强化齿轮转动，保证了工具头与齿轮相对运动轨迹是渐开线，工具头在超声波的作用下在齿轮齿面上产生动载冲击，从而完成齿轮齿面的超声强化。

8.1.2　齿轮齿面超声挤压强化装置实物

零件材料多为铝合金以及 45 钢，表面进行发黑处理，加工完成后对零件进行组装，实物如图 8.13 所示。转动手轮使齿轮和工具头相对运动，保证运动过程中不会发生干涉。

图 8.13　齿轮齿面超声挤压强化加工装置

8.1.3　齿轮齿面超声挤压强化实验

齿轮的表面质量对传动性能有很大的影响，因此不仅需要控制其表面粗糙度等外在的质量指标，还要控制其硬度等内在的质量，从而提高零件表面耐磨性、耐蚀性和抵抗塑性变形的能力。本小节依据超声强化工艺参数设计正交实验，探讨工具头的进给速度、重复加工次数、超声波发生器的电流对齿轮表面粗糙度以及齿面硬度的影响规律。

（1）实验方案

常用实验设计方法有单因素优化实验设计、因素轮换法、随机实验法、正交实验法和均匀设计法。相比其他实验设计方法，正交实验有以下优点：

① 数据点分布均匀、数据点具有代表性、实验结论可靠性高。

② 可以确定实验因素中哪个是对结果影响最大的主要因素，哪些是次要因素。能快速地找出实验的最优条件，降低实验的次数和工作量。

③ 可以确定因素与指标的关系，每个因素的变化会对实验结果产生什么样的影响，通过正交实验可确定较好的实验方案和加工工艺参数。

选择正交实验研究工具头不同的进给速度、重复加工次数和超声波发生器的电流对齿轮表面粗糙度和表面硬度等力学性能的影响规律，选用 $L_{16}(4^3)$ 正交表。齿轮齿面超声挤压强化实验设计为三因素四水平，不考虑各因素之间的交互作用，进给速度用 v 表示，重复加工次数用 n 表示，电流用 I 表示。具体实验因素水平如表 8.4 所示。

表 8.4　实验因素水平表 $L_{16}(4^3)$

水平	因素		
	进给速度 v/mm·s^{-1}	重复加工次数 n	电流 I/A
1	1.6	3	1.4
2	2.4	4	1.6
3	3.5	5	1.8
4	5.0	6	2

（2）齿轮齿面超声挤压强化工艺流程

在运行超声波发生器前使换能器和变幅杆、变幅杆和工具头的连接处于拧紧状态，然后开启超声波发生器，进行空载实验，使超声振动系统能够产生谐振，只有确定系统谐振后才能进行正常的超声强化工艺。

在进行超声强化实验时，需要将工具头和被强化齿轮调整到合适的位置，保证其在竖直方向能够贴合。然后，驱动齿轮移动台移动，使基圆盘压紧导尺，防止强化过程中出现打滑现象。

强化实验开始前需要用润滑油润滑齿面上被强化的区域，避免超声强化过程中产生的热量对齿面造成损伤。调节静压力调节装置，使工具头压紧在齿轮齿面上，启动电机带动超声移动台水平运动，工具头和导尺相对于超声移动台静止，故其也在水平方向上运动。此外，导尺带动基圆盘做纯滚动，从而使齿轮转动，工具头相对于齿面的轨迹是渐开线形状，从而完成齿面的强化加工。超声强化的工艺流程图如图 8.14 所示。

8.1.4　表面粗糙度

（1）齿轮表面粗糙度实验结果

齿轮表面粗糙度是齿轮齿面的微观几何形状偏差，是决定齿面质量的重要指标之一。齿轮表面粗糙度会对齿轮齿面的齿距偏差和齿廓偏差产生一定的影响，从而影响齿轮的测量精度和承载能力，此外齿轮表面粗糙度在一定程度上影响齿轮的传动性能，不但影响油膜的厚度，而且对齿轮传动过程中的接触疲劳应力有很大影响，因此检测超声挤压强化后齿轮表面粗糙度至关重要。

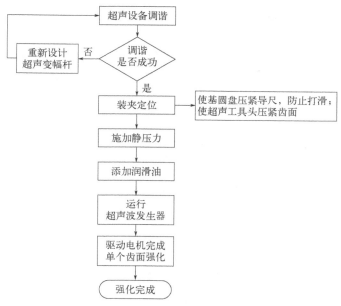

图 8.14　齿轮齿面超声挤压强化工艺流程

　　齿轮齿面原始外观如图 8.15 所示，未处理的试样表面粗糙，加工形成的凹痕清晰可见，表面存在较多的波"峰"和波"谷"，其表面粗糙度测试值为 3.806μm。未加超声挤压后的齿面外观如图 8.16 所示，测量其表面粗糙度为 3.69μm，降低了 3.04%。相同工艺参数下引入超声振动时，齿面外观如图 8.17 所示，齿面平整度得到了有效改善，齿面存在的"波峰"高度明显小于强化前，表面更具金属光泽，测出其表面粗糙度为 1.981μm，降低了 47.95%。

图 8.15　齿轮齿面原始外观

图 8.16　常规挤压后的齿轮齿面外观

　　可以看出，加超声挤压的齿面粗糙度明显优于传统挤压的齿面粗糙度。未加超声进行挤压强化时，由于静挤压力的作用，使得齿面产生一定的变形，消除了部分加工缺陷，表面质量有所改善。超声振动挤压强化时，在静压力和超声高频机械振动的耦合作用下，齿面发生塑性变形，高频振动的工具头将表面波"峰"压平，齿面材料发生的塑性流动将表面的波"谷"填充，从而降低了表面粗糙度，使齿面质量得以提高。此外，传统挤压强化时，工具头和齿面间存在较大的相互作用力和摩擦力，会影响加工后的表面质量。超声挤压强化时，工具头

图 8.17　超声挤压强化后的齿轮齿面外观

在齿面上高频振动，工具头和齿面不是一直保持接触状态，二者发生间歇性分离，冷却液可以充分进入被强化区，在运动方向上摩擦力也会降低，从而减少了工具头对齿面的磨损。因此，超声振动挤压强化对表面质量改善效果更好。

为了研究在不同工艺参数下超声强化对齿轮表面粗糙度的影响，测量超声强化前后各个齿面的粗糙度值。考虑到原始的齿面较粗糙，超声振动挤压强化对工具头的磨损较严重，故对齿面用不同目数的砂纸进行磨光。砂纸打磨后，表面粗糙度 Ra 值在 $1.4\sim2.3\mu m$ 之间，超声强化后表面粗糙度 Ra 值在 $0.2\sim0.9\mu m$ 之间。因为超声挤压强化前，齿轮表面粗糙度不是特别一致，若以强化后齿轮表面粗糙度作为因变量，不能准确分析工艺参数对齿轮表面粗糙度的影响。为了排除超声强化前齿轮表面粗糙度不一致的情况，以超声挤压强化前后表面粗糙度的改变量为因变量，分析不同工艺参数对其的影响情况。正交实验结果如表 8.5 所示。

表 8.5　不同参数下超声挤压强化后的齿轮表面粗糙度变化值

实验号	因素			
	进给速度 $v/\mathrm{mm \cdot s^{-1}}$	重复加工次数 n	电流 I/A	超声挤压强化前后表面粗糙度变化值/μm
1	1.6	3	1.4	1.061
2	1.6	4	1.6	1.407
3	1.6	5	1.8	1.604
4	1.6	6	2.0	2.045
5	2.4	3	1.6	1.122
6	2.4	4	1.4	0.839
7	2.4	5	2.0	2.036
8	2.4	6	1.8	1.518
9	3.5	3	1.8	0.61
10	3.5	4	2.0	1.358
11	3.5	5	1.4	0.692
12	3.5	6	1.6	1.252
13	5	3	2.0	0.573
14	5	4	1.8	0.818
15	5	5	1.6	0.694
16	5	6	1.4	0.8305

可以得到，超声振动挤压强化可以有效降低齿轮表面粗糙度，在进给速度 v 为 1.6mm/s，重复加工次数 n 为 6，电流 I 为 2A 时，表面粗糙度的变化值最大，此时降低了 $2.045\mu m$。采用 Minitab 软件的极差分析功能直观分析主次因素顺序。不同工艺参数对齿轮表面粗糙度影响的极差分析结果如表 8.6 所示。

表 8.6　表面粗糙度极差分析表

	进给速度 v/mm·s^{-1}	重复加工次数 n	电流 I/A
$\bar{K}_1$	1.5292	0.8415	0.8556
$\bar{K}_2$	1.3787	1.1055	1.1187
$\bar{K}_3$	0.9780	1.2565	1.1375
$\bar{K}_4$	0.7289	1.4114	1.5030
极差	0.8004	0.5699	0.6474

极差分析表中各因素平均值 $\bar{K}_i$ 的值越大，表明该因素对齿轮表面粗糙度的影响越大，即该因素为主要因素。由表 8.6 可得到以下结论：

① 从超声挤压强化工艺参数对表面粗糙度的影响程度来看，进给速度对齿轮表面粗糙度的变化影响最大，极差为 0.8004μm，其次是电流，极差为 0.6474μm，而重复加工次数对齿轮表面粗糙度的影响相对较小，极差为 0.5699μm。

② 在正交实验所取的超声挤压强化加工的工艺参数范围内，可以得到降低齿轮表面粗糙度的最佳参数是进给速度，为 1.6mm/s，重复加工次数为 6，电流为 2A。

（2）进给速度对齿轮表面粗糙度的影响

根据表 8.6，进一步分析进给速度对齿轮表面粗糙度的影响，以进给速度的不同水平为横坐标，对应的平均值 $\bar{K}_i$ 为纵坐标，画出影响趋势图，结果如图 8.18 所示。

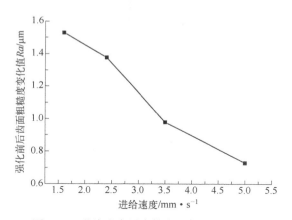

图 8.18　进给速度对齿轮表面粗糙度的影响

由图可知，在此实验条件下，从平均值来看，随着进给速度的增加，超声挤压强化对表面粗糙度的影响减小，最优值出现在 v=1.6mm/s，此时表面粗糙度降低了 1.5μm。即进给速度越小，超声挤压强化后的齿轮表面粗糙度越小。因为当进给速度较低时，可以保证齿面被均匀强化，随着进给速度的增大，齿面振动密集度将会减少，齿面被挤压的机会减少，故对上一位置在强化时出现的遗漏弥补作用弱，齿面表层金属塑性变形未充分均匀，波峰与波谷的高度差增大，导致表面粗糙度上升。

考虑到效率问题，进给速度应该适当取大，但是不宜过大，否则无法有效降低齿轮表面粗糙度值，在超声挤压强化时，应选择合适的进给量以获取最优的齿轮表面粗糙度。

（3）重复加工次数对齿轮表面粗糙度的影响

进一步分析重复加工次数对超声挤压强化后齿轮表面粗糙度的影响，以重复加工次数的不同水平为横坐标，对应的平均值 $\bar{K_i}$ 为纵坐标，绘制影响趋势图，结果如图 8.19 所示。

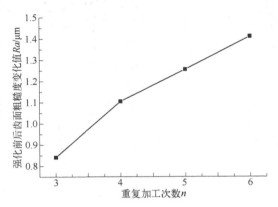

图 8.19　重复加工次数对齿轮表面粗糙度的影响

由图可知，在此实验条件下，随着重复加工次数的增加，超声挤压强化对表面粗糙度的影响增加，最优值为 $n=6$，此时零件表面粗糙度 Ra 降低了 1.4μm。即增加加工次数可减小强化后齿轮表面粗糙度，增加表面光滑性，从而可以避免啮合的初期磨损。重复加工可降低表面粗糙度主要是因为重复加工次数影响接触表面的均匀程度，当进行重复加工时，零件表面的材料因局部的塑性变形产生流动，表面接触区域增加，提高了塑性变形的均匀程度，从而降低表面粗糙度。重复加工的同时可以避免由于接触和表面质量的原因产生的加工遗漏与加工缺陷的问题。

不过，加工次数的增加会大幅延长单个齿面的强化时间，降低生产效率，并且过度地强化加工会磨损工具头，导致对齿面造成损伤。

（4）电流对齿轮表面粗糙度的影响

进一步分析电流对齿轮表面粗糙度的影响，以电流的不同水平为横坐标，对应的平均值 $\bar{K_i}$ 为纵坐标，绘制影响趋势图，如图 8.20 所示。

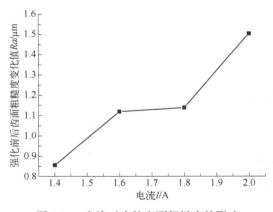

图 8.20　电流对齿轮表面粗糙度的影响

由图可知，随着电流的增加，超声挤压强化对表面粗糙度的影响增加，最优值为 $I=2A$，此时齿轮表面粗糙度降低了 1.5μm，即增加电流可降低强化后齿面的粗糙度。因为电流与功率成正相关，电流增加，功率增加，工具头的振幅会增大。在超声振动挤压强化时，当工具头振幅较小时，工具头作用下产生的材料流动不足以填充表面的波谷，达不到超声挤压强化的效果。随着电流的增大，工具头对齿面的冲击作用会适当增大，从而加强材料表面的塑性变形效果，齿面的波峰能够填入波谷中。此外，适当的增大振幅可以使润滑油进入被强化区域，减小工具头和齿面间的摩擦，从而降低表面粗糙度。但是过大的振幅会对齿面造成过大的冲击，破坏了金属的晶体结构，导致表面质量降低。

（5）表面粗糙度预测模型

依据正交实验结果，采用二次回归分析方法，构建齿轮表面粗糙度预测模型，性能指标与工艺参数之间的关系描述为：

$$Y = a_0 + \sum_{i=1}^{m} a_i x_i + \sum_{k<i} a_{ki} x_k x_i + \sum_{i=1}^{m} a_{ii} x_i^2 \tag{8.6}$$

式中，Y 为表面粗糙度的估计值；a_0 为常数项；a_i 为 x_i 的线性效应；a_{ki} 为 x_k 和 x_i 的交互效应；a_{ii} 为 x_i 的二次效应。

三个因素的二次回归模型可表示为：

$$\begin{aligned} Y = &\, a_0 + a_1 x_1 + a_2 x_2 + a_3 x_3 + a_{11} x_1 x_1 + a_{12} x_1 x_2 + a_{13} x_1 x_3 \\ &+ a_{21} x_2 x_1 + a_{22} x_2 x_2 + a_{23} x_2 x_3 + a_{31} x_3 x_1 + a_{32} x_3 x_2 + a_{33} x_3 x_3 \end{aligned} \tag{8.7}$$

以超声强化前后齿轮表面粗糙度的变化为因变量，进给速度 v、重复加工次数 n、电流 I 为自变量，利用最小二乘法对实验结果进行拟合，剔除不显著因素，得到超声强化前后齿轮表面粗糙度变化的回归方程为：

$$\begin{aligned} Ra = &\, 3.48 - 1.122v - 0.316n - 1.69I + 0.0165v^2 - \\ &\, 0.0273n^2 + 0.640I^2 + 0.1388vn + 0.102vI + 0.197nI \end{aligned} \tag{8.8}$$

为了判断回归方程的拟合效果，采用 F 检验法进行显著性检验。在 F 检验法中：

总平方和：
$$SS_T = \sum_{i=1}^{n} (y_i - \overline{y})^2 \tag{8.9}$$

回归平方和：
$$SS_R = \sum_{i=1}^{n} (\hat{y}_i - \overline{y})^2 \tag{8.10}$$

残差平方和：
$$SS_e = \sum_{i=1}^{n} (y_i - \hat{y}_i)^2 \tag{8.11}$$

$$F = \frac{SS_R / m}{SS_e / (n-m-1)} \sim F(m, n-m-1) \tag{8.12}$$

式中，n 为实验次数，$n=16$；m 为回归自由度，$m=9$。对回归方程进行显著性检验，结果如表 8.7 所示。

当显著性水平 $\alpha=0.05$ 时，从 F 分布表中查得 $F(9,6)=4.099<18.38$，表明在 95% 的置信区间水平上，回归方程是显著的，说明预测值与实测值间的相关性很强，拟合程度很高。

表 8.7　回归方程方差分析

差异源	平方和	自由度	均方差	F
回归	3.28774	9	0.365304	18.38
残差	0.11928	6	0.019879	—
总和	3.40702	15	—	—

8.1.5　齿面硬度

硬度是衡量金属及其合金力学性能的重要指标，通常指的是一种材料抵抗另一种较硬的材料入侵的能力。材料的硬度表征了其抵抗塑性变形的能力，也是评价超声挤压强化系统的重要指标。此外，零件的疲劳损伤过程与材料表面硬度存在着相互对应关系。当硬度提高时，零件的刚度、抗拉强度以及冲击韧性等都会得到改善。因此，研究齿轮齿面超声强化后的表面硬度具有重要意义。

（1）齿面硬度实验结果

采用里氏硬度计测量齿面超声挤压强化前后的硬度，在每个齿面上测试 5 个点，最后对 5 个数据取平均值以保证测量数据相对准确。已知超声挤压强化前齿面的平均硬度为 377HL，超声挤压强化后齿面的里氏硬度值正交实验结果如表 8.8 所示。

经超声挤压强化后齿面的硬度值比未加超声的硬度值提高了很多，在进给速度为 1.6mm/s，重复加工次数为 6，电流为 2A 时，硬度值最大，此时硬度值为 414HL，提高了 9.81%。在超声挤压强化过程中，齿面在高频振动工具头的冲击作用下，表层晶粒会发生塑性变形，表层显微组织产生了位错。随着塑性变形的不断进行，引起位错滑移率增加，致使表层位错密度增加，晶格畸变程度增大，加剧了位错之间的交互作用，增大了位错之间的阻力，使齿面材料的塑性变形难度增大，即在齿面产生加工硬化的效果，从而提高了齿面的硬度。

表 8.8　不同参数下超声挤压强化后的里氏硬度值

实验号	因素			
	进给速度 $v/\text{mm} \cdot \text{s}^{-1}$	重复加工次数 n	电流 I/A	超声挤压强化后表面硬度值/HL
1	1.6	3	1.4	406
2	1.6	4	1.6	410
3	1.6	5	1.8	412
4	1.6	6	2.0	414
5	2.4	3	1.6	404
6	2.4	4	1.4	401
7	2.4	5	2.0	408
8	2.4	6	1.8	412
9	3.5	3	1.8	395
10	3.5	4	2.0	402
11	3.5	5	1.4	404
12	3.5	6	1.6	408
13	5	3	2.0	402
14	5	4	1.8	404
15	5	5	1.6	397
16	5	6	1.4	393

为了研究各工艺参数对齿面硬度的影响，采用极差分析功能直观分析主次因素顺序。不同工艺参数对齿面硬度影响结果如表8.9所示。

表8.9　极差分析表

因素	进给速度 $v/\text{mm}\cdot\text{s}^{-1}$	重复加工次数 n	电流 I/A
$\bar{K}_1$	410.5	401.8	401.0
$\bar{K}_2$	406.3	404.3	404.8
$\bar{K}_3$	402.3	405.3	405.8
$\bar{K}_4$	399.0	406.8	406.5
极差	11.5	5.0	5.5

根据表8.9可得到以下结论：

① 从超声挤压强化各工艺参数对齿面硬度的影响程度来看，进给速度对齿面硬度的影响最大，极差为11.5HL，其次是电流，极差为5.5HL，而重复加工次数对齿轮表面硬度的影响相对较小，极差为5HL；

② 在此处正交实验所取的超声挤压强化加工的工艺参数范围内，可以得到提高齿面硬度的最佳工艺参数是进给速度，为1.6mm/s，重复加工次数为6，电流为2A。

（2）进给速度对齿面硬度的影响

进一步分析进给速度对超声挤压强化后齿面硬度的影响，以进给速度的不同水平为横坐标，对应的平均值 $\bar{K}_i$ 为纵坐标，绘制影响趋势图，结果如图8.21所示。

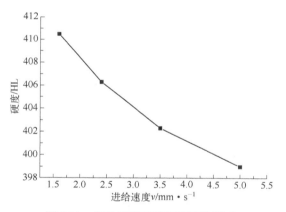

图8.21　进给速度对齿面硬度的影响

在给出的实验条件下，随着进给速度的增加，表面硬度在不断地降低，最优值为 v=1.6mm/s，此时齿面硬度平均值为410.5HL，相比未超声强化前提高了8.89%。当进给量较小时，工具头对齿面的重复冲击次数和碾压次数较多，更利于表层金属材料发生剧烈的塑性变形，齿面加工硬化程度高，硬化率较高。

考虑到加工效率的问题，进给速度应该适当地取大一些，不过随着进给量的增大，单位长度上的冲击次数和碾压次数减小，齿面会有很多未被滚压加工的微小区域存在，导致加工硬化程度不足，硬化层较薄，引起齿面硬度值降低。因此，在超声挤压强化时，应选择合适的进给速度以获取最优的齿面硬度。

（3）重复加工次数对齿面硬度的影响

分析重复加工次数对超声挤压强化后齿面硬度的影响，以重复加工次数的不同水平为横坐标，对应的平均值 $\bar{K}_i$ 为纵坐标，结果如图 8.22 所示。

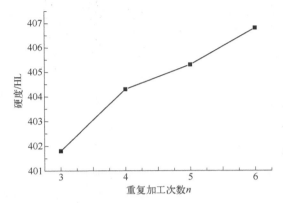

图 8.22　重复加工次数对齿面硬度的影响

可以看出，随着重复加工次数的增加，齿面硬度增大，当重复加工次数为 6 时，硬度平均值最大，达到了 406.8HL，相比未超声强化前提高了 7.9%。随着重复加工次数的增加，工具头对齿面的冲击次数增加，齿轮表层的加工硬化效果更显著，硬化层加深，表层硬度值也随之增加。但是加工次数过多时，齿面会出现严重的破坏，使表面质量大幅度下降。

（4）电流对齿面硬度的影响

分析电流对超声挤压强化后齿面硬度的影响，结果如图 8.23 所示。

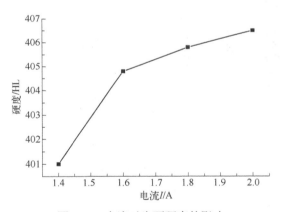

图 8.23　电流对齿面硬度的影响

由图可知，随着电流的增大，超声挤压强化后的齿面硬度也会随之增大。电流 I=2.0A 时，齿面硬度达到了 406.5HL，提升了 7.82%。因超声波发生器的电流影响工具头振动的振幅，当电流小时，工具头的振幅小，使得工具头对齿面冲击效果不明显，适当地增大电流会加剧工具头对齿面的冲击，加强表面塑性变形效果，从而提高工件表层硬度。

（5）齿面硬度预测模型构建

同样，采用二次回归方法构建齿面硬度的回归方程为：

$$HL = 401.5 - 22.8v + 4.8n + 23.8I + 0.604v^2 - 0.25n^2$$
$$- 18.7I^2 - 0.748vn + 11.26vI + 2.17nI \tag{8.13}$$

对齿面硬度回归方程采用 F 检验法进行显著性检验，结果如表 8.10 所示。

表 8.10　回归方程方差分析

差异源	平方和	自由度	均方差	F
回归	504.798	9	56.089	5.68
残差	59.202	6	9.867	—
总和	564	15	—	—

当显著性水平 α=0.05 时，从 F 分布表中查得 $F(9,6)$=4.099<5.68，表明在 95%的置信区间水平上，回归方程是显著的，说明预测值与实测值间的相关性很强，拟合程度较高。

8.1.6　齿面微观形貌

为更直观形象地了解和分析齿轮齿面超声挤压强化后工件表面的微观形貌特征，采用非接触式白光干涉表面轮廓仪对超声挤压强化处理过的齿面进行测试，如图8.24和图8.25所示。

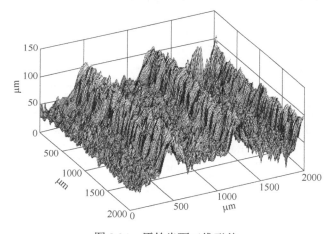

图 8.24　原始齿面三维形貌

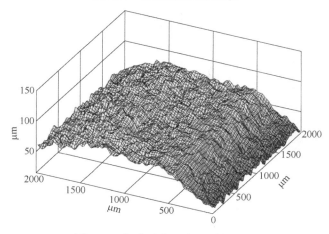

图 8.25　超声强化后齿面三维形貌

由图 8.24 可知，原始齿轮齿面存在部分凹凸相间的条纹，具有较多的高峰和凹谷。由图 8.25 可知，超声强化后表面的高峰和凹谷的高度差减小。说明经超声挤压强化处理后，齿轮齿面加工纹理分布更加均匀一致，完整性更好，表面形貌得以改善。因为超声强化时，其表面金属在工具头的静压力和高频振动下发生塑性流动，使表面的较大波峰被压低并填入波谷，对齿轮表面起到了"削峰填谷"的光整作用，从而对齿面微观不平度起到一定程度的修复作用。

8.2 车轴超声振动挤压强化

8.2.1 实验材料及强化条件

车轴材料的选择应保证具有所需的强度及良好的韧性，因此钢中含碳量的选择是关键。欧洲高速车轴材料一般采用合金钢(如 EA4T、35CrMoA、30CrMoA)，通过采用表面热处理及磨削加工等处理方法，改变车轴的一些性能来延长其使用寿命。中国选用车轴的材料多为 40 钢和 30CrMoA，此次实验选用的材料是 40 钢，其化学成分见表 8.11。

表 8.11　40 钢化学成分(质量分数)/%

化学成分	质量分数	化学成分	质量分数
C	0.37~0.44	Ni	≤0.30
Mn	0.50~0.80	Cr	≤0.25
Si	0.17~0.37	Cu	≤0.25

超声强化在数控车床上进行。工具头为半径 $R=5mm$ 的超硬合金材料。考虑的加工参数主要有工件转速 n、刀具纵向进给量 f 以及挤压量 P。在超声挤压强化过程中，超声频率一般选择为 30kHz，转速以及进给量也要根据所在机床的性能来选择。在强化装置中，将千分表安置在挤压工具的后面，测出工具头的弹性变形量。

对于相关工艺参数进行实验，考虑到主轴转速与进给量的限制条件，因此选取因素如表 8.12 所示。

表 8.12　超声挤压强化加工参数

| 试件 1 | 保持转速 n 及进给量 f 不变 $n=610r/min$，$f=0.2mm/r$ | 挤压量 P 改变/μm | | | |
		80	130	180	230
试件 2	保持转速 n 及挤压量 P 不变 $n=610r/min$，$P=130μm$	进给量 f 改变/mm·r^{-1}			
		0.1	0.2	0.3	0.5
试件 3	保持进给量 f 及挤压量 P 不变 $f=0.2mm/r$，$P=130μm$	转速 n 改变/r·min^{-1}			
		305	480	610	965

样件加工完成后如图 8.26 所示。

8.2.2 表观分析

将超声前后的试样外观截取以及扫描，形成图 8.27 与图 8.28。可以看出，超声强化处理前的加工痕迹与纹理比较明显，经超声强化后，表面更具有金属光泽，且达到了镜面效果，表面粗糙度明显好于超声振动挤压强化前，主要原因是超声振动挤压强化加工消除了由前道

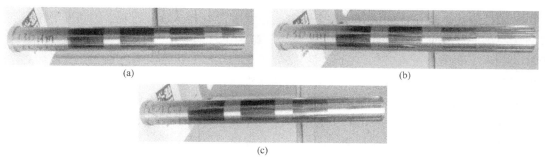

(a)

(b)

(c)

图 8.26　40 钢超声强化样件

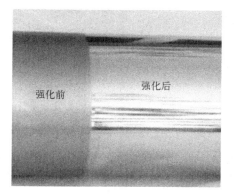

图 8.27　强化前后试样表观对比

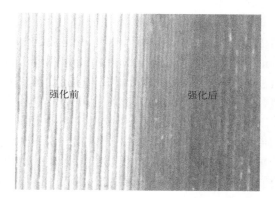

图 8.28　经扫描放大后表观的对比（50 倍）

加工工序所造成的微观表面缺陷，避免了鳞刺缺陷，强化后的表面无波浪形，使工件表面质量得以最大幅度提高。

8.2.3　表面粗糙度

实验使用高精度表面粗糙度形状测量仪（图 8.29）测试粗糙度值及轮廓形状。利用针尖曲率半径为 2μm 左右的天然金刚石触针沿被测表面缓慢滑行，测出工件表面的粗糙度值。评定长度为 2.5mm，探头压入深度为(16±0.05)μm。图 8.30 是试件 1 的粗糙度曲线。

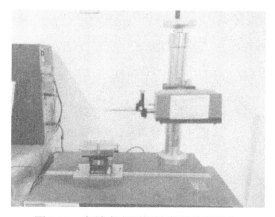

图 8.29　高精度表面粗糙度形状测量仪

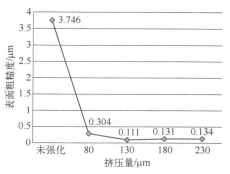

图 8.30　挤压量对工件表面粗糙度的影响
（转速 610r/min，进给量 0.2mm/r）

可以看出，未经超声强化处理的工件表面粗糙度为 3.746μm，是因工件表面的峰谷高度差较大引起，粗糙的工件表面易造成应力集中，影响工件的疲劳强度。经过超声强化处理后，所实验的 4 个不同挤压量获取的表面粗糙度都在 0.2μm 左右，降低了近 92%，明显改善了工件的表面质量。车削加工获取的工件表面纹理分布具有明显的规律性，超声挤压促进了工件表面的材料发生塑性流动，促使位于波峰的材料流向波谷，降低了表面粗糙度。

然而，不同的挤压量对表面粗糙度的挤压亦存在影响，当挤压量较小时，在工具头作用下产生的材料流动不足以填充表面的波谷，而挤压量过大时，超声工具头的振动冲击会造成工件表面新的不平顺，使表面粗糙度增加。针对不同的加工材料、工具头等参量，应优化对应的超声挤压量，以获得最低的表面粗糙度值。

图 8.31 反映的是进给量对工件表面粗糙度的影响。图中显示，在超声挤压强化前工件表面粗糙度为 Ra=3.746μm，而经超声强化处理后，取值不同的进给量获取的表面粗糙度都在 0.2μm 左右，特别当进给量为 0.2mm/r 时，粗糙度最小，Ra=0.109μm，相比下降了 97%。精车后留下的加工纹路致使表面峰与谷高度差较大，粗糙度较大，易出现应力集中，导致工件的疲劳强度下降。在经超声挤压强化处理后，材料产生塑性流动，"峰"被推入"谷"内，熨平了工件表面，降低了表面粗糙度，改善了工件表面特征。

由图 8.31 还可以看出，不同的进给量对表面粗糙度的改善程度也有所区别。从理论上讲，进给量选择越小，工件的表面粗糙度就越低。实验中，当进给量在 0.1～0.3mm/r 之间时，粗糙度数值相差并不是很大，考虑到加工效率，可以适当选择较大的进给量。进给量过大时，会增大工具头的振动冲击作用，使塑性变形增大，表面将出现新的峰与谷，反而加大了表面粗糙度值。

图 8.32 是转速对工件表面粗糙度的影响。很明显，强化处理后的表面粗糙度明显降低，不同转速所得到的表面粗糙度都在 0.15μm 左右。粗糙度随着转速的增大先减小后增大，当转速为 610r/min 时，粗糙度最小，Ra=0.109μm。当转速较小时，工具头的高频率挤压会导致工件表层金属脱落，不利于表面质量的提高，当转速较大时，工具头在单位时间内对工件表面的挤压次数降低，结果将增大表面粗糙度值。

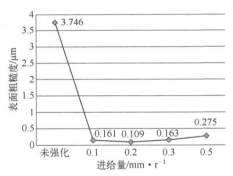

图 8.31　进给量对工件表面粗糙度的影响
（转速 610r/min，挤压量 130μm）

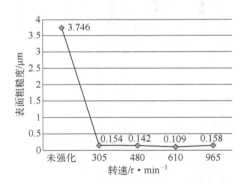

图 8.32　转速对工件粗糙度的影响
（挤压量 130μm，进给量 0.2mm/r）

经过以上分析得出，工件在经过超声强化处理后，表面粗糙度明显下降。挤压量、转速以及进给量等参数对超声强化都有影响，因此在超声强化处理时应该注意参数值选择要适当。

图 8.33 是保持挤压量与进给量不变，改变转速时的各部分粗糙度轮廓曲线之间的对比。从图中可以看出，不同粗糙度的轮廓曲线不在一个量级，粗糙度越小，轮廓曲线的分布越均

匀，而且曲线的变化范围值越小。其他参数加工的试样段的轮廓曲线也有此变化，故不再赘述。图 8.34 与图 8.35 分别是未超声强化工件的粗糙度轮廓曲线与超声强化后表面粗糙度值最小部分的粗糙度轮廓曲线图，可以看出，未超声强化处的表面粗糙度轮廓曲线在±4μm 之间变化，而经超声强化后粗糙度最小处的表面粗糙度轮廓曲线均匀地在±0.1μm 之间变化。

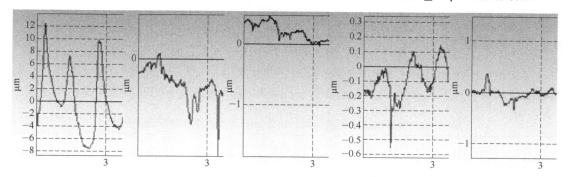

图 8.33　挤压量与进给量不变，转速改变时的各部分粗糙度轮廓曲线图

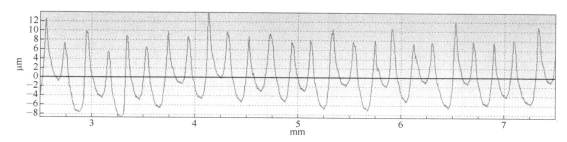

图 8.34　未超声强化工件处的粗糙度轮廓曲线

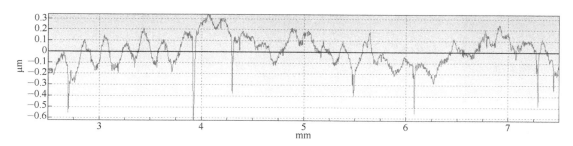

图 8.35　强化后典型区域的粗糙度轮廓曲线

表面粗糙度对零件使用性能的影响主要有以下几个方面：

①　对摩擦和磨损的影响。零件实际表面越粗糙，摩擦因数就越大，两个互相运动的表面磨损就越快。

②　对配合性质的影响。表面粗糙度会影响到配合性质的稳定性，对于间隙配合，表面微观不平度的峰尖在工作过程中很快磨损使间隙增大，对于过盈配合，粗糙表面轮廓的峰尖在装配时被挤平，实际有效过盈减小，降低了连接强度。

③　对疲劳强度的影响。表面越粗糙，表面微观不平度的凹谷一般就越深，应力集中就会越严重，零件在交变应力的作用下，疲劳损坏的可能性就越大，疲劳强度就越低。

④　对接触刚度的影响。表面越粗糙，表面间的实际接触面积就越小，单位面积受力就

越大，这就会使峰顶的局部塑性变形加剧，接触刚度降低，影响零件的工作精度和抗振性。

⑤ 对耐腐蚀性能的影响。粗糙的表面易使腐蚀物质附着于表面的微观凹谷里，并渗入到金属内层，造成表面锈蚀。此外，表面粗糙度对零件结合面的密封性能、外观质量和表面涂层等都有很大的影响。

因此，超声振动挤压强化技术对工件表面粗糙度的降低具有非常重要的实用价值。

8.2.4 表面硬度

实验使用里氏硬度计（图 8.36）测试工件表面的硬度。对每一段测试五次，取其平均值，实验结果如表 8.13～表 8.15 所示，图 8.37～图 8.39 是不同参数下的表面硬度变化趋势图。

表 8.13 转速以及进给量相同，挤压量不同试件段处的里氏硬度值

	转速 610r/min，进给量 0.2mm/r 的试件				
挤压量值	未超声表面	80μm	130μm	180μm	230μm
硬度值/HL	450	454	483	544	525
	443	453	482	547	523
	439	450	491	547	522
	441	462	492	556	512
	447	456	477	549	510
平均值	444	455	485	548.6	518.4
相对提高率	—	2.48%	9.23%	23.56%	16.75%

表 8.14 转速以及挤压量相同，进给量不同试件段处的里氏硬度值

	转速 610r/min，挤压量 130μm 的试件				
进给量值	未超声表面	0.1mm/r	0.2mm/r	0.3mm/r	0.5mm/r
硬度值/HL	450	475	488	487	472
	443	475	489	481	485
	439	476	487	489	477
	441	469	490	493	487
	447	466	485	485	470
平均值	444	472.2	487.8	487	478.2
相对提高率	—	5.97%	9.86%	9.68%	7.70%

表 8.15 挤压量以及进给量相同，转速不同试件段处的里氏硬度值

	挤压量 130μm，进给量 0.2mm/r 的试件				
转速值	未超声表面	305r/min	480r/min	610r/min	965r/min
硬度值/HL	450	472	478	483	475
	443	459	477	484	481
	439	464	480	492	482
	441	462	473	491	479
	447	461	476	491	475
平均值	444	463.6	476.8	488.2	478.4
相对提高率	—	4.41%	7.39%	9.95%	7.75%

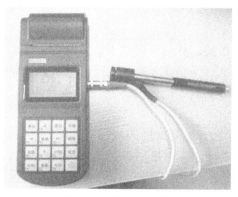

图 8.36　里氏硬度计

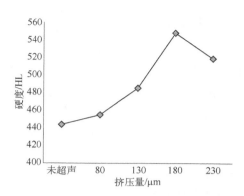

图 8.37　硬度随挤压量的变化趋势图

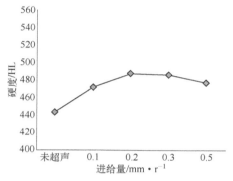

图 8.38　硬度随进给量的变化趋势图

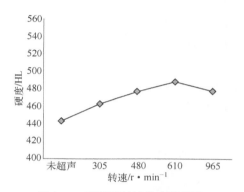

图 8.39　硬度随转速的变化趋势

从表 8.13 可以看出，经超声强化后的硬度值比未超声处的硬度值提高了很多，在 2.48% 至 23.56% 之间。当保持转速与进给量不变时，随着挤压量的增大，硬度值先增大后减小，当挤压量为 180μm 时，硬度值最大。

从表 8.14 看出，当保持转速与挤压量不变时，随着进给量的增大，硬度值先增大后减小，进给量 0.2mm/r 处的硬度值最大，提高了 9.86%。

从表 8.15 看出，当保持挤压量与进给量不变时，随着转速的增大，硬度值先增大后减小，转速为 610r/min 处的硬度值最大，提高了 9.95%。另外也可以看出，当保持转速以及进给量不变时，挤压量为 130μm 处的硬度值提高了 9.23%。所以，不同工件，但参数相同处的硬度值基本上是相同的，此结果显示，数据是可信的。

从图 8.37～图 8.39 可以看出，硬度值都是随着参数值的增加先增大后减小。综合以上表格数据分析得出，当参数选择过大时，硬化层深度减小，导致硬度下降，当参数选择过小时，达不到挤压强化的效果，所以参数选择要适中。

超声振动挤压强化对结构内部微观组织进行了重新调整，组织变得更加均匀和密实，结构强度得到提高的同时，表面硬度也得到了大幅度的提高，当硬度提高时，零件的刚度以及抗拉强度、冲击韧性等都得到了改善。材料的硬度表征了材料抵抗塑性变形的能力，材料的表面硬度能够反映材料的疲劳损伤过程，疲劳损伤过程与表面硬度的变化存在相互对应关系。因此，在车轴的加工中，应用超声振动挤压强化技术是非常理想的。

8.2.5　耐腐蚀性

车轴一般是在受腐蚀介质侵蚀等恶劣条件下工作的，易发生疲劳点蚀，所以一般要求车轴具有耐腐蚀性，耐高温氧化等化学性能。超声振动挤压强化主要是通过改善表面完整性来提高材料和构件的耐腐蚀性以及抗高温氧化等使用性能。

实验方法如下：

① 实验前检查试样的外观，保证试样表面无油污，无临时性的防护层。

② 将试样依次编号，将经过超声挤压强化与未经过超声挤压强化的试样段一起放在盐雾实验箱内，并保证各个试样之间不得接触，试样上的污染物不能滴落在其他试样上面，让盐雾自由沉降在被测面上，不能直接喷射实验支架。

③ 采用中性盐雾实验，盐浓度为 4.9%～5.1%，pH 值为 6.5～7.2，试验温度为(35±2)℃，沉降率为 1.0～2.0ml/h，喷雾方式为连续喷雾，试验周期为 2h。

④ 在规定的实验周期内，喷雾不得中断。

⑤ 实验结束后，取出试样，然后用温度不高于 40℃的清洁流动水轻轻清洗以除去试样表面残留的盐雾溶液。

实验分析：观察试样的外观，如图 8.40 所示。

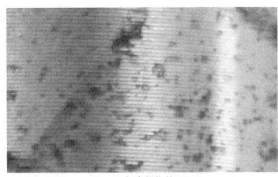 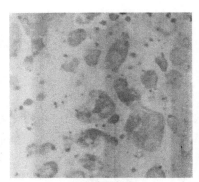

(a) 超声强化前　　　　　　　　　　　　　　　(b) 超声强化后

图 8.40　超声强化前后试样表面的耐腐蚀性

由图 8.40 看出，经过一段时间的腐蚀之后，没有使用超声振动挤压强化的试件表面，有明显的点蚀现象，是往深处渗透的，已经渗透在试件表面的加工纹理内。经超声强化后，试件表面有薄雾状沉积物形成，是往两边扩散的。这是因为超声强化后的表面材质一致均匀，没有脱皮现象，渗透力下降，渗透时间长，耐腐蚀性好。另外，经超声强化后，表层的组织晶粒处于较高活性状态下，可以在表面迅速钝化，来阻止腐蚀的进程。

通过以上的外观检查分析，像轴类零件对疲劳强度要求比较高，表面超声挤压强化能够很好地在表面形成一层保护膜，改善加工纹理，使表面更光滑，进而使腐蚀液很难侵蚀零件表面，不容易发生点蚀，从而提高耐腐蚀性能。

8.2.6　摩擦磨损实验

实验设备：磨损实验机，电子天平，超声波清洗机，如图 8.41 所示。

图 8.41　摩擦磨损实验设备

实验材料：

① 摩擦环材料及尺寸。一件为未经过超声挤压强化的 30CrMoA 钢，一件为经过超声挤压强化的 30CrMoA 钢，外圆直径为 50mm，内孔直径为 15mm。

② 摩擦块材料及尺寸。2 件 30CrMoA 钢，尺寸为 15mm×10mm×9mm，表面经磨床磨削，以满足表面粗糙度要求。如图 8.42 所示为实验用环与块样件。

图 8.42　摩擦磨损环块样件

实验条件：采用润滑油润滑，摩擦磨损实验正压力为 300N，实验转速为 200r/min，摩擦磨损时间为 15min。

实验方法：实验前后用丙酮（二甲基酮）和酒精混合溶液将摩擦副经超声波清洗后用吹风机吹干，每次清洗后均采用精度为 0.0001g 的电子天平测取摩擦副的重量并记录。然后在实验机上进行环块摩擦磨损实验。

试验评定方法：

① 重量磨损量（失重量）ΔW：它表示的是试验前后试样重量的缺失。

② 磨损率：磨损率是磨损量与产生磨损的行程或时间之比。$l=\Delta W/\Delta t$，式中，ΔW 为磨损失重量，Δt 为磨损时间。

③ 耐磨性：耐磨性又称为耐磨耗性，是指材料在一定摩擦条件下抵抗磨损的能力，以磨损率的倒数来评定。

本次实验中，对于超声的试样，实验前的重量为 126.6479g，实验后的重量为 126.5852g，失重量为 0.0627g，磨损率为 0.00418。对于未超声的试样，实验前的重量为 124.2901g，实验后的重量为 124.2120g，失重量为 0.0781g，磨损率为 0.00521。实验数据如表 8.16 所示。

表 8.16　摩擦磨损实验数据

摩擦磨损实验	磨损前重量	磨损后重量	失重量	磨损率	耐磨性	提高
超声试样	126.6479g	126.5852g	0.0627g	0.00418	较好	19.8%
未超声试样	124.2901g	124.2120g	0.0782g	0.00521	较差	

由表 8.16 以及耐磨性与磨损量的关系可以得出，经过超声挤压强化的试样比未经过超声挤压强化的试样耐磨性要好，超声挤压强化后试样的耐磨性提高 19.8%。

此外，也可以通过摩擦因数来判定摩擦磨损的性能。图 8.43 为摩擦环与块在室温条件下测得的摩擦因数。

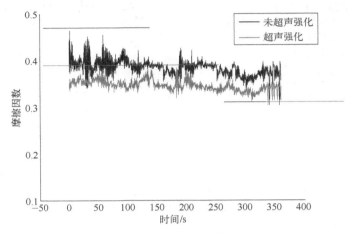

图 8.43 摩擦因数曲线

从图 8.43 可以看出，经超声挤压强化后，其工件表面的摩擦因数明显低于未经超声挤压强化工件的摩擦因数，而且波动也比未经强化的小。超声强化后的工件摩擦因数最小值在 0.305 左右，最大值在 0.385 左右，波动量为 0.08，波动的中间值为 0.345。而未经超声强化的工件摩擦因数最小值在 0.305 左右，最大值在 0.463 左右，波动量为 0.158，波动的中间值为 0.400 左右。所以，强化后工件的摩擦因数相对于强化前工件的摩擦因数降低了 13.8%，摩擦因数的波动量降低了 49.4%。由此得出，未经超声强化的工件表面相对来说比较粗糙，摩擦因数较大，摩擦磨损性能差。

材料的磨损失效起始于材料表面，材料表面经超声挤压强化处理后，其自身的耐磨性有所提高，原因是经超声强化后表面硬度得到提高，表面粗糙度的降低使得摩擦配副间的接触面的环境得到了改善。

8.2.7 横断面微观结构

众所周知，在服役环境下，工程结构的材料失效多始于表面，材料的疲劳、腐蚀、磨损对材料的表面结构和性能很敏感。因此，表面组织和性能的优化就成为提高材料整体性能和服役行为的有效途径。

本实验选用 30CrMoA 车轴用钢，将样件切片成一定的厚度，制成样品，使用扫描电子显微镜（scanning electronic microscope，SEM；Zeiss EVO18，20kV）观测超声强化处理前后样件横断面的表面形貌。图 8.44 为未经过超声强化样品横断面的表面形貌，图 8.45 为超声强化样品的表面形貌。

经传统强化工艺处理的试件，其横断面的表面组织是杂乱无章的，组织之间不细密。经超声强化处理之后，表层形成了比较均匀，性能均一的组织结构，表面纹理变细，可以有效提高材料的滑移抗力，阻碍微裂纹的扩展，延长疲劳寿命。

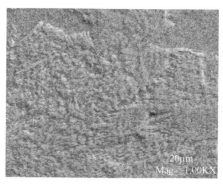

图 8.44　超声处理前试样横断面 SEM 图像

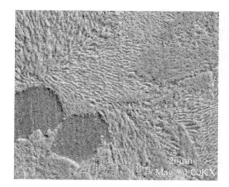

图 8.45　超声处理后试样横断面 SEM 图像

所以，超声挤压强化技术可以使工件表层组织变得细密均匀，对提高工件的综合性能有显著优势。

8.2.8　拉伸实验

机械力作用破坏主要是由外加应力所造成的，亦可能由内部残余应力或其他应力造成，可分为恒力破坏及疲劳破坏。恒力破坏是指材料所受应力形式固定，而疲劳破坏则指材料所受应力的大小或方向不断循环改变。

恒力破坏主要呈现两种类型，延性破坏与脆性破坏。材料受到固定机械应力作用时，首先发生弹性变形，此时如将应力解除，材料可恢复原状，材料尚未产生破坏。当应力继续增加，材料就开始破坏，此时材料可能直接断裂，即为脆性破坏，亦可能先发生塑性变形，再逐渐延续至材料断裂，此为延性破坏。

在拉断实验机上对磨削样件和超声强化样件进行拉伸实验，对比分析最大负载能力及伸长率等特性。图 8.46 及图 8.47 为设计的 30CrMoA 车轴钢拉伸疲劳试件，分别用磨削加工和超声强化对试件进行光整。

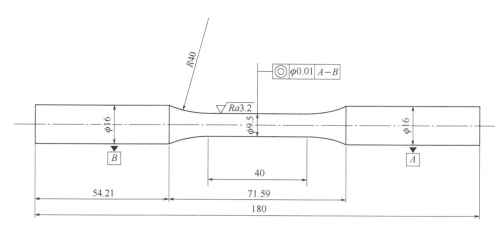

图 8.46　拉断疲劳试件

虽然一般施加于材料的应力均为单轴向，但设计上的凹槽或加工过程所留下的刮痕将使单轴向的拉伸应力在材料内部分解成为多轴向应力。在此状态下，位错滑动受到来自各方向的应力很难顺利沿着其最大剪应力方向进行，亦即相当于位错滑动受到阻碍，因此倾向于脆性破坏。

图 8.48 是样件在拉断实验机上的拉断过程，在轴向力的作用下，试件逐渐被拉伸到变形，最后断裂。

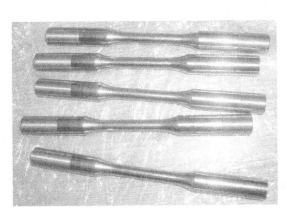

图 8.47　疲劳试件

图 8.48　拉断实验

图 8.49 是在一定时间下，轴向拉力的大小，局部放大如图 8.50 所示。

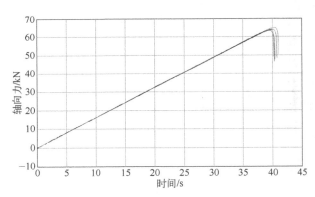

图 8.49　力-时间曲线

断裂特性是指材料或结构中裂纹起裂、扩展、止裂和失稳有关的特性，如裂纹扩展速度和断裂韧性等。实验表明，磨削与超声强化的样件，经过一段时间被拉断。由图 8.49 看出，磨削与超声强化试件是在很微小的时间差别下，在相差不大的轴向力下被拉断，其断面收缩率和伸长率相差不大。不过，由图 8.50 看出，超声强化件与磨削件相比，超声强化后开始产生断裂裂纹所用的时间要比磨削件要长，而且需要的轴向拉断力也不同，其断裂扩展的速度相对比较慢，断裂韧性较好。

表 8.17 是试件在拉伸实验前后，轴向位移的对比。

由轴向位移可以计算出试件的伸长率（已在表 8.17 中给出）。磨削试件的伸长率均值为 16.16%，超声强化试件的伸长率均值为 18.43%，相对于磨削试件的伸长率提高了 14%。实验结果表明，在材料的拉伸性能方面，超声强化试件的结果更优。磨削加工中，容易出现微裂纹、表面烧伤，对于硬脆性材料还可能出现崩边等表面完整性缺陷，超声强化技术能够使表面质量得到明显的改善。

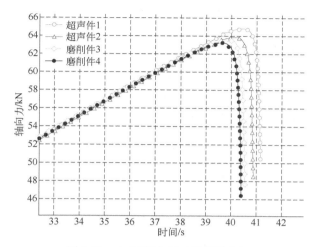

图 8.50　力-时间曲线（局部放大）

表 8.17　拉伸实验试件轴向位移

项目		超声强化		磨削	
		试件 1	试件 2	试件 3	试件 4
轴向位移/mm	断裂前	−54.89066	−54.89697	−54.87799	−54.89844
	断裂后	−45.23037	−44.32716	−46.42163	−45.61261
—	延伸量	9.66029	10.56981	8.45636	9.28583
	伸长率	17.60%	19.25%	15.41%	16.91%
	伸长率均值	18.43%		16.16%	
	伸长率提高	14%			

8.2.9　残余应力

切削加工会在表层留下不同深度的塑性变形层，而且变形量沿层深变化梯度明显，所以都会产生残余应力。对于轧辊、齿轮、轴承、弹簧、曲轴之类的零部件，主要考虑如何通过调整残余应力状态来提高零件的疲劳寿命。对于在具有腐蚀性环境或介质里工作的零部件，还必须考虑应力腐蚀问题，而残余拉应力是促成应力腐蚀的因素之一。

由残余应力 σ_r 而引起的材料疲劳极限的变化为 $\Delta\sigma_w^r = -m\sigma_r$，式中，$m$ 为平均应力敏感系数。该关系式明确地解释了残余拉应力使材料的疲劳极限下降的问题，因此残余压应力对提高疲劳强度与应力腐蚀都非常重要。

（1）车轴用 40 钢试件表层的残余应力

实验采用 X 射线应力测定仪（图 8.51），测量方法为侧倾固定 ψ 法。将试样段分为 13 段，其中的一段未经过超声挤压强化，其他试样段都是在不同参数下经超声挤压强化的。

保持转速 610r/min，进给量 0.2mm/r 不变，将挤压量分别为 230μm、180μm、130μm、80μm 下的残余应力值提取出来，如表 8.18 及图 8.52 所示。

表 8.18 转速及进给量不变，挤压量改变时的残余压应力

挤压量/μm	未超声	180	130	80	230
残余压应力/MPa	500	893	788	694	940

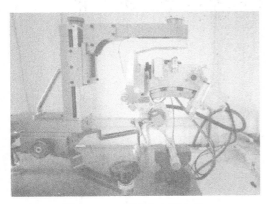

图 8.51 X 射线应力测定仪

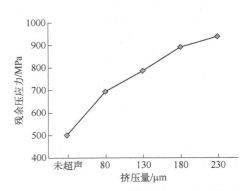

图 8.52 残余压应力随挤压量的变化趋势图

可以得出，当保持转速及进给量不变时，残余压应力值随着挤压力的增大而增大，而且，任何一处的超声挤压段的残余压应力都要比未经过超声挤压试样段处的残余压应力大。由此得出结论，当超声挤压时，挤压力越大，残余压应力越大。

保持挤压量 130μm，进给量 0.2mm/r 不变，将转速分别为 965r/min、610r/min、480r/min、305r/min 下的残余应力值提取出来，如表 8.19 以及图 8.53 所示。

表 8.19 进给量及挤压量不变，转速改变时的残余压应力

转速/r·min⁻¹	未超声	610	480	305	965
残余压应力/MPa	500	888	912	867	907

由表 8.19 及图 8.53 可以得出，当保持挤压量及进给量不变时，残余压应力值随着转速的变化而没有明显的变化，但是，任何一处的超声挤压段的残余压应力都要比未经过超声挤压试样段处的残余压应力大。

保持转速 610r/min，挤压量 130μm 不变，进给量分别为 0.5mm/r、0.3mm/r、0.2mm/r、0.1mm/r 下的残余应力值提取出来，如表 8.20 及图 8.54 所示。

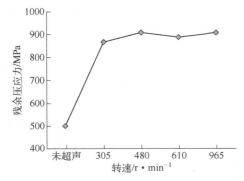

图 8.53 残余压应力随转速的变化趋势图

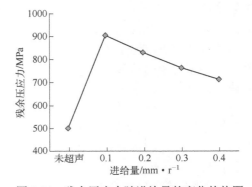

图 8.54 残余压应力随进给量的变化趋势图

表 8.20　转速及挤压量不变，进给量改变时的残余压应力

进给量/mm·r^{-1}	未超声	0.3	0.2	0.1	0.5
残余压应力/MPa	500	766	830	910	716

由表 8.20 及图 8.54 可以得出，当保持挤压量及转速不变时，残余压应力值随着进给量的减小而增大，而且，任何一处的超声挤压段的残余压应力都要比未经过超声挤压试样段处的残余压应力大。由此得出结论，当进给量越小时，超声后的残余压应力值越大。

（2）车轴用 30CrMoA 钢试件的残余应力分析

① 超声强化引起的残余应力沿层深分布。实验采用电解抛光机，笔试抛光头，对测试点进行局部剥层，研究超声振动挤压强化引起的残余应力沿层深分布情况。30CrMoA 钢调质后，在高温条件下也有较高的强度，钢的低温韧性良好。因此，本实验选用的材料是轴类用钢 30CrMoA，其化学成分见表 8.21。

表 8.21　30CrMoA 钢化学成分(质量分数)　　　　　　　　　　单位：%

化学成分	质量分数	化学成分	质量分数
C	0.34	Cr	0.91
Mn	0.49	W	0.01
Si	0.33	Mo	0.165
S	0.005	V	0.007
P	0.012	Cu	0.13
Ni	0.08	Ti	0.004

实验测试中，提取不同部位的应力值，如表 8.22 所示是未超声挤压强化处理表面以及强化处理后不同层深处的残余应力值。

表 8.22　未超声强化处理表面以及强化处理后不同层深处的残余应力值

测试部位	应力值/MPa	测试部位	应力值/MPa	测试部位	应力值/MPa	测试部位	应力值/MPa
超声表面	−950	100μm	−599	220μm	−487	700μm	−301
10μm	−629	110μm	−600	240μm	−499	800μm	−292
20μm	−638	120μm	−546	260μm	−495	900μm	−237
30μm	−639	130μm	−554	280μm	−483	1mm	−208
40μm	−636	140μm	−573	300μm	−476	1.2mm	−86
50μm	−626	150μm	−560	320μm	−474	1.5mm	−21
60μm	−616	160μm	−571	350μm	−474	1.8mm	−35
70μm	−624	170μm	−552	440μm	−420	...	...
80μm	−612	180μm	−566	500μm	−359	未超声表面	−41
90μm	−626	200μm	−541	600μm	−365		

由表 8.22 看出，超声强化前后残余应力值有了明显变化。强化后，残余压应力值得到明显提高，强化前试件表面残余压应力值为−41MPa，而经超声挤压强化处理后试件的表面残余压应力值为−950MPa。图 8.55 是试件沿深度方向的残余应力分布曲线。

图 8.55 表明，经过超声挤压强化后，表面产生了很大的压应力，残余压应力区的深度接近 2mm。表面至 0.2mm 为高压应力较快下降区，表层压应力达到−950MPa，接着沿着深层应力较快下降至−630MPa。0.2mm 至 0.44mm 为压应力维持区，应力值维持在−630MPa 与−420MPa 之间。0.5mm 至 1.8mm 为压应力缓慢下降区，应力值从−360MPa 逐步下降。

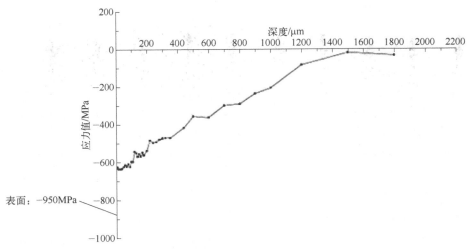

图 8.55　超声强化引起的残余应力沿厚度方向的变化

超声强化处理表面时，工具头在静挤压力和超声波的驱动下，使金属表面产生强烈的塑性应变，表层材料一方面沿工件转动方向发生塑性延展，另一方面是深度方向上在挤压力和超声振动产生的挤压作用下，次表层附近的材料仍处于弹性应变状态。所以，它对表层的塑性变形产生一定的约束作用。表层内侧存在残余压缩应力，而在较深的次表层则会产生平衡压缩应力的拉应力场。

疲劳加载时疲劳源大多位于表面，但是表面存在较高残余压应力，抵消了部分载荷应力，阻滞裂纹在表面萌生，而将其"挤"入到内部的薄弱区域，这个区域往往是残余拉应力区。所以，残余压应力场的深度越深，这种裂纹萌生的概率就越小。残余压应力场阻碍疲劳裂纹的扩展，提高疲劳裂纹的闭合力，从而使工件的疲劳强度得到提高。

② 超声强化引起的衍射峰半高宽沿层深分布。应力测定基于 X 射线衍射理论，当一束具有一定波长 λ 的 X 射线照射到多晶体上时，会在一定的角度上接收到反射的 X 射线强度的极大值，产生所谓的衍射峰，这便是 X 射线衍射现象。测残余应力利用的是 X 射线衍射理论，而半高宽就是在测试残余应力时引入的概念。半高宽是衍射峰的最大强度 1/2 处所占的角度范围，从 X 射线衍射理论分析方面来说，半高宽是个非常重要的参数。决定它大小的因素既有几何方面，也有物理方面。几何方面的因素是入射光束的发散度越大，接收的狭缝越宽，那么半高宽就会越大。就物理因素而言，在衍射装置中，材料的晶粒大小、微观应力的大小以及晶粒中位错密度的高低等这些物理因素都关联着半高宽。在强化过程中，晶粒碎化，嵌镶块增多，微观残余应力增大，位错密度提高，都会导致衍射峰变宽，即半高宽增加，这些因素往往会影响材料的力学性能。所以，半高宽包含着丰富的材料组织结构信息。

图 8.56 是试件经过超声挤压强化引起的衍射峰半高宽沿层深分布的情况。

半高宽反应的是组织的变化，半高宽越大，位错密度越大，嵌镶块越多，组织晶粒越细化。由图 8.56 看出，半高宽与残余应力有着对应的变化规律。表层的半高宽最大，表层至 0.2mm 之间为快速下降区，在 0.02mm 至 0.4mm 之间为保持区，深度超过 1mm，半高宽基本不变，而且与超声强化处理前的表层半高宽的数值保持一致。

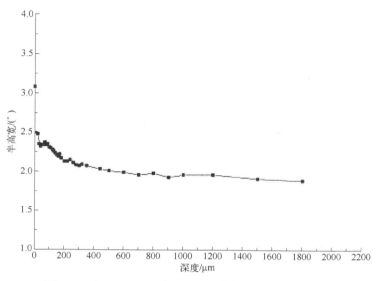

图 8.56　超声挤压强化引起的衍射峰半高宽沿层深分布

以上结果表明表面的半高宽数值最大，这说明工件表层金属产生了较大的塑性变形，晶粒被严重细化，位错密度也达到了极高，微观的残余应力很大。这说明强有力的超声冲击作用会由工件表层向内传导，但是发生的效应相应地由外向里会越来越弱，特别是晶粒碎化的程度会较快地降低，所以半高宽就会随之较快地下降。对于半高宽缓慢减小的区间，说明晶粒细化的因素对于衍射峰宽化所起的作用越来越小，余下的是因为在超声振动挤压强化后，其位错密度和微观应力的存在导致了衍射峰的宽化。伴随着层深的增加，晶粒碎化程度和位错密度会缓慢递减，结果使半高宽也随之缓慢减小。

上述半高宽的三个阶段与应力沿层深分布的三个阶段是完全对应的。在振动挤压强化作用下，表面发生较大的塑性变形，金属有向四周扩展的强烈趋势，但是受到下层金属的牵制，表面必然产生很大的残余压应力。与这种由表及里较快递减的塑性变形相对应，压应力也较快递减，而且压应力的保持区与半高宽缓慢减小区相吻合，这说明在振动挤压强化下带来的组织变化结束之前，压应力不会明显降低，只有到了组织不受影响的区域，即半高宽与未挤压强化时一样的水平，压应力才会缓慢降低。在工件内部会出现拉应力，与表层的压应力相平衡。

当金属构件承受交变载荷时，产生的失效形式主要是疲劳断裂，而疲劳源大都产生于表层或者近表层。在表层至近表层的高应力区和较深层的压应力维持区恰好与裂纹萌生和慢速扩展的区域相吻合。在疲劳裂纹产生的过程中，残余应力能起到平均应力的作用，压应力区不易产生疲劳裂纹，防止疲劳断裂，所以说，一定水平的压应力可以提高疲劳强度。另外，从组织变化的角度分析，晶粒的碎化、位错密度的增高、微观应力的增大等都属于形变强化的范畴，这些微观组织的变化也会阻止疲劳裂纹的萌生和扩展，防止疲劳断裂，有利于提高疲劳强度。

（3）试件残余应力对比

前文讨论了超声振动挤压对车轴钢强化处理后的表层残余应力以及沿层深分布的残余应力的变化，残余压应力的产生对组织疲劳裂纹的萌生和扩展起到了一定的抑制作用，有利于提高疲劳强度。目前，车轴的精加工普遍采用磨削方法。磨削加工容易产生磨削裂纹，致使车轴的寿命大大降低。下面主要讨论磨削加工与超声挤压强化处理同一根车轴样件后，残余应力的变化趋势。

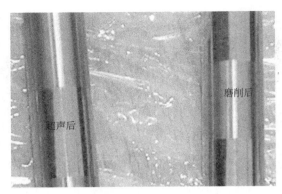

对比分析的样件材料仍然是车轴用 30CrMoA 钢，在经过精车之后，一部分经磨削加工，一部分经超声挤压强化处理，如图 8.57 所示。

利用 X 射线衍射原理，采用电解抛光机，对测试点进行局部剥层，测得不同加工方法下的残余应力沿层深分布的情况。如图 8.58 所示。

图 8.58 中是两个方向上的残余应力值，可以看出，无论是轴向还是切向，在表层层深 3mm 之间，超声振动挤压强化处理后的残余应力皆为压应力，而经磨削加工处理后，

图 8.57 超声强化与磨削加工样件

切向方向上残余应力皆为拉应力，轴向方向上有一段为压应力，其余部分为拉应力。超声强化处理后的残余应力皆小于磨削加工后的残余应力。因疲劳加载时疲劳源大多位于表层或近表层，若表层存在较高残余压应力，则会抵消部分载荷应力，阻滞裂纹在表层萌生，而将其"挤"入到内部的薄弱区域，这个区域往往是残余拉应力区。所以，残余压应力场的深度越深，这种裂纹萌生的概率就越小。故相同的车轴，经磨削加工处理后比较容易产生疲劳裂纹，发生疲劳破坏，超声强化处理后可以阻止裂纹的扩展，提高疲劳强度。

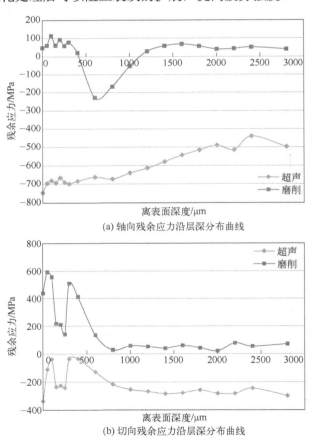

(a) 轴向残余应力沿层深分布曲线

(b) 切向残余应力沿层深分布曲线

图 8.58 超声与磨削条件下残余应力沿层深分布对比

本章参考文献

[1] 陈文蕊. 基于超声深滚理论齿轮齿面光整强化研究[D]. 大连: 大连理工大学, 2012.

[2] 孙恒, 陈作模, 葛文杰. 机械原理[M]. 北京: 高等教育出版社, 2005.

[3] 孔志营. 齿轮齿面超声滚压强化技术研究[D]. 大连: 大连理工大学, 2014.

[4] 杨小庆. 聚晶金刚石超声加工技术及机理研究[D]. 北京: 北京交通大学, 2014.

[5] 赵路明. 集成电路精密引线模具微细超声加工设备开发及实验研究[D]. 北京: 北京交通大学, 2015.

[6] 衣春杰. 超声滚压机理分析及实验研究[D]. 青岛: 青岛科技大学, 2016.

[7] 张忠明. 材料科学中的试验设计与分析[M]. 北京: 机械工业出版社, 2012.

[8] Pei D, Deng F G, Hu J W, et al. Influence of original surface roughness on ultrasonic deep rolling effects[J]. Advanced Materials research, 2014, 1003:105-108.

[9] 王义. 金属表面超声振动强化试验研究[D]. 大连: 大连理工学院, 1986.

[10] 周平宇. 高速动车组车轴材料及疲劳设计方法[J]. 铁道车辆, 2009, 47(2): 29-31.

[11] 李雪莉, 李瑛, 王福会. USSP 表面纳米化 Fe-20Cr 合金的腐蚀性能及机制研究[J]. 中国腐蚀与防护学报, 2002, 22(6): 326-334.

[12] 王婷. 超声表面滚压加工改善 40Cr 钢综合性能研究[D]. 天津: 天津大学, 2008.

[13] Hayama T, Yoshitake H. Effect of Residual Stress on Fatigue Strength[J]. Bull JSME, 1975, 18(125), 1194-1200.

[14] 张定铨. 残余应力对金属疲劳强度的影响[J]. 理化检验-物理分册, 2002, 38(6): 231-235.

[15] Fan Z, Xu H, Li D, et al. Surface nanocrystallization of 35# type carbon steel induced by ultrasonic impact treatment (UIT) [J]. Procedia Engineering, 2012:1718-1722.

[16] 王会英. 高速列车车轴材料超声挤压强化技术研究[D]. 北京: 北京交通大学, 2015.

附录一　析因设计实验表

温度/K	压强/Pa	频率/Hz	声压级/dB
280	100000	20000	140
280	800000	28000	140
360	400000	20000	180
320	400000	24000	160
360	400000	28000	140
320	100000	28000	160
320	800000	28000	160
360	800000	20000	180
360	800000	28000	180
320	400000	28000	160
360	800000	20000	140
360	100000	28000	140
280	100000	28000	160
280	400000	24000	160
280	400000	24000	180
360	100000	24000	160
320	400000	28000	180
360	400000	24000	180
320	100000	28000	140
280	400000	20000	160
360	800000	24000	180
280	800000	20000	160
280	100000	24000	140
280	400000	24000	140
280	800000	24000	180
280	800000	20000	180
360	800000	28000	160
360	400000	24000	160
320	800000	24000	180
360	100000	28000	180
360	100000	24000	180
280	400000	20000	140
320	800000	20000	140
360	400000	28000	160
320	100000	20000	160
280	100000	28000	180
320	100000	24000	160
280	400000	28000	180
280	100000	20000	180

温度/K	压强/Pa	频率/Hz	声压级/dB
320	100000	24000	180
320	100000	20000	180
280	800000	28000	180
360	800000	20000	160
320	800000	24000	140
280	800000	20000	140
280	100000	24000	180
360	800000	24000	160
360	100000	24000	140
360	100000	20000	140
320	400000	24000	180
280	400000	28000	160
280	100000	28000	140
320	400000	28000	140
280	800000	28000	160
320	800000	20000	180
360	400000	28000	180
280	800000	24000	160
360	100000	20000	180
320	400000	20000	160
360	400000	24000	140
320	400000	20000	180
360	400000	20000	160
320	800000	28000	180
320	100000	28000	180
280	100000	20000	160
320	100000	24000	140
280	800000	24000	140
320	800000	28000	140
360	400000	20000	140
280	400000	28000	140
360	100000	28000	160
360	800000	28000	140
320	400000	24000	140
360	100000	20000	160
320	800000	20000	160
280	100000	24000	160
280	400000	20000	180
320	100000	20000	140
320	800000	24000	160
320	400000	20000	140
360	800000	24000	140

附录二 实验结果表

温度/K	压强/Pa	频率/Hz	声压级/dB	凝聚率
280	100000	20000	140	0.59
280	800000	28000	140	0.57
360	400000	20000	180	0.70
320	400000	24000	160	0.63
360	400000	28000	140	0.70
320	100000	28000	160	0.66
320	800000	28000	160	0.62
360	800000	20000	180	0.69
360	800000	28000	180	0.70
320	400000	28000	160	0.64
360	800000	20000	140	0.67
360	100000	28000	140	0.72
280	100000	28000	160	0.62
280	400000	24000	160	0.59
280	400000	24000	180	0.60
360	100000	24000	160	0.72
320	400000	28000	180	0.64
360	400000	24000	180	0.71
320	100000	28000	140	0.65
280	400000	20000	160	0.58
360	800000	24000	180	0.70
280	800000	20000	160	0.57
280	100000	24000	140	0.60
280	400000	24000	140	0.58
280	800000	24000	180	0.58
280	800000	20000	180	0.57
360	800000	28000	160	0.70
360	400000	24000	160	0.70
320	800000	24000	180	0.62
360	100000	28000	180	0.74
360	100000	24000	180	0.73
280	400000	20000	140	0.57
320	800000	20000	140	0.60
360	400000	28000	160	0.71
320	100000	20000	160	0.64
280	100000	28000	180	0.62
320	100000	24000	160	0.65
280	400000	28000	180	0.60
280	100000	20000	180	0.61

温度/K	压强/Pa	频率/Hz	声压级/dB	凝聚率
320	100000	24000	180	0.66
320	100000	20000	180	0.65
280	800000	28000	180	0.59
360	800000	20000	160	0.68
320	800000	24000	140	0.61
280	800000	20000	140	0.56
280	100000	24000	180	0.62
360	800000	24000	160	0.69
360	100000	24000	140	0.71
360	100000	20000	140	0.70
320	400000	24000	180	0.64
280	400000	28000	160	0.60
280	100000	28000	140	0.61
320	400000	28000	140	0.63
280	800000	28000	160	0.58
320	800000	20000	180	0.61
360	400000	28000	180	0.72
280	800000	24000	160	0.58
360	100000	20000	180	0.72
320	400000	20000	160	0.62
360	400000	24000	140	0.69
320	400000	20000	180	0.63
360	400000	20000	160	0.69
320	800000	28000	180	0.63
320	100000	28000	180	0.66
280	100000	20000	160	0.60
320	100000	24000	140	0.64
280	800000	24000	140	0.57
320	800000	28000	140	0.61
360	400000	20000	140	0.68
280	400000	28000	140	0.59
360	100000	28000	160	0.73
360	800000	28000	140	0.69
320	400000	24000	140	0.62
360	100000	20000	160	0.71
320	800000	20000	160	0.61
280	100000	24000	160	0.61
280	400000	20000	180	0.59
320	100000	20000	140	0.63
320	800000	24000	160	0.62
320	400000	20000	140	0.61
360	800000	24000	140	0.68